"十四五"职业教育国家规划教材
国家级技工教育和职业培训教材

仪器分析技术

主　审：杜宏伟　万美春
主　编：龚　锋　孙建华　李　平
副主编：李文静　王　坤
参　编：万　堡　陈德晋　江孟莲

YIQI FENXI JISHU

西南大学出版社
SWUP 国家一级出版社 全国百佳图书出版单位

图书在版编目(CIP)数据

仪器分析技术 / 龚锋, 孙建华, 李平主编. — 重庆:
西南师范大学出版社, 2017.9(2023.7)
ISBN 978-7-5621-8960-2

Ⅰ. ①仪… Ⅱ. ①龚… ②孙… ③李… Ⅲ. ①仪器分
析-中等专业学校-教材 Ⅳ. ①O657

中国版本图书馆 CIP 数据核字(2017)第 215696 号

仪器分析技术

主审 杜宏伟 万美春
主编 龚 锋 孙建华 李 平

责任编辑：周明琼 翟腾飞
装帧设计：汤 立
制作排版：重庆新综艺图文广告有限责任公司
出版发行：西南大学出版社(原西南师范大学出版社)
地址：重庆市北碚区天生路 2 号
邮编：400715 市场营销部电话：023-68868624
印 刷：重庆市正前方彩色印刷有限公司
幅面尺寸：185 mm×260 mm
印 张：24.75
字 数：499 千字
版 次：2018 年 4 月 第 1 版
印 次：2023 年 7 月 第 3 次印刷
书 号：ISBN 978-7-5621-8960-2

定 价：59.00 元

前言
PREFACE

仪器分析近年来发展非常迅速，新方法、新技术、新仪器不断出现，仪器分析方法应用日益普遍。仪器分析逐渐向工业分析、环境监测、药学、医学、生物学等领域渗透，特别在工业分析与环境检测、新药研究、药物分析、临床检验、病因研究等方面都大量使用了仪器分析方法。仪器分析在分析专业中的重要地位日渐突出。

本教材主要供职业院校分析及相关专业的学生使用。教材内容的选取充分考虑职业院校学生对相关理论知识的需求和认知水平，并融入化学分析工(四级)职业资格鉴定的相关要求。内容包括色谱分析、光谱分析以及电化学分析，在选材上紧密结合工业分析实际需要。考虑到仪器分析近年来的发展以及在分析各专业中的重要性，本教材加强了色谱分析的比重，包括气相色谱法、高效液相色谱法等内容，光谱分析也是本教材的重点之一，分紫外-可见分光光度法、原子吸收分光光度法等内容。本教材的编写以国家标准为依托，各种产品检验为主线介绍仪器分析方法的基本知识、基础理论与基本技术，以具体产品检验为一个项目，围绕每个项目设置相关任务，通过多个活动完成任务，对相应的任务设置任务评价以及自测题，以供学生自学参考。本书由龚锋(重庆市工业学校)、孙建华(重庆市工业学校)、李平[重庆科瑞制药(集团)有限责任公司]担任主编，李文静(重庆市工业学校)、王坤(重庆市工业学校)任副主编，全书由李平统稿，杜宏伟(重庆市工业学校)、万美春(重庆市工业学校)主审。

参加编写的人员：孙建华(项目一、二、三、四、五、六、七)，李文静(项目八)，龚锋(项目九、十、十一、十二、十三)，李平(项目十四)，万堡(万州区上海中学，项目十六)，王坤(项目十五)。

本书在编写过程中，重庆市工业学校陈德晋、江孟莲对资料的收集给予了很大帮助，多家企业的技术人员也给予了关心和支持，在此谨向所有朋友致以衷心的感谢。

由于编者水平有限，书中错漏难免，恳请读者批评指正。

目录

CONTENTS

项目一 步入仪器分析殿堂

项目导入

分析化学包括化学分析和仪器分析两部分。化学分析法是利用化学反应及其定量关系进行分析的一类分析方法；仪器分析法则是以物质的物理性质或物理化学性质为基础，通过精密仪器测定的物理性质或物理化学性质而分析出待测物质的化学组成、成分含量及化学结构等信息的一类分析方法。

仪器分析是分析化学的一个重要组成部分，本项目从走进仪器分析实验室开始，介绍仪器分析实验室中相关设备，概述仪器分析技术课程包括的工作任务——认识与使用仪器分析实验室设备。

任务 认识与使用仪器分析实验室设备

任务目标

(1)会绘制仪器分析实验室平面图。

(2)会安全使用实验室的水、电、气。

(3)能正确使用洗眼器和紧急冲淋装置。

(4)会整理仪器分析实验室。

(5)能说出仪器分析法的分类。

(6)能说出实验室“7S”管理内涵。

任务分析

1.明晰任务流程

绘制实验室平面图 → 使用实验室基础设备 → 使用洗眼器和紧急冲淋装置 → 整理仪器分析实验室

2.任务难点分析

(1)仪器分析实验室平面图的绘制。

(2)整理仪器分析实验室。

3.条件需求与准备

(1)洗眼器和紧急冲淋装置。

(2)相关仪器。

相关知识

一、仪器分析技术的发展趋势

现代科学技术的进步、生产的需要和人民生活水平的提高对分析化学提出了新的要求。特别是近几年来，随着环境科学、资源调查、医药卫生、生命科学和材料科学的发展和深入研究，人们对分析化学提出了更为苛刻的要求。为了适应科学发展，仪器分析随之也出现以下发展趋势。

(1)方法的创新。进一步提高仪器分析方法的灵敏度、选择性和准确度。各种选择性检测技术和多组分同时分析技术等是当前仪器分析研究的重要课题。

(2)分析仪器智能化。微机在仪器分析法中不仅能运算分析结果，而且还可以贮存分析方法和标准数据，控制仪器的全部操作，实现分析操作自动化和智能化。

(3)新型动态分析检测和非破坏性检测。离线的分析检测不能瞬时、直接、准确地反映生产实际和生命环境的情景实况，不能及时控制生产、生态和生物过程。运用先进的技术和分析原理，研究建立有效而实用的实时、在线和高灵敏度、高选择性的新型动态分析检测和非破坏性检测是21世纪仪器分析发展的主流。目前，生物传感器如酶传感器、免疫传感器、DNA传感器、细胞传感器等不断涌现，纳米传感器的出现也为活体分析带来了机遇。

(4)多种方法的联合使用。仪器分析多种方法的联合使用可以使每种方法的优点得以发挥,每种方法的缺点得以补救。联合使用分析技术已成为当前仪器分析的重要发展方向。

(5)扩展时空多维信息。随着环境科学、宇宙科学、能源科学、生命科学、临床医学、生物医学等学科的兴起,现代仪器分析已不再局限于将待测组分分离出来进行表征和测量,而是成为一门为物质提供尽可能多的化学信息的科学。随着人们对客观物质认识的深入,某些过去所不甚熟悉的领域(如多维、不稳态和边界条件等)也逐渐被提到日程上来。采用现代核磁共振波谱、质谱、红外光谱等分析方法,可提供有机物分子的精细结构、空间排列构型及瞬态变化等信息,为人们对化学反应历程及生命的认识提供了重要基础。

习近平总书记在党二十大报告中指出:深化科技体制改革,深化科技评价改革,加大多元化科技投入,加强知识产权法治保障,形成支持全面创新的基础制度。我国分析仪器制造要尽快赶超世界一流水平,使仪器分析向快速、准确、自动、灵敏、智能化及适应特殊分析的方向迅速发展。

二、仪器分析法及其特点

仪器分析法是以测量物质的物理和物理化学性质为基础的分析方法。由于这类方法通常要使用比较特殊的仪器,因而称为仪器分析。

随着科学技术的发展,分析化学在方法和实验技术上都发生着日新月异的变化,特别是仪器分析法吸收了当代科学技术的最新成就,不仅强化和改善了原有仪器的性能,而且推出了很多新的分析测试仪器,可为科学研究和生产实际提供更多、更新和更全面的信息,成为现代实验化学的重要支柱。因此,常用仪器分析的一些基本原理和实验技术是我们必须要掌握的基础知识和基本技能。一旦掌握了这些知识和技能,我们将会迅速而精确地获得物质系统的各种信息,并能充分利用这些信息做出科学的结论。

仪器分析用于试样组分的分析具有操作简便而快速的特点,特别是对于含量低(如质量分数为 10^{-8} 或 10^{-9} 数量级)的组分的测定,更具有令人惊叹的独特之处,而这样的样品若采用化学方法来解决是徒劳的。另外,绝大多数分析仪器都是将被测组分的浓度变化或物理性质变化转变成某种电性能(如电阻、电导、电位、电容、电流等),因此仪器分析法容易实现自动化和智能化,使人们摆脱烦琐的手工操作。仪器分析除了能完成定性定量分析任务外,还能提供化学分析法难以胜任的物质的结构、组分价态、元素在微区的空间分布等的测定。应该指出,仪器分析用于成分分析仍有一定局限性。除了由于方法本身所固有的一些原因之外,还有一个共同点,那就是准确度不够高,通常相对误差在百分之几左右,有的甚至更差。

这样的准确度固然对低含量组分的分析已能完全满足要求，但对常量组分的分析就不能达到像化学分析法所具有的那样高的准确度。因此，在选择方法时，必须考虑这一点。此外，进行仪器分析之前，通常需要用化学法对试样进行预处理(如富集、除去干扰物质等)。同时，进行仪器分析一般都要用标准物质进行定量工作曲线校准，而很多标准物质需要用化学分析法进行准确含量的测定。因此，正如著名分析化学家梁树权先生所说“化学分析和仪器分析同是分析化学两大支柱，两者唇齿相依，相辅相成，相得益彰”。

三、仪器分析法的分类

仪器分析法内容丰富，种类繁多，为了便于学习和掌握，将部分常用的仪器分析法按其最后测量过程中所观测的性质进行分类并列表如下(表 1-1-1)。

表 1-1-1 仪器分析法分类

方法分类	被测物理性质	相应的分析方法
光学分析法	辐射的发射	原子发射光谱法
	辐射的吸收	紫外-可见分光光度法、原子吸收光谱法、红外吸收光谱法、核磁共振波谱法、原子荧光光谱法
	辐射的散射	浊度法、拉曼光谱法
	辐射的衍射	X 射线衍射法、电子衍射法
色谱分析法	两相间的分配	气相色谱法、液相色谱法、离子色谱法
电化学分析法	电导	电导法
	电流	电流滴定法
	电位	电位分析法
	电量	库仑分析法
其他分析方法	质荷比	质谱法

任务实施

活动 1 绘制仪器分析实验室平面图

1.走进仪器分析实验室

通过观察某一间仪器分析实验室，了解实验室的结构布局，记录以下信息：实验室的长度与宽度、层高、实验台的尺寸及位置、仪器的名称及摆放位置，填入表 1-1-2 中。

2.绘制平面图

根据以上信息，绘制上述实验室的平面图。

活动 2 使用仪器分析实验室基础设备

1.使用配电盒

熟悉配电盒的位置，确认配电盒内每个开关所控制电器的名称，如果开关较多可以标记。实验结束离开实验室前需确认配电盒的开关全部关闭。

2.使用通风橱

使用通风橱的时候人站或坐于橱前，将玻璃门尽量放低，手通过门下伸进柜内进行实验。由于排风扇通过开启的门向内抽气,在正常情况下有害气体不会大量逸出。

注意事项

(1)实验开始前,必须确认通风橱处于运行状态,才能进行实验操作。

(2)实验结束后至少保持运行 5 min 以上才可关闭通风橱,以排出管道内残留气体。

(3)实验时,在距玻璃视窗 150 mm 内不要放任何设备,大型实验设备要有充足的空间。

(4)通风橱在使用时,每 2 h 进行 10 min 的补风,即开窗通风;使用时间超过 5 h,要敞开窗户,避免室内出现负压。

(5)禁止在做实验时将头伸进通风橱内查看或操作。

(6)禁止通风橱内储存易燃易爆物品。

(7)禁止在未开通风橱时在通风橱内做实验。

活动 3 练习使用洗眼器及紧急冲淋装置

(1)练习使用洗眼器。

(2)练习使用紧急冲淋装置。

活动 4 整理仪器分析实验室

(1)整理某一实验室的仪器设备。

(2)整理玻璃仪器及药品试剂。

(3)整理好所有的仪器后,整理实验台面,清洁地面。

活动 5 数据记录与处理

表 1-1-2 原始记录

记录编号		实验室名称	
温度/℃		相对湿度/%	
配电盒是否完好		通风橱是否正常	
实验室整理	合格( )	不合格( )	
一、绘制实验室平面图			
实验室长度/m		实验室宽度/m	
实验台长度/m		实验台宽度/m	
实验室平面图：			
二、洗眼器与紧急冲淋装置			
洗眼器使用方法： 紧急冲淋装置使用方法：			

任务评价

表 1-1-3 任务评价表

评价指标	评价要素	等级评定	
		自评	教师评
绘制实验室平面图	是否正确		
配电盒的使用	是否正确		
通风橱的使用	是否正确		
洗眼器的使用	是否正确		
紧急冲淋装置的使用	是否正确		
整理实验室	是否合理		
学习方法	预习报告书写是否规范		

续表

评价指标	评价要素	等级评定	
		自评	教师评
工作方法	是否遵守管理规范，操作过程是否符合现场管理要求 出勤情况		
思维状态	是否能发现问题、提出问题、分析问题、解决问题		
自评反馈	是否按时按质完成工作任务，掌握专业知识点		
经验和建议			
总成绩			

注：等级评定 A——好，B——较好，C——一般，D——有待提高；本评定标准运用于本书以下各评价

拓展提高

“7S”管理内涵

“7S”管理是基于日本“5S”管理方式的一种管理方法，“5S”即整理、整顿、清扫、清洁、素养，“6S”在此基础上多了一个“安全”，“7S”又多了一个“节约”。

“5S”起源于日本，是指在生产现场对人员、机器、材料、方法、信息等生产要素进行有效管理。这是日本企业独特的管理方法。因为整理、整顿、清扫、清洁、素养是日语外来词，在罗马文拼写中，第一个字母都为“S”，所以日本人称之为“5S”。近年来，随着人们对这一活动认识的不断深入，有人又添加了“安全”“节约”等内容，分别称为“6S”“7S”。

一、1S——整理

定义：区分“要”与“不要”的东西，对“不要”的东西进行处理。

目的：腾出空间，提高生产效率。

二、2S——整顿

定义：要的东西依规定定位、定量摆放整齐，明确标识。

目的：排除寻找时浪费时间。

三、3S——清扫

定义：清除工作场所内的脏污，设备异常马上修理，并防止污染的发生。

目的：使不足、缺点明显化，是品质的基础。

四、4S——清洁

定义：将上面“3S”的实施制度化、规范化，并维持效果。

目的：通过制度化来维持成果，并显现“异常”之所在。

五、5S——素养（又称修养、心灵美）

定义：人人依规定行事，养成好习惯。

目的：提升“人的品质”，培养对任何工作都持认真态度的人。

六、6S——安全

定义：清除隐患，排除险情，预防事故发生。

目的：保障员工的人身安全，保证生产连续、安全、正常地进行，同时减少因安全事故带来的经济损失。

七、7S——节约

定义：就是对时间、空间、能源等方面进行合理利用，以发挥它们的最大效能，从而创造一个高效的、物尽其用的工作场所。

目的：对整理工作的补充和指导。在我国，由于资源相对不足，更应该在企业中秉持勤俭节约的原则。

课后自测

（1）概述仪器分析技术的概念及特点。

（2）列举仪器分析技术方法的内容分类。

参考答案

项目二 分光光度法测定生活饮用水中的总铁

项目导入

铁含量是生活饮用水水质常规检验中一般化学限量指标的必测项目，同时铁也是动物组织和血液中的重要元素，铁参与血红蛋白、肌红蛋白、细胞色素和其他酶的合成，并参与氧的运输。铁作为生活饮用水水质常规检验一般化学限量指标（限铁值 0.3 mg/L），水中铁含量超过 0.3 mg/L 时，会产生一定的颜色和气味。水中含铁量高，会使洗过的衣服和卫生用品产生斑点，含量达 1~2 mg/L 时，有些人会感觉到苦涩味，所以测定生活饮用水的铁含量很有必要。

铁含量的测定方法有原子吸收光谱法、原子发射光谱法、邻二氮菲分光光度法等，前两种需要较昂贵的仪器，不便于推广使用。为此，我们选择邻二氮菲分光光度法测定铁的含量。

分光光度法是指应用分光光度计，根据物质对光不同波长的单色光吸收程度不同，而对物质进行定性定量分析的方法。根据吸收光的波谱区域不同，可分为：

①紫外分光光度法（200~380 nm）；

②可见分光光度法（380~780 nm）；

③红外分光光度法（780~3×10^5 μm）。

选择配套吸收池 → 绘制吸收光谱曲线 → 测定方法灵敏度 → 解读生活饮用水中总铁检测的国家标准 → 样品检测与数据采集 → 撰写检验报告

参考资料

(1)JJG 178—2007《紫外、可见、近红外分光光度计检测规程》

(2)GB/T 5750.6—2006《生活饮用水标准检验方法 金属指标》

(3)JJF 1032—2005《光学辐射计量名词术语及定义》

(4)GB/T 8322—2008《分子吸收光谱法 术语》

(5)GB/T 14666—2003《分析化学术语》

(6)《紫外-可见分光光度计操作规程》

任务一 选择配套吸收池

任务目标

(1)会操作紫外-可见分光光度计。

(2)会正确使用吸收池。

(3)会选择配套吸收池,会校正吸收池。

(4)能说出光的基本特性。

(5)记住紫外光、可见光的范围。

(6)能说出紫外-可见分光光度计的基本组成部件。

(7)记住单色光、透射比、吸光度的概念。

任务分析

1.明确任务流程

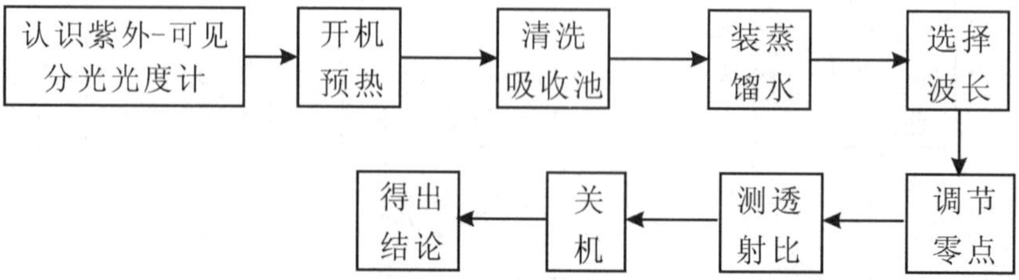

2.任务难点分析

(1)查阅仪器说明书。

(2)查找任务活动中的操作方法。

3.条件需求与准备

(1)紫外–可见分光光度计。

(2)紫外–可见分光光度计使用说明书。

4.吸收池性能要求(见表 2–1–1)

表 2–1–1 吸收池配套性要求

吸收池类型	波长/nm	配套误差/%
石英	220~700	0.5
玻璃	440~700	0.5

通用技术要求:吸收池不得有裂纹,透光面应清洁,无划痕和斑点。

环境条件:温度(10~35 ℃),相对湿度不大于 85%,电压 220±22 V,频率 50±1 Hz,仪器不应受强光直射,周围无强磁场、电场干扰,无强气流及腐蚀性气体。

相关知识

一、仪器的基本组成部件

紫外–可见分光光度计的型号较多,但它们的基本构造都相似,都由光源、单色器、样品吸收池、检测器和显示系统等五大部件组成。

1.光源

紫外–可见分光光度计实际应用的光源一般分为可见光光源和紫外光光源。

(1)可见光光源。钨灯是最常用的可见光光源,它可发射波长为 325~2500 nm 的连续光谱,其中最适宜的使用范围为 320~1000 nm,除用作可见光源外,还可用作近红外光源。为了保证钨灯发光强度稳定,需要采用稳压电源供电,也可用 12 V 直流电源供电。

(2)紫外光光源。紫外光光源多为气体放电光源,如氢、氘、氙放电灯等,其中应用最多的是氢灯及其同位素氘灯,其使用波长范围为 185~375 nm。为了保证其发光强度稳定,也要求用稳压电源供电。氘灯的光谱分布与氢灯相同,但光强比同功率氢灯要大 3~5 倍,寿命比氢灯长。

2.单色器

单色器的作用是把光源发出的连续光谱分解成单色光，并能准确方便地“取出”所需要的某一波长的光，是分光光度计的心脏部分。单色器主要由狭缝、色散元件和透镜系统组成。其中色散元件是关键部件，色散元件是棱镜和反射光栅或两者的组合，它能将连续光谱色散成为单色光。狭缝和透镜系统主要是用来控制光的方向，调节光的强度和“取出”所需要的单色光，狭缝对单色器的分辨率起重要作用，它对单色光的纯度在一定范围内起调节作用。

色散元件单色器主要有以下两种：

(1)棱镜单色器。棱镜单色器是利用不同波长的光在棱镜内折射率不同将复合光色散为单色光。棱镜色散作用的大小与棱镜制作材料及几何形状有关。常用的棱镜用玻璃或石英制成。可见分光光度计采用玻璃棱镜，但玻璃吸收紫外光，所以不适于紫外光区。紫外–可见分光光度计采用石英棱镜，它适用于紫外、可见整个光谱区。

(2)光栅单色器。光栅的色散原理是以光的衍射现象和干涉现象为基础的。光栅作为色散元件具有不少独特的优点，例如它的分辨率比棱镜单色器分辨率高(可达±0.2 nm)，工作波长范围也比棱镜单色器宽等。因此，目前生产的紫外–可见分光光度计大多采用光栅作为色散元件。近年来，光栅的刻制、复制技术在不断地改进，其质量也在不断地提高，因而其应用日益广泛。

需要指出的是，无论何种单色器，出射光光束常混有少量与仪器所指示波长十分不同的光波，即杂散光。杂散光会影响吸光度的正确测量，其产生的主要原因是光学部件和单色器的外壁、内壁的反射和大气或光学部件表面上尘埃的散射等。为了减少杂散光，单色器用涂以黑色的罩壳封起来，通常不允许任意打开罩壳。

3.吸收池

吸收池又称比色皿，是用于盛放待测液和决定透光液层厚度的器件。吸收池一般为长方体(也有圆鼓形或其他形状，但长方体最普遍)，其底面及两侧为毛玻璃，另两侧为光学透光面。根据光学透光面的材料，吸收池有玻璃吸收池和石英吸收池两种。玻璃吸收池用于可见光光区测定。若在紫外光区测定，则必须使用石英吸收池。紫外–可见分光光度计常用的吸收池规格有 0.5 cm、1.0 cm、2.0 cm、3.0 cm 和 5.0 cm 等，使用时根据实际需要选择。

4.检测器

检测器又称接收器，其作用是对透过吸收池的光做出响应，并把它转变成电信号输出，其输出电信号的大小与透过光的强度成正比。

5.显示系统

显示测量的实验数据，如透射比、吸光度、浓度等。

二、光的基本性质

1.光

(1)光的性质。

光是一种电磁波，具有波动性和粒子性。光既是一种波，因而它具有波长(λ)和频率(υ)；光也是一种粒子，它具有能量(E)。它们之间的关系为：

$$E=h\upsilon=h\cdot\frac{c}{\lambda} \qquad (式 2-1)$$

式 2-1 中，E 为能量，单位为 eV(电子伏特)；h 为普朗克常数(6.626×10^{-34} J·s)；υ 为频率，单位为 Hz(赫兹)；c 为光速，真空中约 3×10^{10} cm·s^{-1}；λ 为波长，单位为 nm(纳米)。

从上式可知，光的能量与波长成反比，波长越长，能量越小；波长越短，能量越大。若将各种电磁波(光)按其波长或频率大小排列画成图表，则称该图表为电磁波谱。有关电磁波谱的参数见表 2-1-2。

表 2-1-2 电磁波谱

电磁波	波长范围	电磁波	波长范围
γ 射线	5×10^{-3}~0.14 nm	近红外光	0.78~2.5 μm
X 射线	10^{-3}~10 nm	中红外光	2.5~30 μm
远紫外光	10~200 nm	远红外光	30~1000 μm
近紫外光	200~380 nm	微波	0.1~100 cm
可见光	380~780 nm		

注：摘自 GB/T 14666—1993

(2)单色光、复合光。

具有同一种波长的光，称为单色光。纯单色光很难获得，激光的单色性虽然很好，但也只接近于单色光。含有多种波长的光称为复合光，白光就是复合光，例如日光、白炽灯光等。人的眼睛对不同波长的光的感觉是不一样的。

2.透射比

透射比 τ：透射光通量 Φ_{tr} 与入射光通量 Φ_0 之比，如图 2-1-1 所示。

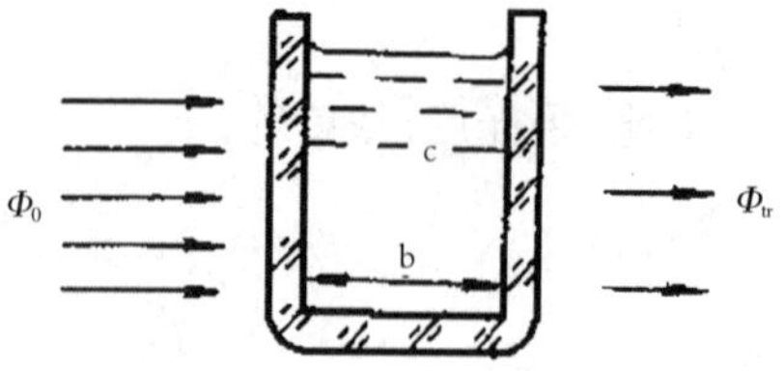

图 2-1-1 透射比示意图

计算公式如下：

$$\tau=\frac{\Phi_{tr}}{\Phi_0} \qquad (式 2-2)$$

式 2-2 中：Φ_0 为入射光通量，Φ_{tr} 为透射光通量。

3.吸光度

物质对光的吸收程度可用吸光度 A 表示(见式 2-3)。吸光度是透射比(见式 2-2)倒数的对数。

$$A=\lg\frac{1}{\tau} \qquad (式 2-3)$$

三、吸收池配套性鉴定方法

仪器所附的同一光径吸收池中，装蒸馏水于 220 nm(石英吸收池)、440 nm(玻璃吸收池)处，将一个吸收池的透射比调至 100%，测量其他吸收池的透射比值，其差值即为吸收池的配套性，差值小于 0.5%即为配套合格。

四、紫外-可见分光光度计的类型

紫外-可见分光光度计按使用波长范围可分为：可见分光光度计和紫外-可见分光光度计两类。前者的使用波长范围是 400~780 nm；后者的使用波长范围为 200~1000 nm。可见分光光度计只能用于测量有色溶液的吸光度，而紫外-可见分光光度计可测量在紫外光区、可见光区及近红外光区有吸收的物质的吸光度。

紫外-可见分光光度计按光路可分为单光束式和双光束式两类；按测量时提供的波长数又可分为单波长分光光度计和双波长分光光度计两类。

1.单光束分光光度计

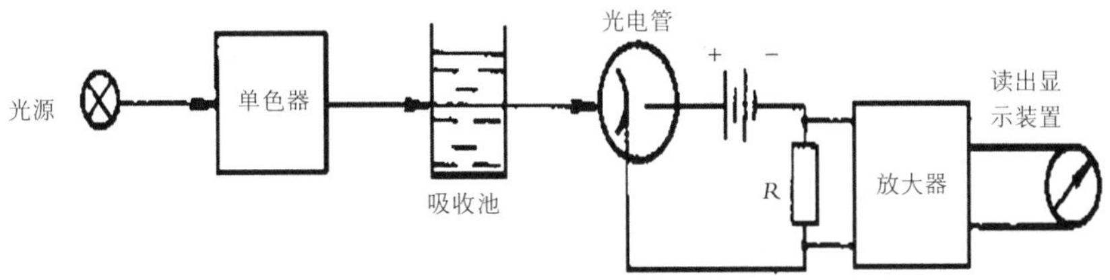

图 2-1-2 单光束分光光度计原理示意图

单光束分光光度计工作原理如图 2-1-2 所示。这类仪器的特点是:结构简单、价格低,主要适于做定量分析。其不足之处是测定结果受光源强度波动的影响较大,因而给定量分析结果带来较大误差。

2.双光束分光光度计

双光束分光光度计工作原理如图 2-1-3 所示。这类仪器的特点是:能连续改变波长,自动比较样品及参比溶液的透光强度,自动消除光源强度变化所引起的误差。对于必须在较宽的波长范围内获得复杂的吸收光谱曲线的分析,此类仪器极为合适。

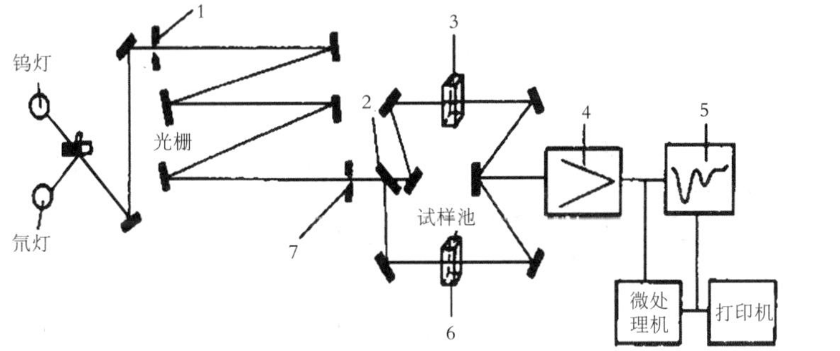

1-进口狭缝;2-切光器;3-参比池;4-检测器;5-记录仪;6-试样池;7-出口狭缝

图 2-1-3 双光束紫外-可见分光光度计原理示意图

3.双波长分光光度计

双波长分光光度计与单波长分光光度计的主要区别在于采用双单色器,可同时得到两束波长不同的单色光,其工作原理如图 2-1-4 所示。

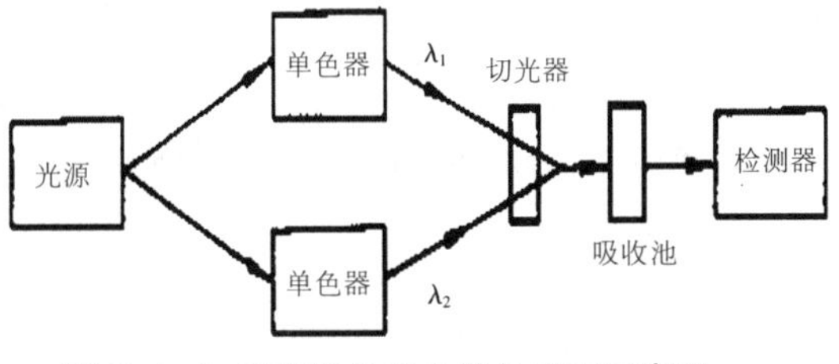

图 2-1-4 双波长分光光度计原理示意图

双波长分光光度计不仅能测定高浓度试样、多组分试样,还能测定浑浊试样。双波长分光光度计在测定相互干扰的混合试样时,不仅操作简单,而且精确度高。双波长分光光度计的不足之处是价格昂贵。

任务实施

活动 1 认识分光光度计

紫外–可见分光光度计有各种型号,外形也略有差异,如图 2–1–5 所示。

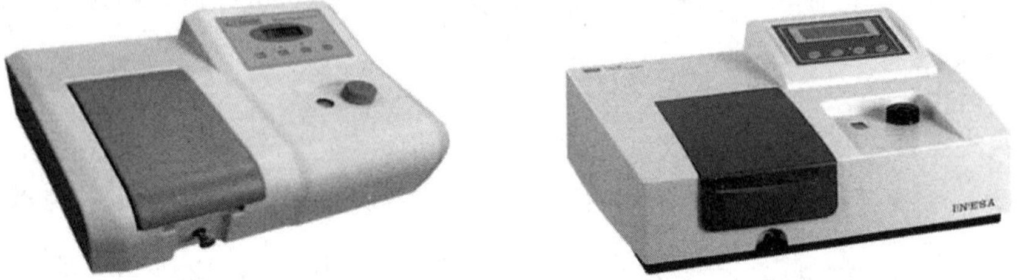

图 2–1–5 紫外–可见分光光度计

各种型号的分光光度计均由五部分组成,如图 2–1–6 所示。

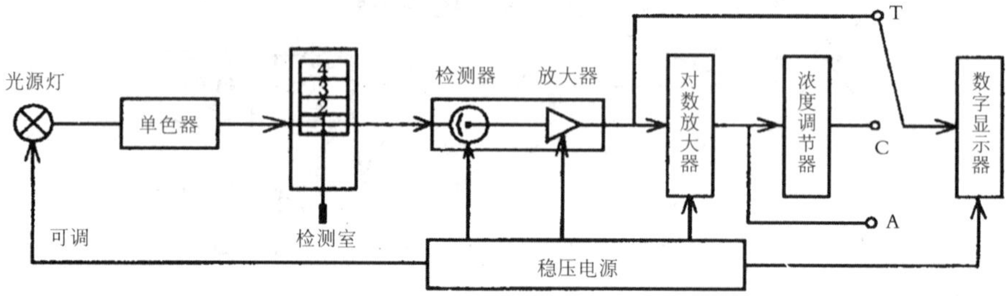

图 2–1–6 分光光度计组成部件框图

活动 2 操作分光光度计

(1)阅读仪器使用说明书。

(2)打开分光光度计箱盖,放入遮光暗盒,打开仪器电源开关,预热 20 min。

(3)转动手轮,选择所需波长。

(4)在控制面板上切换到透射比(τ)模式和吸光度(A)模式,练习调节 τ=0%和 τ=100%。

(5)练习拉杆按照挡位拉出和复位操作。

(6)练习测定比色皿的透光率和吸光度。

注意事项

(1)转动波长手轮时要沿着一个方向转动,不要来回用力旋转。

(2)切换模式时,按键的力度要合适。

(3)在非测量状态下,放入遮光暗盒。

活动3 检验吸收池的配套性

(1)洗涤吸收池,装入蒸馏水至 2/3 高度,用滤纸吸干外壁水分,用擦镜纸擦拭光学面,依次放入仪器样品室。

(2)拉动吸收池拉杆,将第一个吸收池置于光路中,在仪器控制面板上切换透射比(τ)模式,调“τ=0%”。

(3)取出吸收池,调“τ=100%”。

(4)重复调节“τ=0%”“τ=100%”。

(5)拉动拉杆,分别测定其他吸收池的透射比,并记录数据至表 2-1-3 中。

(6)开盖,拉杆复位,取出吸收池洗净、晾干。

(7)关闭仪器电源,填写仪器使用记录。

注意事项

(1)拿取吸收池时,只能用手指接触两侧的毛玻璃面,不可接触光学面。

(2)不能将光学面与硬物或脏物接触,只能用擦镜纸或丝绸擦拭光学面。

(3)凡含有腐蚀玻璃的物质(如 F^-、$SnCl_2$、H_3PO_4 等)的溶液,不得长时间盛放在吸收池中。

(4)吸收池使用后应立即用水冲洗干净。有色物污染可以用 3 mol/L HCl 和等体积乙醇的混合液浸泡洗涤。生物样品、胶体或其他在吸收池光学面上形成薄膜的物质要用适当的溶剂洗涤。

(5)不得在火焰或电炉上加热或烘烤吸收池。

(5)721 型分光光度计底部干燥筒内的干燥剂要(　　)。

A.定期更换　B.使用时更换　C.保持潮湿　D.不定期更换

三、填空题

(1)紫外-可见分光光度计是由(　　　)、(　　　)、(　　　)、(　　　)、(　　　)五大部件组成。

(2)紫外-可见分光光度计用的光源是(　　　)灯或(　　　)灯。

(3)用分光光度分析时,待测溶液一般注到吸收池高度的(　　)。

(4)紫外线的波长范围是(　　　),可见光的波长范围是(　　　)。

任务二 绘制吸收光谱曲线

任务目标

(1)会绘制吸收光谱曲线。

(2)会选择适宜的测定波长、参比溶液、吸收池。

(3)能说出显色条件、测量条件的选择方法。

任务分析

1.明晰任务流程

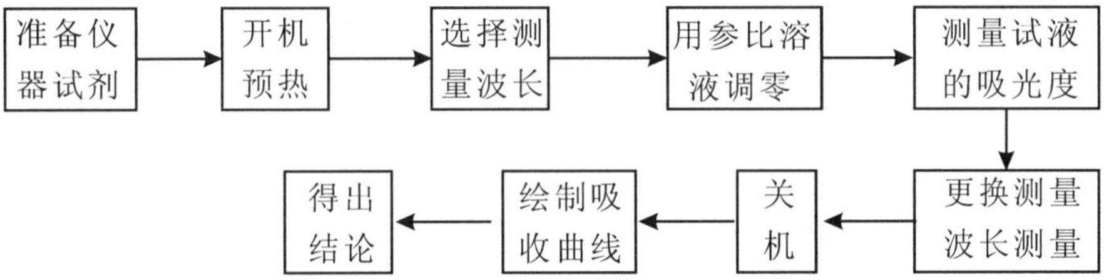

2.任务难点分析

绘制吸收曲线。

3.条件需求与准备

(1)仪器。

①紫外–可见分光光度计。

②容量瓶:100 mL。

(2)试剂。

①铁标准溶液(100.0 μg/mL),准确称取 0.8634 g $NH_4Fe(SO_4)_2 \cdot 12H_2O$ 置于烧杯中,加入 10 mL 硫酸溶液[$c(H_2SO_4)$=3 mol/L],移入 1000 mL 容量瓶中,用蒸馏水稀释至标线,摇匀。

②铁标准溶液(10.00 μg/mL),移取 100.0 μg/mL 铁标准溶液 10.00 mL 于 100 mL 容量瓶中,并用蒸馏水稀释至标线,摇匀。

③盐酸羟胺溶液 100 g/L(用时配制)。

④邻二氮菲溶液 1.5 g/L，先用少量乙醇溶解，再用蒸馏水稀释至所需浓度(避光保存，两周内有效)。

⑤醋酸钠溶液 1.0 mol/L。

⑥盐酸溶液 1.0 mol/L。

相关知识

一、显色剂

在进行比色分析时，采用一种合适的试剂将试样溶液中的被测组分转变为有色物质，从而得到一种有色溶液，这类试剂称为显色剂；把无色物质转化为有色物质的过程称为显色过程；这个反应称为显色反应。

邻二氮菲在 pH 为 2~9 的溶液中与 Fe^{2+} 发生如下显色反应，生成橙红色的配合物。

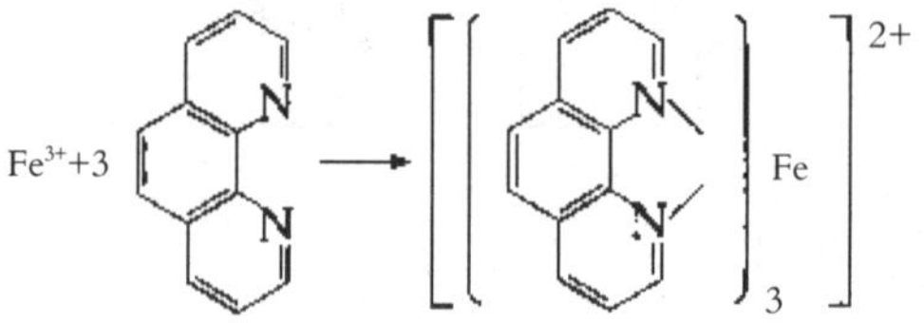

(橙红色)

Fe^{3+}与邻二氮菲作用生成蓝色配合物，稳定性较差，因此在实际应用中常加入还原剂使 Fe^{3+}成 Fe^{2+}，再与邻二氮菲作用。常用盐酸羟胺作还原剂(见式 2-4)。

$$4Fe^{3+}+2NH_2OH \longrightarrow 4Fe^{2+}+4H^{+}+N_2O+H_2O \quad (式 2-4)$$

测定时酸度高，反应进行较慢；酸度太低，则铁离子易水解(见式 2-5)。

$$Fe^{3+}+3H_2O = Fe(OH)_3\downarrow +3H^{+} \quad (式 2-5)$$

1.显色条件的选择

(1)显色剂用量。显色剂一般应适当过量，在实际工作中，显色剂的用量需要经实验来确定。即通过作 $A-c_{显色剂}$ 曲线来获得显色剂的适宜用量。

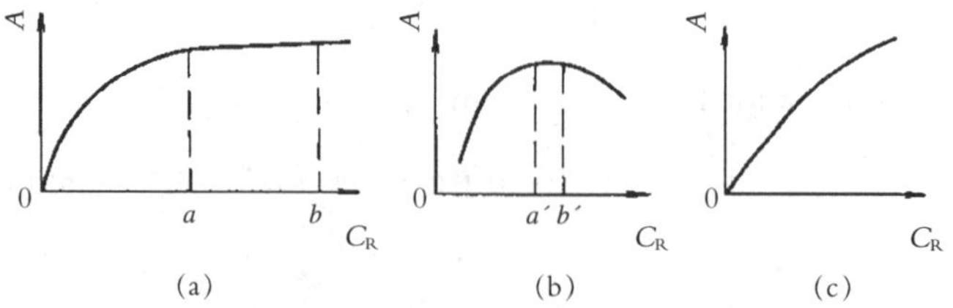

图 2-2-1 吸光度与显色剂浓度的关系曲线

如图 2-2-1 所示表明显色剂用量在 *a*~*b* 这一段范围内吸光度值比较稳定。

(2)溶液酸度。当酸度不同时，同种金属离子与同种显色剂反应，可以生成不同配位数的不同颜色的配合物。溶液酸度过高会降低配合物的稳定性；溶液酸度过低可能引起被测金属离子水解。溶液酸度变化，显色剂的颜色可能发生变化，因此在实验中要控制好显色反应的酸度。

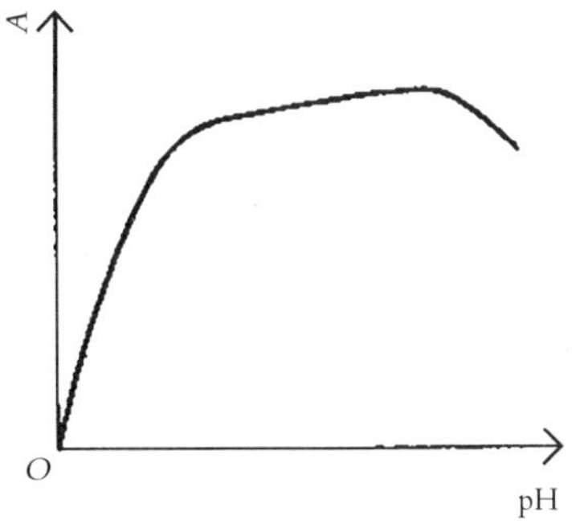

图 2-2-2 吸光度 *A* 与 pH 关系曲线

通过绘制 *A*-pH 关系曲线，如图 2-2-2 所示，选择曲线平坦部分对应的 pH 作为应该控制的 pH 范围。

(3)显色温度。不同的显色反应对温度的要求不同。因此，对不同的反应，应通过实验找出各自适宜的显色温度范围。

(4)显色时间。在显色反应中应该从两个方面来考虑时间的影响。一是显色反应完成所需要的时间，称为“显色(或发色)时间”；二是显色后有色物质色泽保持稳定的时间，称为“稳定时间”。适宜的显色时间也是通过实验来确定的。

2.显色剂

常用的显色剂可分为无机显色剂和有机显色剂两大类。

(1)无机显色剂。许多无机试剂能与金属离子发生显色反应，但由于灵敏度和选择性都不高，具有实际应用价值的品种很有限。常用的无机显色剂见表 2-2-1。

表 2-2-1 几种重要的无机显色剂

显色剂	测定元素	反应介质	有色化合物组成	颜色	测定波长(nm)
硫氰酸盐	铁	0.1~0.8 mol/L HNO_3	$Fe(CNS)_5^{2-}$	红	480
	钼	1.5~2 mol/L H_2SO_4	$Mo(CNS)_6^-$ 或 $MoO(CNS)_5^{2-}$	橙	460
	钨	1.5~2 mol/L H_2SO_4	$W(CNS)_6^-$ 或 $WO(CNS)_5^{2-}$	黄	405
	铌	3~4 mol/L HCl	$NbO(CNS)_4^-$	黄	420
	铼	6 mol/L HCl	$ReO(CNS)_4^-$	黄	420
钼酸铵	硅	0.15~0.3 mol/L H_2SO_4	硅钼蓝	蓝	670~820
	磷	0.15 mol/L H_2SO_4	磷钼蓝	蓝	670~820
	钨	4~6 mol/L HCl	磷钨蓝	蓝	660
	硅	稀酸性	硅钼杂多酸	黄	420
	磷	稀 HNO_3	磷钼钒杂多酸	黄	430
	钒	酸性	磷钼钒杂多酸	黄	420

续表

显色剂	测定元素	反应介质	有色化合物组成	颜色	测定波长(nm)
氨水	铜 钴 镍	浓氨水 浓氨水 浓氨水	$Cu(NH_3)_4^{2+}$ $Co(NH_3)_6^{2+}$ $Ni(NH_3)_6^{2+}$	蓝 红 紫	620 500 580
过氧化氢	钛 钒 铌	1~2 mol/L H_2SO_4 0.5~3 mol/L H_2SO_4 18 mol/L H_2SO_4	$TiO(H_2O_2)^{2+}$ $VO(H_2O_2)^{3+}$ $Nb_2O_3(SO_4)_2(H_2O_2)_2$	黄 红橙 黄	420 400~450 365

(2)有机显色剂。有机显色剂与金属离子形成的配合物,其稳定性、灵敏度和选择性都比较高,而且有机显色剂的种类较多,实际应用广。重要的有机显色剂见表 2-2-2。

表 2-2-2 几种重要用的有机显色剂

显色剂	测定元素	测定介质	测定波长(nm)	ε(L/mol·cm)
磺基水杨酸	Fe^{2+}	pH=2~3	520	1.6×10^3
邻菲罗啉	Fe^{2+}、Cu^{2+}	pH=3~9	510,435	1.1×10^4,7×0^3
丁二酮肟	Ni(IV)	氧化剂存在、碱性	470	1.3×10^4
1-亚硝基-2-苯酚	Co^{2+}		415	2.9×10^4
钴试剂	Co^{2+}		570	1.13×10^5
双硫腙	Cu^{2+}、Pb^{2+}、Zn^{2+}、Cd^{2+}、Hg^{2+}	不同酸度	490~550(Pb 520)	4.5×10^4~3×10^4、(Pb 6.8×10^4)
偶氮砷(Ⅲ)	Th(Ⅳ)、Zr(Ⅳ)、La^{3+} Ce^{4+}、Ca^{2+}、Pb^{2+}等	强酸至弱酸	665~675(Th 665)	1×10^4~1.3×10^5 (Th $1.3\times10^{5)}$
RAR(吡啶偶氮间苯二酚)	Co、Pd、Nb、Ta、Th、In、Mn	不同酸度	(Nb 550)	(Nb 3.6×10^4)
二甲酚橙	Zr(Ⅳ)、Hf(Ⅳ)、Nb(Ⅴ)、Uo_2^{2+}、Bi^{3+}、Pb^{2+}等	不同酸度	530~580(Hf 530)	1.6×10^4~5.5×10^4(Hf 4.7×10^4)
铬天菁 S	Al^{3+}	pH=5~5.8	530	5.9~10^4
结晶紫	Ca	7 mol/L HCl $CHCl_3$-丙酮萃取		5.4×10^4
罗丹明 B	Ca、Tl	6 mol/L HCl、苯萃取、1 mol/L HBr 异丙醚萃取		6×10^4,1×10^5
孔雀绿	Ca	6 mol/L HCl、C_6H_5Cl-CCl_4 萃取		9.9×10^4
亮绿	Tl、B	0.01~0.1mol/L HBr、乙酸乙酯萃取,pH =3.5 苯萃取		7×10^4,5.2×10^4

3.显色反应的基本要求

显色反应具有较高的灵敏度和选择性,反应生成的有色化合物组成恒定,化学性质稳定,测量过程中应保持吸光度基本不变。显色条件要易于控制,以保证其有较好的再现性。

选择适当的显色反应和控制好适宜的反应条件，是比色分析的关键。

二、吸收曲线

物质的吸收光谱曲线是通过实验获得的，具体方法是：将不同波长的光依次通过某一固定浓度和液层厚度的有色溶液，分别测出它对各种波长光的吸收程度（用吸光度 A 表示），以波长为横坐标，以吸光度为纵坐标作图，画出曲线，此曲线即称为该物质的吸收光谱曲线（或光吸收曲线），它描述了物质对不同波长光的吸收程度。如图 2-2-3(a)所示的是三种不同浓度的 $KMnO_4$ 溶液的三条吸收光谱曲线；图 2-2-3(b)所示是茴香醛的紫外吸收光谱曲线。

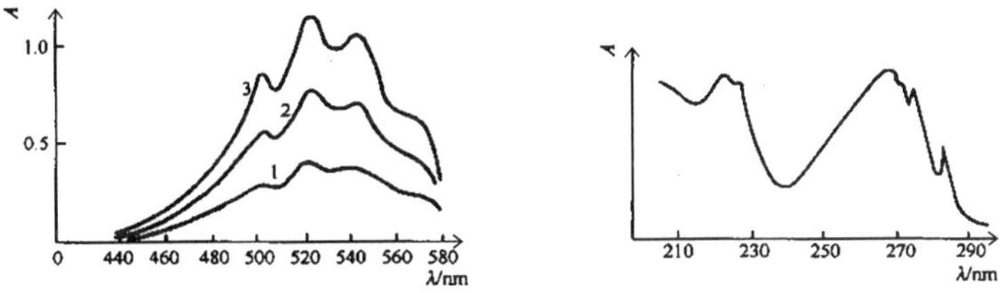

(a)高锰酸钾的吸收曲线　　　　(b)茴香醛的吸收曲线

图 2-2-3 高锰酸钾和茴香醛的吸收曲线

(1)相同浓度的高锰酸钾溶液对不同波长光的吸收程度是不同的，对波长为 525 nm 的绿色光吸收最多，在吸收曲线上有一高峰（称吸收峰）。光吸收程度最大处所对应的波长称为最大吸收波长（常以 λ_{max} 表示）。在进行吸光度测定时，通常都是选取 λ_{max} 处的波长来测量，因为这时可得到最大的灵敏度。

(2)不同浓度的高锰酸钾溶液，其吸收曲线的形状相似，最大吸收波长也一样，不同的是吸收峰峰高随浓度的增加而增高。

(3)不同物质的吸收曲线，其形状和最大吸收波长都各不相同。因此，可利用吸收曲线作为物质定性分析的依据。

三、测量条件的选择

1.测定波长的选择

定量分析首先需要选择合适的入射光波长。通常选用最大吸收波长 λ_{max}，此时灵敏度高。选择入射光波长的原则是：吸收最大，干扰最小。

2.吸收池的选择

吸光度合适的范围是0.2~0.8，在此范围时仪器测量引起的误差较小。可通过调节溶液的浓度或选择合适厚度的吸收池，使吸光度在适宜的范围内。

3.参比溶液的选择

参比溶液是用来调节仪器零点和消除某些干扰的，参比溶液的选择一般遵循以下原则。

溶剂参比：若待测组分与显色剂的反应产物有吸收，其他所加试剂均无吸收作用时，用纯溶剂作参比溶液，可以消除溶剂、吸收池等因素的干扰。

试剂参比：若显色剂或其他试剂在测定波长有吸收，而试液本身无吸收时，应采用不加试样的溶液作参比溶液。这种参比溶液可消除试剂中所带杂质产生的影响，多数情况都是采用试剂溶液作参比。

试液参比：若试样中含有某些有色离子，但不与显色剂反应，且显色剂在测定波长无吸收时，可用不加显色剂的试样溶液作参比溶液，可以消除试剂中有色离子的影响。

褪色参比：若显色剂、试样中其他组分在测量波长处有吸收，则可以在显色液中加入某种褪色剂，选择性地与被测离子配位(或改变其价态)，生成稳定无色的配合物，使已显色的产物褪色。用此溶液作参比溶液，可以消除显色剂的颜色及试样中其他组分的干扰。

任务实施

活动1　配制测试溶液

取两个50 mL干净容量瓶，移取10.00 μg/mL铁标准溶液5.00 mL于其中一个50 mL容量瓶中，然后在两容量瓶中各加入1 mL 100 g/L盐酸羟胺溶液，摇匀。放置2 min后，各加入5 mL 1.0 mol/L醋酸钠溶液，2 mL 1.5 g/L邻二氮菲溶液，用蒸馏水稀释至标线，摇匀，放置10~15 min。

注意事项

试剂的加入顺序不可颠倒。

活动2　绘制吸收光谱曲线

用2 cm吸收池，以试剂空白为参比，在440~540 nm间，每隔10 nm测量一次吸光度(在峰值附近每间隔2 nm测量一次)。以波长为横坐标，吸光度为纵坐标，绘制A和λ关系的吸收曲线。从吸收曲线上选择测定波长，一般选用最大吸收波长 λ_{max}。

注意事项

(1)改变测定波长时必须重新用参比溶液校正吸光度为零。

(2)正确处理吸收池外面的溶液。

(3)吸收池放置要光面沿光路方向。

活动 3 数据记录与处理

表 2-2-3 绘制吸收光谱曲线原始记录

记录编号											
样品名称					检验日期						
检验项目					检验依据						
检验仪器					判定依据						
测量波长范围：________nm 参比溶液：__________________ 吸收池规格：________cm											
λ(nm)	450	460	470	480	490	500	510	520	530	540	550	其他
A												
绘制吸收曲线												
检验人					复核人							

任务评价

表 2-2-4 任务评价表

日期

评价指标	评价要素	等级评定	
		自评	教师评
试剂	说出使用试剂名称及浓度		
吸量管	是否润洗 插入溶液前及调节液面前用滤纸擦拭管尖部 溶液放尽后，吸量管应停留 15 s 后移开		
容量瓶	稀释至容量瓶 2/3~3/4 体积时平摇 加蒸馏水至近标线约 1 cm 处等待 1~2 min 稀释至标线，摇匀		
波长选择	由小至大依次选择		
绘制吸收光谱曲线	坐标参数选择得当 坐标分度值选择适当 描点准确 曲线平滑 λ_{max} 是否为 510 nm		
学习方法	书写报告规范		
工作过程	遵守管理规范 操作过程符合现场管理规范 出勤情况		
思维状态	能发现问题、提出问题、分析问题、解决问题		
自评反馈	按时按质完成工作任务 掌握专业知识点		
经验和建议			
	总成绩		

拓展提高

化合物的紫外–可见吸收光谱

各种化合物由于组成和结构上的不同，都有各自的紫外–可见吸收光谱，因此可以从吸收光谱的形状、吸收峰的位置、数目等进行定性分析，为研究物质的内部结构提供重要信息。

一、有机化合物的紫外-可见吸收光谱

有机化合物的紫外-可见吸收光谱是由于分子中原子的外层价电子跃迁所产生的，电子跃迁与分子的组成、结构以及溶剂等因素有关。

1.电子跃迁类型

紫外吸收光谱是由化合物分子中三种不同类型的价电子，在各种不同能级上跃迁产生的。这三种不同类型的价电子是：形成单键的 σ 电子、形成双键的 π 电子和氧或氮、硫、卤素等所含未成键的 n 电子。

电子围绕分子或原子运动的概率分布称为轨道。电子所具有的能量不同，它所处的轨道也不同。根据分子轨道理论，σ 和 π 电子所占的轨道称成键分子轨道，n 为非键分子轨道。化合物分子吸收光辐射后，这些价电子跃迁到较高能态的轨道，称为 σ^*、π^* 反键轨道，它们的能级高低依次为：$\sigma<\pi<n<\pi^*<\sigma^*$。当分子吸收一定能量的光辐射时，分子内 σ 电子、π 电子或 n 电子将由较低能级跃迁到较高能级，即由成键轨道或 n 非键轨道跃迁到相应的反键轨道中，如图 2-2-4 所示。三种价电子可能产生 $\sigma\rightarrow\sigma^*$，$\sigma\rightarrow\pi^*$，$\pi\rightarrow\pi^*$，$\pi\rightarrow\sigma^*$，$n\rightarrow\sigma^*$，$n\rightarrow\pi^*$ 等六种形式的电子跃迁，其中较为常见的是 $\sigma\rightarrow\sigma^*$ 跃迁，$n\rightarrow\sigma^*$ 跃迁，$\pi\rightarrow\pi^*$ 跃迁和 $n\rightarrow\pi^*$ 跃迁等四种类型，这些跃迁所需能量大小如下。

$$\sigma\rightarrow\sigma^*>n\rightarrow\sigma^*>\pi\rightarrow\pi^*>n\rightarrow\pi^*$$

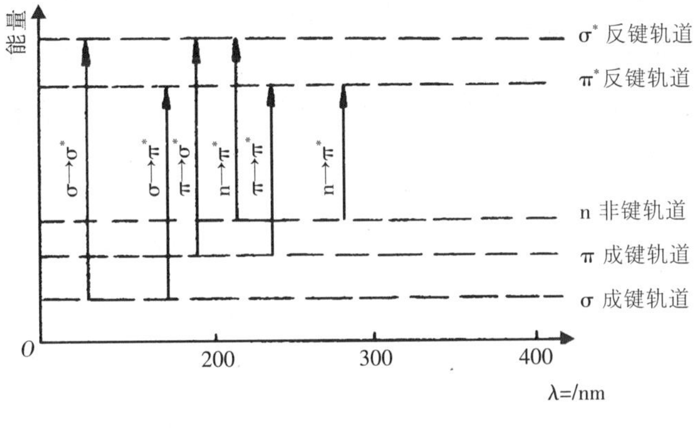

图 2-2-4 分子轨道能级图及电子跃迁形式

(1)$\sigma\rightarrow\sigma^*$ 跃迁。这类跃迁的吸收带出现在 200 nm 以下的远紫外区。如甲烷的 λ_{max}=125 nm，它的吸收光谱曲线必须在真空中测定。

(2)$n\rightarrow\sigma^*$ 跃迁。含有氧、氮、硫、卤素等杂原子的饱和烃衍生物都可发生 $n\rightarrow\sigma^*$ 跃迁。大多数 $n\rightarrow\sigma^*$ 跃迁的吸收带一般仍然低于 200 nm，通常仅能见到末端吸收。例如饱和脂肪族

醇或醚在 180~185 nm，饱和脂肪胺在 190~200 nm，饱和脂肪族氯化物在 170~175 nm，饱和脂肪族溴化物在 200~210 nm。当分子中含有硫、碘等电离能较低的原子时，吸收波长高于 200 nm，如 CH_3I 的 $n \to \sigma^*$ 吸收峰在 258 nm。

(3) $\pi \to \pi^*$ 跃迁。分子中含有双键、三键的化合物和芳环及共轭烯烃可发生此类跃迁。孤立双键的最大吸收波长小于 200 nm(例如乙烯的 λ_{max}=180 nm)。随着共轭双键数的增加，吸收峰向长波方向移动。$\pi \to \pi^*$ 跃迁的吸收峰多为强吸收，其 ε 值很大，一般情况下 $\varepsilon_{max} \geq 10^4$ L/(mol·cm)。

(4) $n \to \pi^*$ 跃迁。分子中含有孤对电子的原子和 π 键同时存在并共轭时（如含 >C═O，>C═S，—N═O，—N═N—)，会发生 $n \to \pi^*$ 跃迁。这类跃迁的吸收波长大于 200 nm，但吸收强度弱，ε 一般低于 100 L/(mol·cm)。

由于一般紫外-可见分光光度计只能提供 190~850 nm 的单色光，因此只能测量 $n \to \pi^*$ 跃迁和部分 $n \to \sigma^*$ 跃迁、$\pi \to \pi^*$ 跃迁的吸收，而对只能产生 200 nm 以下吸收的 $\sigma \to \sigma^*$ 跃迁则无法测量。

2.常用术语

(1)生色团。指在 200~1000 nm 波长范围内产生特征吸收带的具有一个或多个不饱和键和未共用电子对的基团。

(2)助色团。指一些含有未共用电子对的氧原子、氮原子或卤素原子的基团。如—OH，—OR，$—NH_2$，—NHR，—SH，—Cl，—Br，—I 等。助色团不会使物质具有颜色，但引进这些基团能增加生色团的生色能力，使吸收波长向长波方向移动，并增加了吸收强度。

(3)红移和蓝移。由于取代基或溶剂的影响造成有机化合物结构的变化，使吸收峰向长波方向移动的现象称为吸收峰“红移”。由于取代基或溶剂的影响造成有机化合物结构的变化，使吸收峰向短波方向移动的现象称为吸收峰“蓝移”。

(4)增色效应和减色效应。由于有机化合物的结构变化使吸收峰摩尔吸光系数增加的现象称为增色效应，使吸收峰的摩尔吸光系数减小的现象称为减色效应。

(5)吸收带。R 吸收带：它是由 $n \to \pi^*$ 跃迁产生的。特点是强度弱[ε<100 L/(mol·cm)]，吸收波长较长(>270 nm)

K 吸收带：它是由 $\pi \to \pi^*$ 跃迁产生的。其特点是强度高($\varepsilon > 10^4$ L/(mol·cm))，吸收波长比 R 吸收带短(217~280 nm)，并且随共轭双键数的增加，产生红移和增色效应。共轭烯烃和取代的芳香化合物可以产生这类谱带。

B 吸收带：它是由苯环振动和 $\pi\rightarrow\pi^*$ 跃迁重叠引起的芳香族化合物的特征吸收带。其特点是在 230~270 nm[ε=200 L/(mol·cm)]谱带上出现苯的精细结构吸收峰，如图 2-2-5 所示，可用于辨识芳香族化合物。当在极性溶剂中测定时，B 吸收带会出现一宽峰，产生红移。当苯环上的氢被取代后，苯的精细结构会消失，并发生红移和增色效应。

E 吸收带：它属于 $\pi\rightarrow\pi^*$ 跃迁，也是芳香族化合物的特征吸收带。苯的 E 带分为 E_1 带和 E_2 带。E_1 带 λ_{max}=184 nm[$\varepsilon=6\times10^4$ L/(mol·cm)]，E_2 带 λ_{max}=204 nm[ε=7900 L/(mol·cm)]。当苯环上的氢被助色团取代时，E_2 带红移，一般在 210 nm 左右；当苯环上氢被生色团取代，并与苯环共轭时，E_1 带和 K 带合并，吸收峰红移。

3.溶剂效应

由于溶剂的极性不同引起某些化合物的吸收峰的波长、强度及形状产生变化，这种现象称为溶剂效应。例如，异丙叉丙酮[$H_3C(CH_3)—C═CHCO—CH_3$]分子中有 $\pi\rightarrow\pi^*$ 和 $n\rightarrow\pi^*$ 跃迁，当用非极性溶剂正己烷时，$\pi\rightarrow\pi^*$ 跃迁的 λ_{max}=230 nm，而用水作溶剂时，λ_{max}=243 nm，可见在极性溶剂中 $\pi\rightarrow\pi^*$ 跃迁产生的吸收带存在红移。而 $n\rightarrow\pi^*$ 跃迁产生的吸收峰却恰恰相反，以正己烷作溶剂时，λ_{max}=329 nm，而用水作溶剂时，λ_{max}=305 nm，吸收峰产生蓝移。

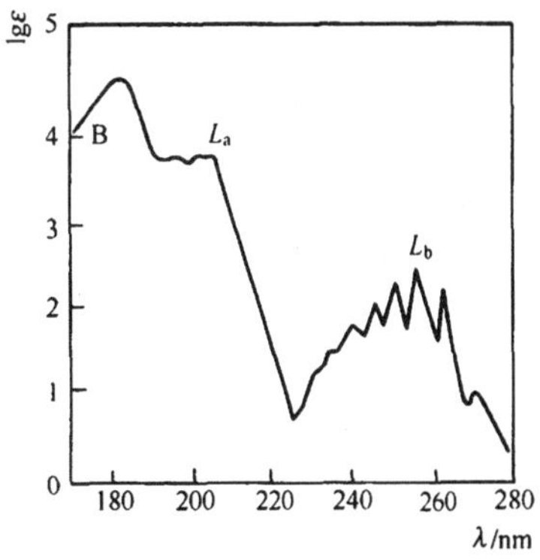

图 2-2-5 苯的紫外吸收光谱曲线（己烷为溶剂）

又如苯在非极性溶剂己烷中（或气态存在）时，在 230~270 nm 处，有一系列中等强度吸收峰，如图 2-2-5 所示，但在极性溶剂中，苯的精细结构变得不明显或全部消失，呈现一宽峰。

二、无机化合物的紫外-可见吸收光谱

在电磁辐射的照射下，一些无机物也产生紫外-可见吸收光谱，其主要能级跃迁类型有电荷转移跃迁和配位场跃迁。

1.电荷转移跃迁

当化合物接受辐射能量时，一个电子由配体的电子轨道跃迁至金属离子的电子轨道，这种跃迁的实质是配体与金属离子之间发生分子内的氧化还原反应，如 Fe^{2+}与邻二氮菲形成的配合物就是由于这类电子跃迁而呈现颜色。

2.配位场跃迁

第四、第五周期的过渡金属元素和镧系、锕系元素的离子吸收光能后，低能级轨道上的d电子或f电子可以分别跃迁至高能级轨道，产生光的吸收。

课后自测

一、判断题

(1) $CuSO_4$ 溶液呈现蓝色是由于它吸收了白光中的黄色光。(　)

(2)绿色溶液是基于溶液吸收了紫色光而透过了绿色光。(　)

(3)人眼能感觉到的光称为可见光，其波长范围是200~380 nm。(　)

(4)高锰酸钾溶液呈现紫色是因为它吸收了绿色光。(　)

(5)符合光吸收定律的溶液适当稀释时，最大吸收波长的位置不移动。(　)

二、选择题

(1)1 m换算成以"nm"为单位时为(　)。

A. 10^6 nm　B. 10^9 nm　C. 10^{10} nm　D. 10^{12} nm

(2)人眼能感觉到的光称为可见光，其波长范围是(　)。

A.380~780 nm　B.380~780 μm　C.200~380 nm　D.200~780 nm

(3)当一束白光通过紫色高锰酸钾溶液时，(　)被溶液吸收。

A.绿色光　B.单色光　C.黄色光　D.蓝色光

(4)将黄色光和蓝色光按一定比例混合可得到白色光，则这两种色光的关系是(　)。

A.可见光　B.单色光　C.复合光　D.互补色光

(5)硫酸铜溶液呈蓝色是由于它吸收了白光中的(　)。

A.红色光　B.橙色光　C.黄色光　D.蓝色光

三、填空题

(1)在以波长为横坐标,吸光度为纵坐标的不同浓度高锰酸钾溶液吸收曲线上可以看出(　　)未变,只是(　　)变了。

(2)各种物质都有特征的吸收曲线和最大吸收波长,这种特性可作为物质(　　)的依据;同种物质不同浓度的溶液,任一波长处的吸光度随物质浓度的增加而增大,这是物质(　　)的依据。

任务三 测定方法灵敏度

任务目标

(1)会测定摩尔吸光系数。

(2)能说出光吸收定律的内容及表达式。

(3)能说出摩尔吸光系数的含义及单位。

任务分析

1.明晰任务流程

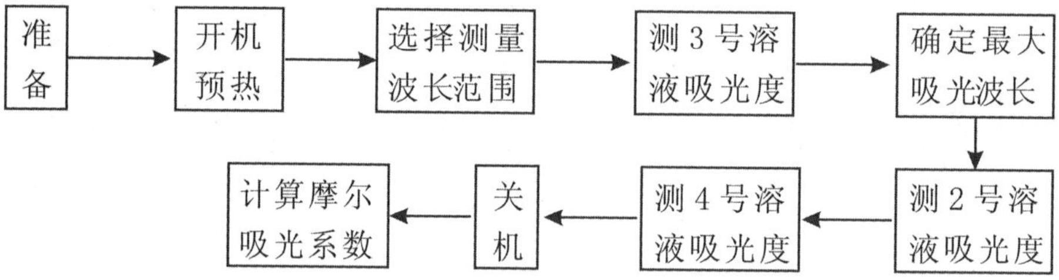

2.任务难点分析

计算摩尔吸光系数。

3.条件需求与准备

同任务二。

相关知识

一、朗伯定律

当一束平行的单色光垂直照射到一定浓度的均匀透明溶液时，吸光度与液层厚度的关系为：

$$A=kb \qquad (式 2-6)$$

式2-6中，A为吸光度；b为溶液液层厚度（或称光程长度）；k为比例常数，它与入射光波长、溶液性质、浓度和温度有关。这就是朗伯(Lambert)定律。

二、比尔定律

当一束平行的单色光垂直照射到同种物质不同浓度、相同液层厚度的均匀透明溶液时，吸光度与溶液浓度的关系为：

$$A=k'c \qquad (式 2-7)$$

式 2-7 中，k' 为另一比例常数，它与入射光波长、液层厚度、溶液性质和温度有关；c 为溶液浓度。这就是比尔(Beer)定律。

三、朗伯-比耳定律

当溶液厚度和浓度都可改变时，这时就要考虑两者同时对光吸收的影响，则有：

$$A=\lg\Phi_0/\Phi_{tr}=\lg 1/\tau=-\lg\tau=Kbc \text{ 或 } A=\varepsilon bc \qquad (式 2-8)$$

式 2-8 中，K 为比例常数，与入射光的波长、物质的性质和溶液的温度等因素有关。朗伯-比尔定律是紫外-可见分光光度法进行定量分析的理论基础。

光吸收定律表明：当一束平行单色光垂直入射通过均匀、透明的吸光物质的稀溶液时，溶液对光的吸收程度与溶液的浓度及液层厚度的乘积成正比。

四、吸光系数

待测物质在单位浓度、单位厚度时的特征吸光度。按照使用浓度单位的不同，可有质量吸光系数与摩尔吸光系数之分。

1.摩尔吸光系数 ε

当溶液的浓度以物质的量浓度(mol/L)表示，“液层厚度”以厘米(cm)表示时，相应的比例常数 K 称为摩尔吸光系数，以 ε 表示，单位为“L/(mol·cm)”。如下式：

$$A=\varepsilon bc \qquad (式 2-9)$$

式 2-9 中摩尔吸光系数的物理意义是：浓度为 1 mol/L 的溶液，于厚度为 1 cm 的吸收池中，在一定波长下测得的吸光度。

ε 越大，表示该物质对某波长光的吸收能力越强，测定的灵敏度也就越高。

2.质量吸光系数 *a*

质量吸光系数适用于摩尔质量未知的化合物。若溶液浓度以质量浓度 ρ (mg/L)表示，液层厚度 *b* 以厘米(cm)表示时，相应的吸光度则为质量吸光系数，以 *a* 表示，其单位为 L/(g·cm)。这样可表示为：

$$A = ab\rho \qquad \text{（式 2-10）}$$

3.比吸光系数

当溶液浓度以质量体积百分浓度(*m/V*)表示，液层厚度以厘米(cm)表示时，则此吸光系数称比吸光系数($E_{1\,cm}^{1\%}$)。比吸光系数的物理意义是：含有 1%浓度的溶液，在 1 cm 厚的吸收池中测得的吸光度，$E_{1\,cm}^{1\%}$ 越大，灵敏度愈高。

任务实施

活动 1 准备溶液

取 4 个洁净的 50 mL 容量瓶，分别取 10.00 μg/mL 铁标准溶液 2.00 mL，4.00 mL，6.00 mL，放入 3 个容量瓶中，然后在 4 个容量瓶中分别加入 1 mL 100 g/L 盐酸羟胺溶液，摇匀。放置 2 min，各加入 5 mL 醋酸钠缓冲溶液，摇匀后再各加入 2 mL 1.5 g/L 邻二氮菲溶液，用蒸馏水稀释至标线，混匀，放置 10~15 min.

活动 2 测吸光度

用 2 cm 吸收池，以试剂空白为参比，在选定最大吸收波长下，测定各溶液的吸光度，分别计算 ε，求出 ε 的平均值。

活动 3 数据记录与处理

表 2-3-1 测定方法灵敏度原始记录

记录编号			
样品名称		样品编号	
检验项目		检验日期	
检验依据		判定依据	
温度/℃		相对湿度/%	
检验设备		标准物质	
2 号测试溶液组成			
3 号测试溶液组成			

续表

4号测试溶液组成			
测量波长范围：________nm 参比溶液：________________ 吸收池规格：________cm			
编号	2号测试溶液	3号测试溶液	4号测试溶液
吸光度 *A*			
ε(L/mol·cm)			
均值 ε(L/mol·cm)			
检验人		复核人	

任务评价

表 2-3-2 任务评价表

日期

评价指标	评价要素	等级评定	
		自评	教师评
溶液准备	吸取储备液体积定容		
吸光度测定	波长选择 使用吸收池 调试参比零点		
灵敏度计算	应用公式		
结束工作	吸收池清洗 电源关闭 仪器试剂放回原位 填写仪器使用记录		
学习方面	书写报告规范		
工作过程	遵守管理规范 操作过程符合现场管理规范 出勤情况		
思维状态	能发现问题、提出问题、分析问题、解决问题		
自评反馈	按时按质完成工作任务掌握专业知识点		
经验和建议			
总成绩			

拓展提高

朗伯-比尔定律的偏离

朗伯-比尔定律的应用条件:一是必须使用单色光;二是吸收发生在均匀的介质中;三是吸收过程中,吸光物质互相不发生作用。根据朗伯-比尔定律,理论上吸光度 A 与吸光物质的浓度 c 成正比,但在实际工作中,常常遇到偏离线性关系的现象,即曲线向下或向上发生弯曲,产生负偏离或正偏离,或者不通过零点,这种现象称为偏离光吸收定律。

偏离光吸收定律的主要原因如下:

1.物理性因素,即仪器的非理想引起偏离

朗伯-比尔定律的前提条件之一是入射光为单色光。分光光度计只能获得近乎单色的狭窄光带。复合光可导致对朗伯-比尔定律的正偏离或负偏离。非单色光、杂散光、非平行入射光都会引起对朗伯-比尔定律的偏离,最主要的是非单色光作为入射光引起的偏离。

2.化学性因素,即溶液的化学因素引起偏离

朗伯-比尔定律假定所有的吸光物质间不发生相互作用,这只有在稀溶液($c<10^{-2}$ mol/L)时才基本符合。当溶液中吸光物质间发生缔合、离解、聚合、互变异构、配合物的形成等相互作用时,吸光物质的浓度发生变化,影响吸光度。

例如,铬酸盐或重铬酸盐溶液中存在下列平衡:

$$2CrO_4^{2-} + 2H^+ \rightarrow Cr_2O_4^{2-} + H_2O \qquad \text{(式 2-11)}$$

3.比尔定律的局限性引起偏离

严格说,比尔定律是一个有限定律,它只适用于浓度小于 10^{-2} mol/L 的稀溶液。因为浓度高时,吸光粒子间平均距离减小,以致每个粒子都会影响邻近粒子的电荷分布。这种相互作用使它们的摩尔吸光系数发生改变,因而导致偏离比尔定律。

课后自测

一、判断题

(1)当透过光能量为零时,其吸光度 A=100。( )

(2)朗伯-比尔定律适用于一切浓度的有色溶液。( )

(3)比尔定律适用于稀溶液,即 $c<10^{-2}$ mol/L。( )

(4)朗伯-比尔定律中,浓度(c)与吸光度(A)之间的关系是通过原点的一条直线。( )

(5)分光光度法的理论依据是朗伯–比尔定律。( )

二、选择题

(1)吸光度由 0.434 增加到 0.514 时,透射比( )。

A.增加了 6.2%　B. 减少了 6.2%　C.减少了 0.080　D.增加了 0.080

(2) 某一有色溶液在某一波长下用 2 cm 吸收池测得其吸光度为 0.750, 若改用 0.5 cm 和 3 cm 吸收池,则吸光度各为( )。

A.0.188;1.125　B.0.108;1.105　C. 0.088;1.025　D.0.180;1.120

(3)符合比尔定律的有色溶液稀释时,其最大吸收峰的位置( )。

A.向长波方向移动　B.向短波方向移动

C.不移动,但峰高降低　D.无任何变化

(4)测定符合光吸收定律的某有色溶液的透射比时,若减小溶液的浓度,则测得的透射比将( )。

A.减小　B.增大　C.不变　D.无法确定

(5)一束( )通过有色溶液时,溶液的吸光度与溶液浓度和液层厚度的乘积成正比。

A.平行可见光　B.平行单色光　C.白光　D.紫外光

三、计算题

(1) 某试液显色后用 2.0 cm 吸收池测量时,τ =50.0%。若用 1.0 cm 或 5.0 cm 吸收池测量,τ 及 A 各为多少?

(2)某一溶液,每升含 47.0 mg Fe。吸取此溶液 5.0 mL 于 100 mL 容量瓶中,以邻二氮菲光度法测定铁,用 1.0 cm 吸收池于 508 nm 处测得吸光度为 0.467。计算质量吸光系数 a 和摩尔吸光系数 ε。已知 M(Fe)=55.85 g/mol。

(3)以分光光度法测定某电镀废水中的铬(Ⅵ)。取 500 mL 水样,经浓缩和预处理后转入 100 mL 容量瓶中定容。移取 20.00 mL 试液,调整酸度,加入二苯碳酰二肼溶液显色,定容为 25 mL。以 5.0 cm 吸收池于 540 nm 波长下测得吸光度为 0.540。求铬(Ⅵ)的质量浓度 ρ(mg/L)。已知 $\varepsilon_{540}=4.2\times10^4$ L/(mol·cm),M(Cr)=51.996 g/mol。

任务四 解读生活饮用水中总铁检测的国家标准

任务目标

(1)会查找方法的检测下限、精密度、准确度等。

(2)会确认所需的仪器。

(3)会确认所需的试剂。

任务分析

1.明晰任务流程

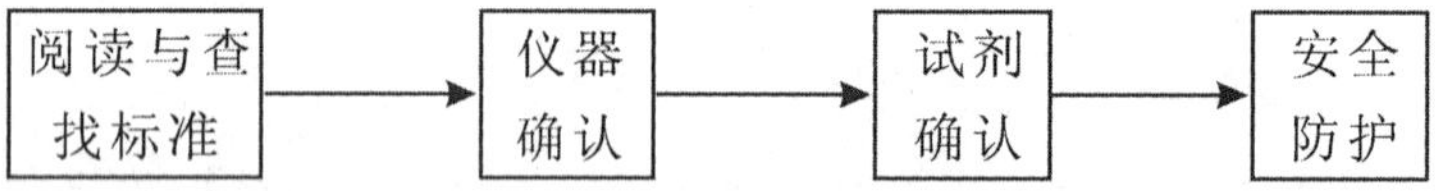

2.任务难点分析

查找相关标准。

3.条件需求与准备

(1)GB/T 5750.6—2006《生活饮用水标准检验方法 金属指标》

(2)仪器。

①紫外-可见分光光度计。

②容量瓶。

(3)试剂:硫酸高铁铵、盐酸羟胺、邻二氮菲、冰醋酸、乙酸钠、盐酸。

任务实施

活动1 阅读与查找标准

仔细阅读GB/T 5750.6—2006《生活饮用水标准检验方法 金属指标》,找出本方法的适用范围、检测下限、干扰、方法原理、精密度和准确度等内容,并列出所需其他相关标准,将查找结果填入表2-4-2。

活动 2 仪器确认

依据查阅的标准，确认所需的各种仪器是否齐全，是否满足标准的要求，将确认的结果填入表 2-4-2。

活动 3 试剂的确认

按标准需求确认所需的试剂种类、纯度、数量上是否满足要求，常见酸碱的浓度及稀释方法见表 2-4-1，并确认实验室提供的纯水是否满足需要，将确认结果填入表 2-4-2。

表 2-4-1 几种常见酸碱的浓度及稀释配方

名称		浓盐酸	浓硫酸	浓硝酸	冰醋酸	浓氨水
密度(20℃)/(g/mL)		1.19	1.84	1.42	1.05	0.88
物质的质量分数/%		36.8~38	95~98	65~68	99	25~28
物质的量浓度/(mol/L)		12	18	16	17	15
配制每升下列溶液所需浓酸、浓碱的体积/mL	6 mol/L	500	334	375	353	400
	1 mol/L	83	56	63	59	67

活动 4 安全防护

查找本项目实施过程中可能存在的安全隐患，并提出预防与防护措施，将查找结果填入表 2-4-2。

活动 5 数据记录与处理

表 2-4-2 解读检测方法的原始记录

记录编号			
一、阅读与查找标准			
方法原理			
相关标准			
检出限			
准确度		精密度	
二、标准内容			
适用范围		限值	
定量公式		性状	
样品处理			
操作步骤			
三、仪器确认			
所需仪器			检定有效日期

续表

四、试剂确认						
试剂名称						
纯度						
库存量						
有效期						
五、安全防护						
确认人			复核人			

任务评价

表 2-4-3 任务评价表

日期

评价指标	评价要素	等级评定	
		自评	教师评
阅读与查找标准	标准名称 相关标准的完整性 适用范围 检验方法 方法原理 试验条件 检测主要步骤 检出限 准确度 精密度		
仪器确认	仪器种类 仪器规格 仪器精度		
试剂确认	试剂种类 试剂纯度 试剂数量		
安全	设备安全 人身安全		
总成绩			

拓展提高

生活饮用水水质的常规检测

地壳中含铁量约为5.6%，分布很广，但天然水体中含铁量并不高。水中铁的污染源主要是选矿、冶炼、工业电镀、酸洗水、设备腐蚀等，因此在工业水处理、油井开发、环境监测等多个领域都在开展水中总铁含量的检测工作。生活饮用水水质常规检验项目及指标见表2-4-4。

表2-4-4 生活饮用水水质常规检验项目及指标

项目	指标	项目	指标
感官性状和一般化学指标		毒理学指标	
色度	不超过15度，并不得呈现其他异色	砷	0.05 mg/L
浑浊度	不超过1度(NTU)，特殊情况下不超过5度(NTU)	镉	0.005 mg/L
臭和味	不得有异、臭味	铬(六价)	0.05 mg/L
肉眼可见物	不得含有	氰化物	0.05 mg/L
PH	6.5~8.5	氟化物	1.0 mg/L
总硬度	450 mg/L	铅	0.01 mg/L
铝	0.2 mg/L	汞	0.001 mg/L
铁	0.3 mg/L	硝酸盐(以N计)	20 mg/L
锰	0.1 mg/L	硒	0.01 mg/L
铜	1.0 mg/L	四氯化碳	0.002 mg/L
锌	1.0 mg/L	氯仿	0.06 mg/L
挥发酚类(以苯酚计)	0.002 mg/L	细菌学指标	
阴离子合成洗涤剂	0.3 mg/L	细菌总数	100 CFU/mL
硫酸盐	250 mg/L	总大肠菌群	每100 mL水样中不得检出
氯化物	250 mg/L	粪大肠菌群	每100 mL水样中不得检出
溶解性总固体	1000 mg/L	游离余氯	在与水接触30 min后应不低于0.3 mg/L 管网末梢水不应低于0.05 mg/L (适用于加氯消毒)
耗氧量(以O_2计)	3 mg/L，特殊情况下不超过5 mg/L		
放射性指标			
总α射性	0.5 Bq/L		
总β射性	1.0 Bq/L		

水中总铁含量的测定方法主要有原子吸收法、等离子体发射光谱法和比色法，前两种方法具有操作简单快捷、测定结果精密度高、准确度好的特点，但设备投入大，而比色法具有灵敏、可靠、投资少的优点，被广泛应用于水中总铁含量的测定。比色法测定水中总铁含量的代表方法有：邻二氮菲法、磺基水杨酸法、硫氰酸盐法。

课后自测

一、填空题

(1)GB/T 5750.6—2006《生活饮用水标准检验方法 金属指标》中邻二氮菲法测总铁适用于(　　　　)的测定。

(2)GB/T 5750.6—2006《生活饮用水标准检验方法 金属指标》中邻二氮菲法测总铁的检测下限是(　　　　　)。

(3)GB/T 5750.6—2006《生活饮用水标准检验方法 金属指标》中邻二氮菲法测总铁的精密度是(　　　　　)。

二、简答题

(1)简述紫外-可见分光光度法测定饮用水中总铁的实验原理。

(2)试推导 GB/T 5750.6—2006《生活饮用水标准检验方法 金属指标》中测总铁的计算公式。

任务五 样品检测与数据采集

任务目标

(1)会填写原始记录表格。

(2)会配制所需的溶液。

(3)会显色处理。

(4)会带质控样检测。

任务分析

1.明晰任务流程

溶液配制 → 标系配制 → 显色处理 → 开机预热 → 数据测定 → 关机 → 数据处理

2.任务难点分析

样品处理。

3.条件要求与准备

(1)仪器。

①紫外–可见分光光度计。

②容量瓶:50 mL。

(2)试剂。

①铁标准溶液(100.0 μg/mL)。准确称取 0.8634 g $NH_4Fe(SO_4)\cdot 12H_2O$ 置于烧杯中,加入 10 mL 硫酸溶液[$c(H_2SO_4)=3$ mol/L]移入 1000 mL 容量瓶中,用蒸馏水稀释至标线,摇匀。

②铁标准溶液(10.00 μg/mL)。移取 100.0 μg/mL 铁标准溶液 10.00 mL 于 100 mL 容量瓶中,并用蒸馏水稀释至标线,摇匀。

③盐酸羟胺溶液 100 g/L(用时配制)。

④邻二氮菲溶液 1.5 g/L,先用少量乙醇溶解,再用蒸馏水稀释至所需浓度(避光保存,

两周内有效)。

⑤乙酸-乙酸钠缓冲溶液(pH 为 4~6)。

⑥盐酸(1+1)。

相关知识

一、校准曲线法

如果样品中吸光组分是单组分,且遵守光吸收定律,这时只要测出被测吸光物质的最大吸收波长(λ_{max}),可在此波长下,选用适当的参比溶液,测量试液的吸光度,利用校准曲线法可以得到结果。校准曲线法是描述待测物质浓度或质量与吸光度之间定量关系的曲线,可分为"工作曲线"(标准溶液处理程序及分析步骤与样品完全相同)或"标准曲线"。

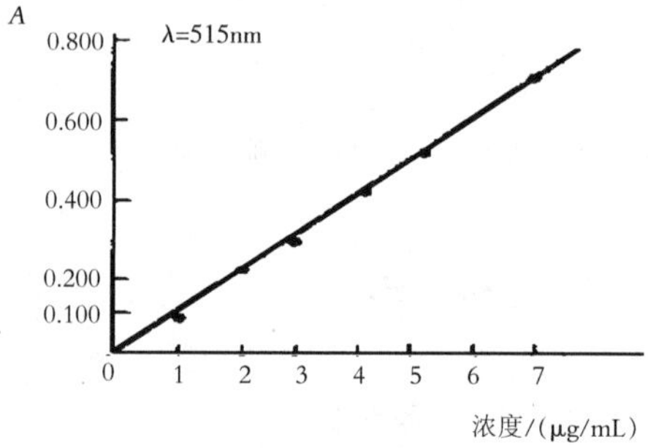

图 2-5-1 工作曲线

工作曲线法,如图 2-5-1 所示,按产品标准的规定配制 4 个以上浓度成比例的标准溶液,以空白溶液为参比溶液,在规定的波长下,分别测定各标准溶液的吸光度。以标准溶液浓度为横坐标,吸光度为纵坐标,在坐标纸上绘制工作曲线。同时配制适当浓度的样品溶液,在上述条件下测定吸光度,并在工作曲线上查出待测物浓度。为了保证测定结果的准确度,要求标样与试样溶液的组成保持一致,待测试液的浓度应在工作曲线线性范围内,该待测物浓度可根据测定的吸光度用回归方程法计算。

应用工作曲线法要注意以下几点:

(1)在测量范围内配制的标准溶液系列,已知浓度点不得少于 4 个(含空白溶液)。

(2)工作曲线应定期校准,如果实验条件变动(如更换标准溶液、所用试剂重新配制、仪器经过修理、更换光源等情况),工作曲线应重新绘制。

(3)如果实验条件不变,那么每次测量只要带一个标样,校验一下实验条件是否符合,就可直接用此工作曲线测量试样的含量。工作曲线法适于成批样品的分析,它可以消除一定的随机误差。

(4)工作曲线可用最小二乘法对测试结果进行处理后绘制。

(5)工作曲线的相关系数一般应大于或等于 0.999,否则需要从分析方法、仪器、量具、操作等因素查找原因,改进后重新测定。

(6)测定时,为避免使用时出现差错,所作工作曲线上必须标明工作曲线的名称、所用标准溶液的名称和浓度、坐标分度和单位、测量条件(仪器型号、入射光波长、吸收池、参比液名称)以及制作日期和制作者姓名。

二、质控样

质控样也叫质控样品。通常为与待测样品基质和分析物都一致的样品,但其中分析物含量为已知,质控样并给出不确定度,作为评估方法或校准仪器以及衡量样品测定准确与否的参照样品,通常用有证标准样品做质控样。

三、样品处理

紫外–可见吸收光谱分析通常是在溶液中进行的,因此固体样品需要转换成溶液,对无机试样,首先考虑能否溶于水,应首选蒸馏水为溶剂来溶解样品,并配成合适的浓度范围。若样品不能溶于水,则考虑用稀酸、浓酸或混合酸抽提后,配成适合测定的浓度范围。所用的溶剂应在测定波长下没有明显的吸收,挥发性小,不易燃,无毒性,价格便宜。

四、邻二氮菲法中各种试剂的作用

盐酸羟胺的作用是将溶液中的 Fe^{3+}还原成可与邻二氮菲反应的 Fe^{2+},便于测定溶液中的总铁含量。乙酸–乙酸钠缓冲溶液的作用是作为缓冲剂,调节溶液的 pH,以保持邻二氮菲显色剂的稳定性。

五、紫外–可见分光光度计的日常维护与保养

(1)仪器应安放在干燥的房间内,放置在坚固平稳的工作台上,室内照明不宜太强,热天时不能用电扇直接向仪器吹风,防止光源灯丝发光不稳定。

(2)为确保仪器稳定工作,在 220 V 电源电压波动较大的地方要预先稳压,最好备一台磁饱和稳压器。

(3)仪器要接地良好。

(4)单色器是仪器的核心部分,装在密封盒内,不能拆开,为防止色散元件受潮发霉,需要不定期地更换干燥剂。

(5)当仪器停止工作时,必须切断电源,开关处于“关”位置。

(6)仪器暂时不用,则要定期通电,每次 20~30 min,以保持整机呈干燥状态,并且能维持电子元件的性能。

任务实施

活动 1 试剂准备

表 2-5-1 需配制的溶液

溶液名称	浓度	体积/mL
铁标准使用溶液	10.0 g/mL	100
盐酸羟胺溶液	100 g/L	100
邻二氮菲溶液	1.5 g/L	100
乙酸-乙酸钠缓冲溶液	pH4~6	100
盐酸	(1+1)	50

注意事项

(1)浓盐酸为酸性物质,注意不要溅到手上、身上,以免腐蚀,实验时最好戴上防护眼镜。

(2)配制溶液要注意计算的准确性。

(3)注意吸量管的正确使用。

(4)配好的溶液要及时装入试剂瓶,盖好瓶塞并贴上标签,放到相应的试剂柜中。

活动 2 配制标准系列溶液和质控样溶液

(1)取 150 mL 锥形瓶 8 个,用吸量管分别加入铁标准溶液(10.0 μg/mL)0.00 mL,0.25 mL,0.50 mL,1.00 mL,2.00 mL,3.00 mL,4.00 mL,5.00 mL,各加入 50 mL 纯水。

(2)按质控样证书的要求,配制质控样,吸取 50.0 mL 混匀的质控样于 150 mL 锥形瓶中。

活动 3 显色处理

(1)吸取 50.00 mL 混匀的水样(含铁量超过 50 μg 时,可取适量水样加纯水稀释至 50 mL),于 150 mL 锥形瓶中。

(2)向标准系列、质控样及水样的锥形瓶中各加入 4 mL 盐酸溶液和 1 mL 盐酸羟胺溶液，小火煮沸浓缩至约 30 mL，冷却至室温后移入 50 mL 比色管中。

(3)向标准系列、质控样及水样的比色管中各加入 5 mL 乙酸–乙酸钠缓冲溶液，摇匀后再各加入 2 mL 1.5 g/L 邻二氮菲，用纯水稀释至标线，混匀，放置 10~15 min。

注意事项

(1)总铁包括水中悬浮性铁和微生物体中的铁，取样时应剧烈振摇均匀，并立即吸取，以防止重复测定结果之间出现很大差别。

(2)乙酸–乙酸钠试剂可能含有微量铁，故乙酸–乙酸钠缓冲溶液的加入量要准确。

(3)若水样较清洁，含难溶亚铁盐少时，可将所加试剂量减半，但标准系列与样品量应一致。

活动 4 数据测定

于 510 nm 波长，用 2 cm 吸收池，以纯水为参比，测量标准系列溶液、质控样及水样的吸光度，测定数据填至表 2–5–2 中。

注意事项

通常情况下，浓度从低到高的测定顺序中间可以不用校零。若仪器稳定性不够时，则需要在测定每一个溶液吸光度前均用纯水校零。

活动 5 关机和结束工作

(1)测量完毕，清洗吸收池，擦干，放入盒内。

(2)关闭仪器电源。

(3)清洗玻璃仪器。

(4)清理实验工作台，填写仪器使用记录。

活动 6 数据记录与处理

表 2–5–2 生活饮用水中总铁的检测原始记录

记录编号			
样品名称		样品编号	
检测项目		检验日期	
检验依据		判定依据	
温度/℃		相对湿度/%	

续表

检验设备(标准物质)编号								
仪器条件：测量波长 ________nm　吸收池规格 ________mm								
一、标准系列溶液								
V/mL	0.00	0.25	0.50	1.00	2.00	3.00	4.00	5.00
ρ(Fe)/(g/mL)								
A								
回归方程				相关系数				
二、样品								
序号	1				2			
V/mL								
A								
ρ(Fe)/(μg/mL)				$\rho_{原}$(Fe)/(μg/mL)				
三、质控样								
ρ(Fe)/(μg/mL)				不确定度				
A								
ρ(Fe)/(μg/mL)				$\rho_{原}$(Fe)/(μg/mL)				
检验人				复核人				

任务评价

表 2-5-3 任务评价表

日期

评价指标	评价要素	等级评定	
		自评	教师评
溶液配制	配制方法 配制操作		
数据测量	波长选择 测量顺序 校零检查		
结束工作	吸收池清洗 电源关闭 玻璃仪器清洗 填写使用记录		
学习方法	书写报告规范		
工作过程	遵守管理规范 操作过程符合现场管理规范 出勤情况		
思维状态	能发现问题、提出问题、 分析问题、解决问题		
自评反馈	按时按质完成工作任务 掌握专业知识点		
经验和建议			
总成绩			

拓展提高

分光光度法共存离子的干扰和消除方法

一、干扰离子的影响

分光光度法中共存离子的干扰主要有以下几种情况。

(1)共存离子本身有颜色。如 Fe^{3+}、Ni^{2+}、Co^{2+}、Cr^{3+} 等的存在影响被测离子的测定。

(2)共存离子与显色剂反应生成有色化合物或沉淀,导致测量结果偏高。如用硫氰酸盐法测定 Fe^{3+},当 F^- 存在时与 Fe^{3+} 生成 FeF_6^{3-},而 $Fe(SCN)_3$ 不能形成。

(3)共存离子与被测组分反应,生成更稳定的无色配合物或发生氧化还原反应,使被测组分的浓度降低,妨碍显色反应的完成,导致测量结果偏低。

(4)若共存离子与显色剂反应后生成无色化合物,由于消耗了大量的显色剂,致使显色剂与被测离子的显色反应不完全。如用磺基水杨酸法测定 Fe^{3+}时,Al^{3+}与磺基水杨酸生成无色配合物,消耗显色剂,而使 Fe^{3+}配位不完全。

二、消除干扰的方法

干扰离子的存在影响分析结果的准确度。为获得准确的测定结果,需采取适当的措施来消除这些影响。消除共存离子干扰的常用方法有以下几种。

1.控制溶液的酸度

控制溶液酸度使待测离子显色,而干扰离子不生成有色化合物。例如以磺基水杨酸测定 Fe^{3+} 时,Cu^{2+}也能与磺基水杨酸形成黄色配合物而干扰测定。当溶液酸度控制在 pH=2.5 时,Fe^{3+}能与磺基水杨酸形成配合物,而 Cu^{2+}不能,这样就可以消除 Cu^{2+} 的干扰。

2.加入掩蔽剂掩蔽干扰离子

采用掩蔽剂来消除干扰的方法是一种有效的常用方法。该方法要求加入的掩蔽剂不与被测离子反应,掩蔽剂和掩蔽产物的颜色不干扰测定。

3.改变干扰离子的价态以消除干扰

利用氧化还原反应改变干扰离子价态,使干扰离子不与显色剂反应。例如,用铬天菁 S 显色 Al^{3+}时,若加入抗坏血酸或盐酸羟胺便可以使 Fe^{3+}还原为 Fe^{2+},从而消除其干扰。

4.选择适当的入射光波长消除干扰

例如用4-氨基安替吡啉显色测定废水中的挥发酚时，氧化剂铁氰化钾和显色剂都呈黄色，干扰测定，但若选择用520 nm单色光为入射光，则可以消除干扰，获得满意结果。因为黄色溶液在420 nm左右有强吸收，但500 nm后则无吸收。

5.选择合适的参比溶液消除干扰

选择合适的参比溶液可以消除显色剂和某些有色共存离子干扰。

6.分离干扰离子

当没有适当掩蔽剂或无合适方法消除干扰时，应采用适当的分离方法（如电解法、沉淀法、溶剂萃取法及离子交换法等），将被测组分与干扰离子分离，然后再进行测定。其中萃取分离法使用较多，可以直接在有机相中显色。

课后自测

一、判断题

(1)加入盐酸羟胺、乙酸铵等试剂的量不必很准确。(　　)

(2)邻二氮菲法测定总铁所用参比溶液是蒸馏水。(　　)

(3)测标准系列吸光度时，测量顺序是从浓到稀。(　　)

(4)加入显色剂邻二氮菲后，显色时间是5 min。(　　)

(5)显色剂邻二氮菲与低价态铁显橙红色，与高价态铁不显色。(　　)

二、选择题

(1)用邻二氮菲法测定锅炉水中的铁时，pH需控制在4~6，通常选择(　　)缓冲溶液较合适。

A.邻苯二甲酸氢钾　　B.氨-氯化铵

C.碳酸氢钠-碳酸钠　　C.醋酸-醋酸钠

(2)用邻二氮菲分光光度法测水中的微量铁时，盐酸羟胺的作用是(　　)。

A.氧化剂　　B.还原剂　　C.掩蔽剂　　D.释放剂

任务六 撰写检测报告

任务目标

(1)会使用一元线性回归处理数据。

(2)会判断检测数据的有效性。

(3)会撰写检测报告。

(4)能说出紫外-可见分光光度法定量依据。

任务分析

1.明晰任务流程

2.任务难点分析

样品计算。

3.条件需求与准备

计算机。

相关知识

一、一元线性回归方程

线性回归是利用数理统计中的回归分析，来确定两种或两种以上变数间相互依赖的定量关系的一种统计分析方法,运用十分广泛。

经过相关分析后,在直角坐标系中将大量数据绘制成散点图,这些点不在一条直线上,但可以从中找到一条合适的直线,使各散点到这条直线的纵向距离之和最小,这条直线就是回归直线,这条直线的方程叫作直线回归方程。

一元线性回归方程反映一个因变量与一个自变量之间的线性关系，当直线方程 $Y'=a+bx$ 中的 a 和 b 确定时，即为一元线性回归方程。

经过相关分析后，在直角坐标系中将大量数据绘制成散点图，这些点不在一条直线上，但可以从中找到一条合适的直线，使各散点到这条直线的纵向距离之和最小，这条直线就是回归直线，这条直线的方程叫作直线回归方程。

注意：一元线性回归方程与函数的直线方程有区别，一元线性回归方程中的自变量 x 对应的是因变量 y 的一个取值范围。

1.构建步骤

(1) 根据提供的 n 对数据在直角坐标系中作散点图，如图 2-6-1 所示，从直观上看有无成直线分布的趋势。即两个变量具有直线关系时，才能建立一元线性回归方程。

(2)依据两个变量之间的数据关系构建直线回归方程：

$$\overline{Y}=b\overline{X}+a \quad \text{(式 2-12)}$$

2.方程计算步骤

(1) 计算 L_{xx}，L_{yy}，L_{xy}。

$$L_{xx}=\sum_{i=1}^{n}(x-\overline{x})(x-\overline{x}) \quad \text{(式 2-13)}$$

$$L_{yy}=\sum_{i=1}^{n}(y-\overline{y})(y-\overline{y}) \quad \text{(式 2-14)}$$

$$L_{xy}=\sum_{i=1}^{n}(x-\overline{x})(y-\overline{y}) \quad \text{(式 2-15)}$$

(2)求相关系数，并检验。

$$r=\frac{L_{xy}}{\sqrt{L_{xx}\cdot L_{yy}}} \quad \text{(式 2-16)}$$

(3)求回归系数 b 和常数 a。

$$b=\frac{L_{xy}}{L_{xx}} \qquad a=\hat{y}-b\hat{x} \quad \text{(式 2-17)}$$

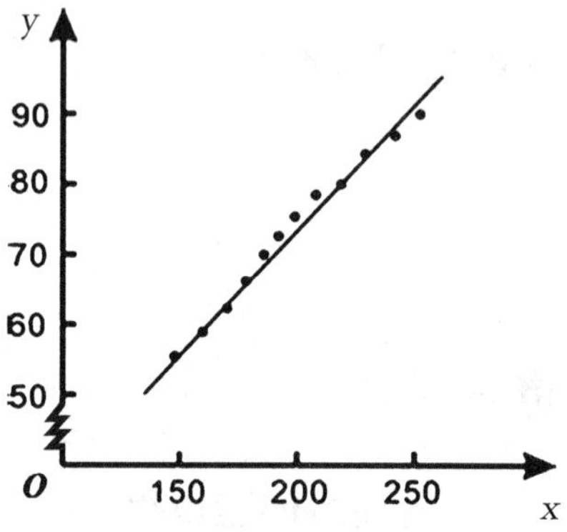

图 2-6-1 线性回归方程

任务实施

活动 1 一元线性回归

(1)以加入铁的质量浓度和对应的吸光度作为一元线性回归方程的自变量与因变量,构建回归方程。

(2)将结果填入任务五的表 2-5-2。

活动 2 质控判断

(1)计算质控样的浓度。

根据质控样吸光度的平均值,代入方程中求出含量。

(2)将结果填入任务五的表 2-5-2。

(3)判定。

将质控样检测结果与质控样证书比较,如果超出其不确定度范围,则本次检测无效,需要重新进行检测,若没超出其不确定度范围,则本次检测有效。

活动 3 样品计算

(1)若质控样检测结果符合要求,则根据试样的回归方程,代入试样的吸光度值,求出试样的质量浓度,然后计算原样品的质量分数。

(2)将结果填入任务五的表 2-5-2。

注意事项

通过回归方程求出的质量浓度是定容后用于测定吸光度的容量瓶中待测液的质量浓度。

活动 4 撰写报告

表 2-6-1 检测报告内页

抽样地点			样品编号	
检测项目	限值	检测结果	本项结论	备注
以下空白				

注意事项

当测试或计算精度允许时,应先将获得的数值按指定的修约数位多一位或几位报出,并且标明它是经舍进或未舍进而得,以便于客户比较判定产品等级。

任务评价

表 2-6-2 任务评价表

日期

评价指标	评价要素	等级评定	
		自评	教师评
回归方程	自变量、因变量的选择 分辨斜率、截距		
质控判断	质控样浓度计算 检测有效性判断		
样品计算	从回归方程计算浓度 样品质量分数 计算过程 有效数字		
撰写报告	无空项 有效数字符合标准要求		
学习方法	预习报告书写规范		
工作过程	遵守管理规范 操作过程符合现场管理规范 出勤情况		
思维状态	能发现问题、提出问题、 分析问题、解决问题		
自评反馈	按时按质完成工作任务 掌握专业知识点		
经验和建议			
总成绩			

拓展提高

分光光度法的其他应用

一、吸光系数法

吸光系数法是利用标准样品的百分吸光系数 $E_{1cm}^{1\%}$ 和摩尔吸光系数 ε_{max} 与待测试样的上述数值进行比较来测定含量的。

首先测出标准样品在 λ_{max} 时的吸光度 $A_{标}$ 值，然后根据光吸收定律公式求得吸光系数。也可以从手册上查得吸光系数作为标准，然后采用与标准样品相同的溶剂配成试样溶液，在相同波长下测定吸光度 $A_{样}$ 值，同样可以求出吸光系数，设标准样品溶液的吸光系数为 $(E_{1cm}^{1\%}\lambda_{max})_{标}$，试样溶液的吸光系数为 $(E_{1cm}^{1\%}\lambda_{max})_{样}$，按式 2-18 计算百分含量。

$$样品(\%)=\frac{(E_{1cm}^{1\%}\lambda_{max})_{样}}{(E_{1cm}^{1\%}\lambda_{max})_{标}}\times100\% \quad 或 \quad 样品(\%)=\frac{\varepsilon_{max样}}{\varepsilon_{max标}}\times100\% \qquad (式 2-18)$$

二、高含量组分的测定

差示法又称差示分光光度法。它与一般分光光度法的区别仅仅在于它采用一个已知浓度、成分与待测溶液相同的溶液作参比溶液(称参比标准溶液),而其测定过程与一般分光光度法相同。然而正是由于使用了这种参比标准溶液,才大大地提高了测定的准确度,使其可用于测定过高含量的组分。将这种以改进吸光度测量方法来扩大测量范围并提高灵敏度和准确度的方法称为差示法。

根据光的吸收定律有: $A_x=kbc_x$ 与 $A_s=kbc_s$

则两式相减得: $A_x-A_s=kbc_x-c_s$

$$\Delta A=kb\Delta c \qquad (式 2-19)$$

由上式可知,当液层厚度一定时,试样溶液和参比溶液的吸光度之差与其浓度之差成正比,这是差示光度法的定量依据。

三、多组分定量测定

多组分是指在被测溶液中含有两个或两个以上的吸光组分。进行多组分混合物定量分析的依据是吸光度的加和性。假设溶液中同时存在两种组分 x 和 y,其吸收光谱有下面两种情况。

(1)吸收光谱曲线不重叠 ,如图 2-6-2(a)所示,或至少可找到在某一波长下 x 有吸收而 y 不吸收,在另一波长处 y 有吸收,x 不吸收,如图 2-6-2(b)所示,则可分别在波长 λ_1 处测定组分 x,在 λ_2 处测定组分 y,而相互不产生干扰。

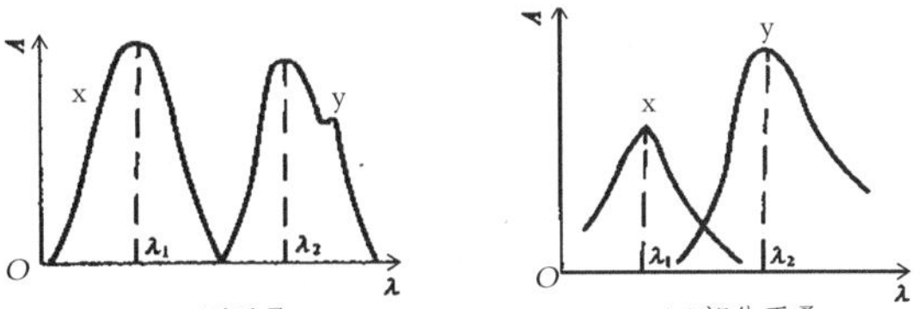

(a)不重叠　　(a)部分重叠

图 2-6-2 吸收光谱不重叠或部分重叠

(2) 吸收光谱曲线全部重叠时,如图 2-6-3 所示,可选定两个波长 λ_1 和 λ_2 分别测定吸光度 A_1 和 A_2,根据吸光度的加和性,列出如下方程组:

$$\begin{cases} A_1=\varepsilon_{x_1}bc_x+\varepsilon_{y_1}bc_y \\ A_2=\varepsilon_{x_2}bc_x+\varepsilon_{y_2}bc_y \end{cases} \qquad (式 2-20)$$

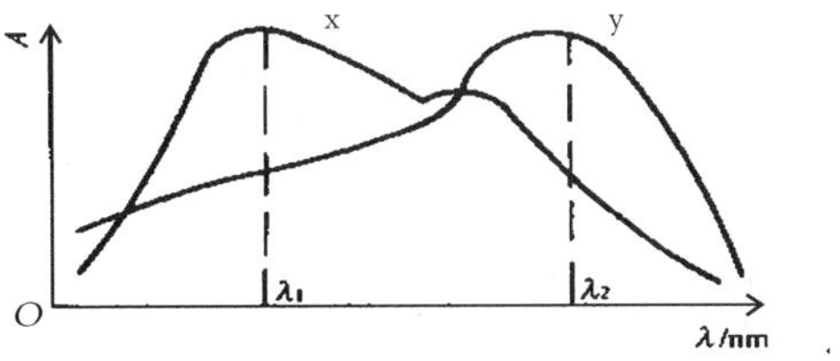

图 2-6-3 吸收光谱曲线重叠

式 2-20 中，c_x、c_y 分别为 x 组分和 y 组分的浓度；ε_{x_1}、ε_{y_1} 分别是组分 x 和组分 y 在波长 λ_1 处的摩尔吸光系数；ε_{x_2}、ε_{y_2} 分别是组分 x 和组分 y 在 λ_2 处的摩尔吸光系数。ε_{x_1}、ε_{y_1}、ε_{x_2}、ε_{y_2} 可以用 x 和 y 的标准溶液分别在 λ_1 和 λ_2 处测定吸光度后求得。将 ε_{x_1}、ε_{y_1}、ε_{x_2}、ε_{y_2} 代入方程组，联立求解，可计算两组分的浓度。

用这种方法可用于溶液中两种或三种组分的同时测定，但若同时测定三种以上组分，其测定结果误差增大。近年来由于计算机的广泛应用，多组分的各种计算方法得到快速发展，为人们提供了一种快速分析的服务。此外，也可利用双波长法对双组分或三组分混合物同时测定。(关于双波长法的原理和应用请参阅有关资料和专著)

课后自测

一、判断题

(1)工作曲线法是常用的一种定量方法，绘制工作曲线时需要在相同操作条件下测出 3 个以上标准点的吸光度后，在坐标纸上绘制工作曲线。(　　)

(2)工作曲线应定期校准，如果实验条件变动，工作曲线应重新绘制。(　　)

(3)试样与标样应同时显色，在相同测量条件下测量吸光度。(　　)

(4)如果试液的浓度超过工作曲线的线性范围，则可以将曲线外延。(　　)

(5)一元线性回归得出方程后，可以由测得的值计算出被测的浓度，避免了制作曲线与检查曲线的误差。(　　)

二、选择题

(1)用标准曲线法测定某药物含量时，用参比溶液调节 A=0 或 τ=100%，其目的是(　　)。

A.使测量中 $c-T$ 呈线性关系

B.使标准曲线通过坐标原点

C.使测量符合比尔定律，不发生偏离

D.使所测吸光度 A 值真正反映的是待测物的 A 值

(2)工作曲线的相关系数绝对值一般应大于或等于(　　)。

A.0.9　　B.0.99　　C.0.999　　D.0.9999

参考答案

项目三 分光光度法测定乙酰水杨酸肠溶片中乙酰水杨酸的含量

项目导入

阿司匹林已应用百年，成为医药史上三大经典药物之一，至今它仍是世界上应用最广泛的解热、镇痛和抗炎药，其主要成分为乙酰水杨酸($C_9H_8O_4$)，也是比较和评价其他药物的标准制剂。它在体内具有抗血栓的作用，能抑制血小板的释放反应，抑制血小板的聚集，这与TXA2生成的减少有关。临床上用于预防心脑血管疾病的发作。乙酰水杨酸肠溶片是解热、镇痛、抗风湿药，主要用于活动性风湿病及类风湿性关节炎等的治疗。

本项目为用比较法测定乙酰水杨酸肠溶片中乙酰水杨酸的含量，所用药品含乙酰水杨酸($C_9H_8O_4$)应为标示量的95.0%~105.0%，为肠溶包衣片，除去包衣后显白色。共包括三个工作任务。

解读乙酰水杨酸肠溶片中乙酰水杨酸含量检测药典方法 → 样品检测与数据采集 → 撰写检测报告

参考资料

1.罗卓雅《中华人民共和国药典(2015年版)》药品微生物限度检查方法实例.北京：中国医药科技出版社，2015

2.《中华人民共和国药典(2015年版)》中附录紫外分光光度法。

任务一 解读乙酰水杨酸肠溶片中乙酰水杨酸含量检测药典方法

任务目标

(1)会查找方法原理。

(2)会确认所需的仪器。

(3)会确认所需的试剂。

任务分析

1.明晰任务流程

阅读与查找标准 → 仪器确认 → 试剂确认 → 安全防护

2.任务难点分析

理解方法原理。

3.条件需求与准备

(1)《中华人民共和国药典(2015 年版)一部》。

(2)仪器:紫外-可见分光光度计、容量瓶(100 mL)、水浴锅、漏斗、滤纸。

(3)试剂:无水乙醇、氢氧化钠、乙酰水杨酸。

相关知识

一、乙酰水杨酸肠溶片

乙酰水杨酸肠溶片中主要成分是乙酰水杨酸,这是一种化学合成的药品,在体内具有抗血栓的作用,它能抑制血小板的释放反应,抑制血小板的聚集,这与血栓素 A2(TXA2)生成的减少有关。临床上用于预防心脑血管疾病的发作。乙酰水杨酸肠溶片是解热、镇痛、抗风湿药,主用于活动性风湿病及类风湿性关节炎的治疗等。

乙酰水杨酸含量的测定可采用紫外分光光度法，原理是使其溶解于水溶液中，在波长附近产生最大吸收波长，从而进行测定。

二、比较法

比较法也叫标准对照法，这种方法是用一个已知浓度的标准溶液(c_s)，在一定条件下，测得其吸光度 A_s，然后在相同条件下测得试液(c_x)的吸光度 A_x；若试液、标准溶液完全符合朗伯–比尔定律，则

$$c_x=\frac{A_x}{A_s}\cdot C_s \qquad (式\ 3\text{–}1)$$

使用比较法的条件：c_x 与 c_s 浓度应接近，且都符合光吸收定律。比较法适用于个别样品的测定。

任务实施

活动 1 阅读药典

仔细阅读《《中华人民共和国药典》第一部及附录中与紫外分光光度法有关的资料，理解方法原理，填入表 3–1–1 中。

活动 2 仪器确认

依据查阅的标准，确认所需的各种仪器是否齐全，是否满足标准的要求。将确认的结果填入表 3–1–1 中。

活动 3 试剂确认

按标准要求确认所需的各种试剂种类、规格、数量是否满足要求，并确认实验室提供的纯水等级是否满足需求，填入表 3–1–1 中。

活动 4 安全防护

查找本项目实施过程中可能存在的安全隐患，并提出预防与防护措施。将查找结果填入表 3–1–1 中。

活动 5 数据记录与处理

表 3-1-1 解读检测方法的原始记录

<table>
<tr><td>记录编号</td><td colspan="6"></td></tr>
<tr><td colspan="7">一、阅读与查找标准</td></tr>
<tr><td>方法原理</td><td colspan="6"></td></tr>
<tr><td>相关标准</td><td colspan="6"></td></tr>
<tr><td>检出限</td><td colspan="6"></td></tr>
<tr><td>准确度</td><td colspan="2"></td><td colspan="2">精密度</td><td colspan="2"></td></tr>
<tr><td colspan="7">二、标准内容</td></tr>
<tr><td>适用范围</td><td colspan="2"></td><td colspan="2">限值</td><td colspan="2"></td></tr>
<tr><td>定量公式</td><td colspan="2"></td><td colspan="2">性状</td><td colspan="2"></td></tr>
<tr><td>样品处理</td><td colspan="6"></td></tr>
<tr><td>操作步骤</td><td colspan="6"></td></tr>
<tr><td colspan="7">三、仪器确认</td></tr>
<tr><td colspan="5">所需仪器</td><td colspan="2">检定有效日期</td></tr>
<tr><td colspan="5"></td><td colspan="2"></td></tr>
<tr><td colspan="7">四、试剂确认</td></tr>
<tr><td>试剂名称</td><td></td><td></td><td></td><td></td><td></td><td></td></tr>
<tr><td>纯度</td><td></td><td></td><td></td><td></td><td></td><td></td></tr>
<tr><td>库存量</td><td></td><td></td><td></td><td></td><td></td><td></td></tr>
<tr><td>有效期</td><td></td><td></td><td></td><td></td><td></td><td></td></tr>
<tr><td colspan="7">五、安全防护</td></tr>
<tr><td colspan="7"></td></tr>
<tr><td>确认人</td><td colspan="2"></td><td colspan="2">复核人</td><td colspan="2"></td></tr>
</table>

任务评价

表 3-1-2 任务评价表

日期

<table>
<tr><td rowspan="2">评价指标</td><td rowspan="2">评价要素</td><td colspan="2">等级评定</td></tr>
<tr><td>自评</td><td>教师评</td></tr>
<tr><td>阅读与查找标准</td><td>标准名称
相关标准的完整性
适用范围
检验方法
方法原理
试验条件
检测主要步骤
检出限
准确度
精密度</td><td></td><td></td></tr>
</table>

续表

评价指标	评价要素	等级评定	
		自评	教师评
仪器确认	仪器种类 仪器规格 仪器精度		
试剂确认	试剂种类 试剂纯度 试剂数量		
安全	设备安全 人身安全		
总成绩			

课后自测

(1)乙酰水杨酸的检测方法有哪些？

(2)紫外分光光度法检测乙酰水杨酸的测定原理是什么？

(3)分光光度法中比较法定量的条件是什么？

任务二　样品检测与数据采集

任务目标

(1)会填写原始记录。

(2)会配制所需的标准溶液。

(3)会样品处理。

任务分析

1.明晰任务流程

制备对照品溶液 → 制备供试品溶液 → 样品处理 → 数据测定 → 结束工作

2.任务难点分析

萃取操作。

3.条件需求与准备

(1)仪器。

①紫外-可见分光光度计。

②容量瓶:100 mL。

③水浴锅、漏斗、滤纸。

(2)试剂:无水乙醇、氢氧化钠、乙酰水杨酸。

相关知识

对照品系指用于鉴别、检查、含量测定的标准物质,对照品由国务院药品监督管理部门指定的单位制备、标定和供应。除了另有规定外,对照品应置于干燥器内,对照品应附有使用说明书,标明质量要求、使用期限和装量。

任务实施

活动 1 试剂配制

0.1 mol/L 氢氧化钠溶液的配制方法：称取 2 g 氢氧化钠固体于 250 mL 烧杯中，用 100 mL 纯水溶解后，加水至 500 mL，冷却后装入试剂瓶中，贴上标签。

活动 2 对照品溶液的制备

准确称取乙酰水杨酸对照品 50 mg，置于 100 mL 容量瓶中，用无水乙醇溶解后，并定容至标线，准确量取 2.00 mL 于 100 mL 容量瓶中，加氢氧化钠溶液(0.1 mol/L) 5 mL，水浴加热 15 min，冷却至室温，加水稀释至标线，摇匀，即得(每毫升溶液含乙酰水杨酸 10 μg)对照品溶液。

活动 3 供试品溶液的制备

取乙酰水杨酸 20 片，准确称量，研细，准确称取适量(约 50 mg)置于 100 mL 容量瓶中，加无水乙醇适量，振摇使其溶解，再用无水乙醇稀释至标线，过滤，弃去初滤液，准确量取续滤液 2 mL 置于 100 mL 容量瓶中，加氢氧化钠溶液(0.1 mol/L)5 mL，水浴加热 15 min，冷却至室温，加水稀释至标线，摇匀，即得测试液。

活动 4 数据测定

使用紫外-可见分光光度计，分别在最大吸收波长处，以纯水为参比，测定对照品和供试品溶液的吸光度，填入表 3-2-1 中。

活动 5 数据记录与处理

表 3-2-1 乙酰水杨酸肠溶片中乙酰水杨酸含量检测原始记录

<table>
<tr><td>记录编号</td><td colspan="3"></td></tr>
<tr><td>样品名称</td><td></td><td>样品编号</td><td></td></tr>
<tr><td>检测项目</td><td></td><td>检验日期</td><td></td></tr>
<tr><td>检验依据</td><td></td><td>判定依据</td><td></td></tr>
<tr><td>温度/℃</td><td></td><td>相对湿度/%</td><td></td></tr>
<tr><td colspan="2">检验设备(标准物质)编号</td><td colspan="2"></td></tr>
<tr><td colspan="4">仪器条件：测量波长 ________nm　吸收池规格 ________mm</td></tr>
</table>

续表

对照品			
对照品质量/mg		对照品定容体积/mL	
对照品质量浓度/(mg/L)		对照品吸光度	
供试品			
20 片供试品的质量/mg		平均每片供试品的质量/g	
称取供试品质量/g		供试品的定容体积/mL	
供试品吸光度		对照比较法计算所得供试品质量浓度/(μg/mL)	
计算所得供试品每片含乙酰水杨酸的质量/mg		供试品每片含乙酰水杨酸的标示质量/mg	
本品每片含乙酰水杨酸的质量与标示质量之比/%			
检验人		复核人	

任务评价

表 3-2-2 任务评价表

日期

评价指标	评价要素	等级评定	
		自评	教师评
对照品配制	计算思路 计算结果 精确称量		
供试品配制	精确称量 量器选择 水浴恒温		
测定数据	参比溶液 测量波长 吸收池的使用 数据记录		
结束工作	吸收池清洗 电源关闭 玻璃仪器清洗 填写使用记录		
学习方法	报告书写规范		
工作过程	遵守管理规范 操作过程符合现场管理规范 出勤情况		
思维状态	能发现问题、提出问题、分析问题、解决问题		
自评反馈	按时按质完成工作任务 掌握专业知识点		
经验和建议			
总成绩			

课后自测

(1)何谓对照品？

(2)分光光度法测定乙酰水杨酸的空白溶液是什么？测定波长是多少？

任务三 撰写检测报告

任务目标

(1)会用比较法处理数据。

(2)会判断检测数据的有效性。

(3)会撰写检测报告。

(4)能说出比较法定量依据。

任务分析

1.明晰任务流程

比较法计算 → 撰写报告

2.任务难点分析

样品计算。

3.条件需求与准备

计算机。

任务实施

活动 1 比较法计算

(1)采用比较法求出供试品的质量浓度,然后计算本品每片供试品乙酰水杨酸的质量与标示质量之比。

$$c_x=\frac{A_x}{A_s}\cdot c_s \qquad (式\ 3-2)$$

式 3-2 中 c_x——供试品溶液的浓度,mg/L;

A_x——供试品溶液的吸光度;

c_s——对照品溶液的质量浓度，mg/L；

A_s——对照品溶液的吸光度；

(2)将结果填入任务二表 3-2-1。

活动 2 撰写报告

表 3-3-1 检测报告内页

抽样地点			样品编号	
检测项目	限值	检测结果	本项结论	备注
以下空白				

注意事项

当测试或计算精度允许时，应先将获得的数值按指定的修约数位多一位或几位报出，并且标明它是经舍进或未舍进而得，以便于客户比较判定产品等级。

任务评价

表 3-3-2 任务评价表

日期

评价指标	评价要素	等级评定	
		自评	教师评
样品计算	用比较法公式计算浓度 样品质量分数 计算过程 有效数字		
撰写报告	无空项 有效数字符合标准要求		
学习方法	预习报告书写规范		
工作过程	遵守管理规范 操作过程符合现场管理规范 出勤情况		
思维状态	能发现问题、提出问题、 分析问题、解决问题		
自评反馈	按时按质完成工作任务 掌握专业知识点		
经验和建议			
总成绩			

课后自测

(1)药物分析检验报告应该包含哪些内容呢?

(2)试写出比较法的计算公式,并指出各项的含义。

参考答案

项目四 目视比色法测定工业废水中氟化物

项目导入

氟是人体必需的微量元素之一，饮用水中适宜的氟质量浓度为0.5~1.0 mg/L。当饮用水中氟含量不足时，易患龋齿病；但若长期饮用氟质量浓度高于1.0 mg/L的水，会导致不同程度的氟中毒。而工业上，含氟矿石开采、金属冶炼、铝加工、焦炭、玻璃、电子、电镀、化肥、农药等行业排放的废水中常含有高浓度的氟化物，是对我们生活环境造成污染的主要因素。因此，工业废水中氟化物含量的测定就显得尤为重要。

水中氟化物的测定方法主要有：氟离子选择电极法、氟试剂比色法、茜素磺酸锆目视比色法、硝酸钍滴定法和离子色谱法。本项目通过目视比色分析法测定工业废水中的氟化物，包括三个工作任务。

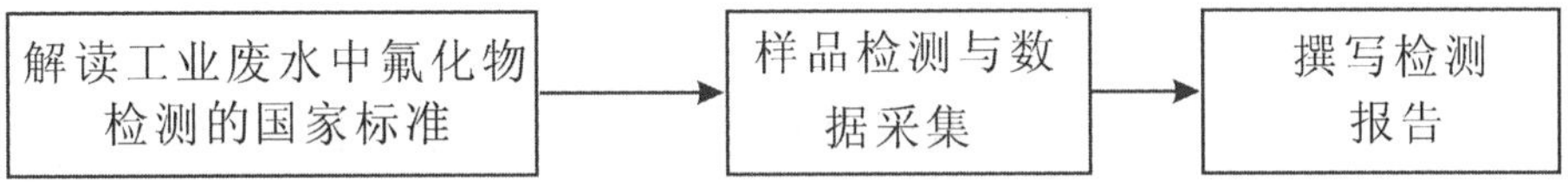

参考资料

(1)HJ 487—2009《水质 氟化物的测定 茜素磺酸锆目视比色法》

(2)GB 8978—1996《污水综合排放标准》

任务一 解读工业废水中氟化物检测国家标准

任务目标

(1)会查找方法检出限、精密度。

(2)会确认所需的仪器。

(3)会确认所需的试剂。

任务分析

1.明晰任务流程

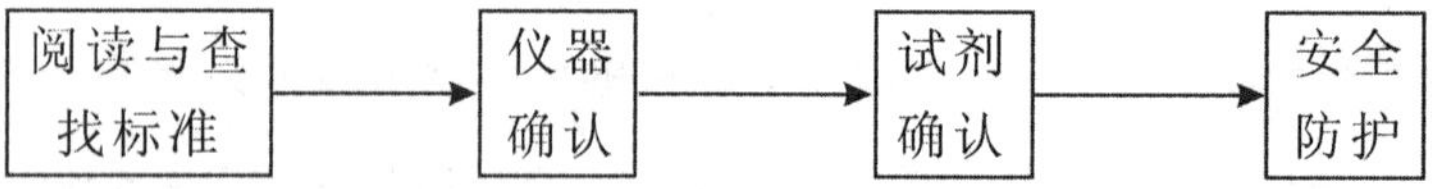

2.任务难点分析

查找相关标准。

3.条件需求与准备

(1)HJ 487—2009《水质 氟化物的测定 茜素磺酸锆目视比色法》。

(2)仪器:50 mL 比色管。

(3)试剂:亚砷酸钠、盐酸、硫酸、高氯酸、茜素磺酸钠。

相关知识

一、目视比色法测定方法

直接用眼睛观察,比较溶液颜色深浅以确定物质含量的分析方法,称为目视比色法。具体方法是:利用一套直径、长度、玻璃厚度、玻璃成分等都相同的平底比色管(容量有 10 mL、25 mL、100 mL 几种)插入比色管架中,如图 4-1-1 所示,在其中依次加入不同量的与待测组分成分相同的标准溶液和一定量显色剂及其他辅助试剂，并用蒸馏水或其他溶剂稀释到同样体积，配成一套颜色逐渐加深的标准色阶。将一定量待测试液在同样条件下显色，并稀释至相同体积。然后从管口垂直向下观察，比较待测溶液与标准色阶中各标准溶液的颜色。如果待测溶液与标准色阶中某一标准溶液颜色深度相同，则其浓度亦相同。如果介于相邻两标准溶液之间，则被测溶液浓度为这两种标准溶液浓度的平均值。如果需要进行的是“限界分析”，即要求某组分含量应在某浓度以下，那么只需要配制浓度为该限界浓度的标准溶液，并与试样同时显色后进行比较。若试样的颜色比标准溶液深，则说明试样中待测组分含量已超出允许的限界。

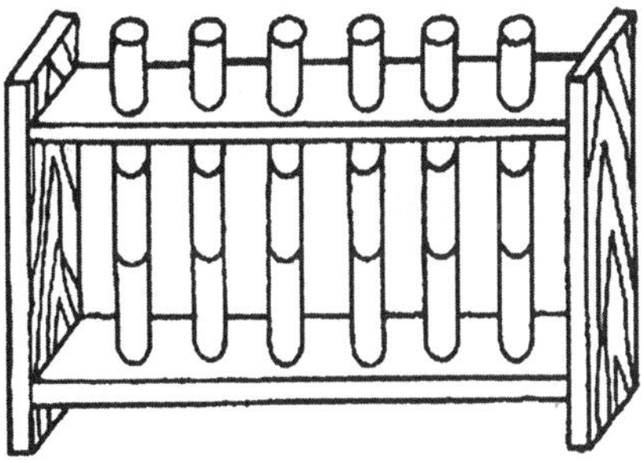

图 4-1-1 比色架与比色管

二、目视比色法测定原理

将有色的标准溶液和被测溶液在相同条件下进行颜色比较，当溶液液层厚度相同，颜色深度一样时，两者的浓度相等。根据光吸收定律：

$$A_s=\varepsilon_s c_s b_s$$

$$A_x=\varepsilon_x c_x b_x \qquad (式 4-1)$$

式 4-1 中，当被测溶液的颜色深浅度与标准溶液相同时，则 $A_s=A_x$；又因为是同一种有色物质，同样的光源(太阳光或普通灯光)，所以 $\varepsilon_s=\varepsilon_x$，而且液层厚度相等，即 $b_s=b_x$，因此 $c_s=c_x$。

三、目视比色法的特点

目视比色法的优点是：仪器简单、操作方便，适宜于大批样品的分析；比色管长度长，自上而下观察，颜色很浅也容易比较出深浅，灵敏度较高；比色时不需要单色光，可直接在白光下进行，对浑浊溶液也可进行分析。

目视比色法的缺点是：主观误差大、准确度差；显色后的溶液一般不太稳定；标准色阶不宜保存，需要定期重新配制，比较麻烦，较费时。

任务实施

活动 1 阅读与查找标准

仔细阅读 HJ 487—2009《水质 氟化物的测定 茜素磺酸锆目视比色法》,找出本方法的适用范围、检测下限、干扰、方法原理、精密度和准确度等内容,并列出所需的其他相关标准。将查找结果填入表 4-1-1 中。

活动 2 仪器确认

依据查阅的标准,确认所需的各种仪器是否齐全,是否满足标准的要求。将确认的结果填入表 4-1-1 中。

活动 3 试剂确认

按标准要求确认所需的各种试剂种类、规格、数量是否满足要求,并确认实验室提供的纯水等级是否满足需求,填入表 4-1-1 中。

活动 4 安全防护

查找本项目实施过程中可能存在的安全隐患,并提出预防与防护措施。将查找结果填入表 4-1-1。

活动 5 数据记录与处理

表 4-1-1 工业废水中氟化物检测的原始记录

记录编号			
一、阅读与查找标准			
方法原理			
相关标准			
检出限			
准确度		精密度	
二、标准内容			
适用范围		限值	
定量公式		性状	
样品处理			
操作步骤			
三、仪器确认			
所需仪器			检定有效日期

续表

四、试剂确认			
试剂名称	纯度	库存量	有效期
五、安全防护			
确认人		复核人	

任务评价

表 4-1-2 任务评价表

日期

评价指标	评价要素	等级评定	
		自评	教师评
阅读与查找标准	标准名称 相关标准的完整性 适用范围 检验方法 方法原理 试验条件 检测主要步骤 检出限 准确度 精密度		
仪器确认	仪器种类 仪器规格 仪器精度		
试剂确认	试剂种类 试剂纯度 试剂数量		
安全	设备安全 人身安全		
总成绩			

课后自测

一、填空题

(1)目视比色法测定水质氰化物标准方法的标准号为(　　　　)。

(2)取 50 mL 试样,用本方法直接测定废水中的氰化物时,检出限为(　　　),检测下限为(　　　),检测上限为(　　　　)。

(3)目视比色法要求实验室用水应符合 GB/T 6682—2008 中(　　)级水规格。

二、选择题

(1)本方法测定氯化物时，样品中有硫酸盐存在，能使测定结果(　　)。

A.偏低　　B.偏高　　C.无变化　　D.变化不确定

(2)本方法测定氟化物，采集和贮存样品均应使用(　　)。

A.聚乙烯瓶 B.玻璃瓶　C.棕色玻璃瓶 D.任何容器

(3)本方法测定氟化物时，应调节温度，使试样与标准比色系列之间的温差不超过(　　)。

A.1 ℃　　B.2 ℃　　C.3 ℃　　D.4 ℃

三、简答题

(1)简述目视比色法测定工业废水中氟化物的实验原理。

(2)试推导 HJ 487—2009《水质　氟化物的测定 茜素磺酸锆目视比色法》中目视比色法的计算。

任务二 样品检测与数据采集

任务目标

(1)会填写原始记录。

(2)会配制所需的溶液。

(3)会处理样品。

(4)会配制标准色阶及正确比色。

(5)能说出目视比色技巧。

任务分析

1.明晰任务流程

溶液配制 → 样品处理 → 标系配制 → 试样比色 → 结束工作 → 数据处理

2.任务难点分析

样品处理。

3.条件需求与准备

(1) 仪器:50 mL 比色管。

(2)试剂。

①亚砷酸钠(ρ=5 g/L)。

②氟化物标准贮备溶液〔$\rho(F^-)$=100.0 μg/mL〕:取氟化钠于 105 ℃条件下烘干 2 h,于干燥器中冷却后,精确称取 0.2210 g,用水溶解,转入 1000 mL 容量瓶中,以纯水稀释至标线。

③氟化物标准使用溶液〔$\rho(F^-)$=100.0 μg/mL〕:取 10.00 mL 氟化物标准贮备溶液,于 100 mL 容量瓶中,用水稀释至标线。

④盐酸、硫酸、高氯酸、茜素磺酸钠酸性溶液。

⑤茜素磺酸锆溶液：称取 0.3 g 氯氧化锆($ZrOCl_2 \cdot 8H_2O$)于 100 mL 烧杯中，用 50 mL 水溶解后转移入 1000 mL 容量瓶中。另称取 0.7 g 茜素磺酸钠溶于 50 mL 水中，在不断摇动下，缓慢注入氯氧化锆溶液中。充分摇匀后，放置澄清。

⑥混合酸溶液：量取 101 mL 盐酸用水稀释到 400 mL，另量取 33.3 mL 硫酸，在不断搅拌下，缓慢加入 400 mL 水中，冷却后将两酸合并。

⑦茜素磺酸锆酸性溶液：将混合酸倾入盛有茜素磺酸锆溶液的容量瓶中，用水稀释到标线，摇匀，此溶液在约 2 h 后由红变黄即可使用。此溶液避光保存，可稳定 6 个月。

相关知识

水蒸气蒸馏法处理水样

取 50 mL 水样(氟浓度高于 2.5 mg/L 时，可分取少量样品，用水稀释到 50 mL)于蒸馏瓶中，加入 10 mL 高氯酸，摇匀，连接好，开启冷凝管中的回流水。加热平底烧瓶，关闭三通阀当中的阀 B，开启通往空气的阀 A，使其沸腾产生水蒸气。同时加热蒸馏瓶，待蒸馏瓶内温度升到约 130 ℃时，开启三通阀当中的阀 B，关闭通往空气的阀 A，开始通入蒸汽，并维持蒸馏瓶温度在 130~140 ℃，蒸馏速度为 5~6 mL/min。待接收瓶中馏出液体积约为 200 mL 时停止蒸馏，并用水稀释至 200 mL，留测定用。

任务实施

活动 1 溶液配制

表 4-2-1 配制所需溶液

溶液名称	浓 度	体积(mL)
氟化物标准贮备溶液	100.0 μg/mL	1000
氟化物标准溶液	10.00 μg/mL	100
茜素磺酸锆酸性溶液	–	1000
亚砷酸钠溶液	5 g/L	100

注意事项

(1)茜素磺酸钠酸性溶液配制后与锆盐最好分开保存,使用时按比例混合,以保持试剂的灵敏度。

(2)人身防护。

①佩戴防酸型防毒口罩。

②佩戴化学防护眼镜。

③戴橡胶手套,穿防酸工作服和胶鞋。

④在通风橱中进行操作。

(3)亚砷酸钠剧毒,防止进入口中。

活动 2 样品的质控样处理

1.样品处理

依据样品不同,采用不同的处理方法。

(1)如果水样中含有残留的氯,可按每 0.1 mg 氯加 1 滴(0.05 mL)亚砷酸钠溶液,搅匀即可除去。

(2)水中干扰物质较多,不能直接用比色法测定时,可进行预蒸馏处理。

2.质控样处理

配制类似样品含量的质控样,与样品处理方法同样处理。

注意事项

(1)如果水样中有机物含量高时,为避免与高氯酸发生爆炸,用硫酸代替高氯酸(硫酸与水样的体积比为 1:1)进行蒸馏,温度控制在(145±5) ℃。蒸馏水样时,勿使温度超过 180 ℃,以防硫酸过多蒸出。

(2)连续蒸馏几个水样时,可待瓶内硫酸溶液温度降低至 120 ℃以下,再加入另一个水样,蒸馏过一个含氟高的水样后,应在蒸馏另一个水样前加入 250 mL 纯水。用同法蒸馏,以清除可能存留在蒸馏器中的氟化物。

(3)蒸馏瓶中的硫酸可以多次使用,直至变黑为止。

活动 3 配制标准系列溶液

吸取 0.00 mL,0.50 mL,1.00 mL,2.00 mL,2.50 mL,4.00 mL,5.00 mL,7.50 mL 氟化物标准使用溶液,分别放入 50 mL 比色管中,并用纯水定容,分别加入 1.00 mL 茜素磺酸锆酸性溶液于上述标准溶液中混匀,放置 1 h 或在 50 ℃水中显色 20 min,冷却至室温即可目视比色。将标准系列氟化物含量分别填入表 4-2-2 中。

注意事项

(1)比色管的几何尺寸和材料要相同,否则将影响比色结果。

(2)洗涤比色管时,不能使用重铬酸钾溶液洗涤;若必须使用,使用后应依次使用硫酸-硝酸混合酸、自来水、纯水洗涤为宜。

活动 4 比色

(1)取 50 mL 试样或馏出液置于比色管中,氟含量高于 2.5 mg/L 时,可量取少量试样或馏出液,用水稀释至 50 mL。加 1.0 mL 茜素磺酸锆酸性溶液于比色管中混匀,放置 1 h 或在 50 ℃水中显色 20 min,冷却至室温即可目视比色。将试剂配制记录及比色测定的结果填入表 4-2-2 中。

(2)采用相同的方法测定质控样。

(3)空白试验:用 50 mL 经预处理后的水样代替样品,采用相同的方法进行空白测定。

注意事项

(1)为了提高测定准确度,与样品颜色相近的标准溶液浓度变化间隔要小一些。

(2)不能在有色灯光下观察溶液颜色,否则会产生误差。

(3)观察溶液颜色应自上而下垂直观察。

(4)共存离子的影响:样品中有硫酸盐、磷酸盐、铁、锰的存在,能使测定结果偏高,铝可与氟离子形成稳定的络合物,使测定结果偏低。

(5)茜素磺酸锆与氟离子在作用过程中颜色的形成,受各种因素的影响,因此在分析时,要控制样品、空白和标准系列加入试剂的量,反应温度、放置时间等条件必须一致,试样与标准系列之间的温差不超过 2 ℃。

活动 5 结束工作

按照“整理、整顿、清扫、清洁、安全、素养、节约”等要求分工合作,开展“7S”活动。

活动6 数据记录与处理

表 4-2-2 工业废水中氟化物检测的原始记录

记录编号								
样品名称				样品编号				
检测项目				检验日期				
检验依据				判定依据				
温度/℃				相对湿度/%				
检验设备(标准物质)编号								
仪器条件：测量波长 ________nm　吸收池规格 ________mm								
一、标准系列溶液								
V/mL	0.00	0.50	1.00	2.00	3.00	4.00	5.00	7.50
$m(F^-)/\mu g$								
二、空白								
$m(F^-)/\mu g$				$\rho_{原}(F^-)/(mg/mL)$				
三、质控样								
$m(F^-)/\mu g$				$\rho_{原}(F^-)/(mg/mL)$				
扣除空白后/(mg/L)								
四、样品								
$\rho(Fe)/(\mu g/mL)$				$\rho_{原}(Fe)/(mg/mL)$				
检验人				复核人				

任务评价

表 4-2-3 任务评价表

日期

评价指标	评价要素	等级评定	
		自评	教师评
溶液配制	配制方法 配制操作		
样品比色	比色方法 比色结果		
结果计算	公式应用 数据代入		
结束工作	比色管清洗 整理实验台		
学习方法	预习报告书写规范		
工作过程	遵守管理规范 操作过程符合现场管理规范 出勤情况		

续表

评价指标	评价要素	等级评定	
		自评	教师评
思维状态	能发现问题、提出问题、分析问题、解决问题		
自评反馈	按时按质完成工作任务 掌握专业知识点		
经验和建议			
总成绩			

课后自测

一、填空题

(1)HJ 487—2009《水质 氟化物测定 茜素磺酸锆目视比色法》中,如果有铝存在,铝可与氟离子形成(　　),导致测定结果(　　)。

(2)空白和标准系列(　　)、(　　)、(　　)等条件必须一致。

(3)如果试样中含有氯,按每毫克余氯加入(　　),混匀,将余氯除去。

二、简答题

什么叫标准色阶?如何将试样溶液与标准色阶进行比色?

任务三 撰写检测报告

任务目标

(1)会用目视比色法处理数据。

(2)会判断检测数据的有效性。

(3)会撰写检测报告。

(4)能说出目视比色法的定量依据。

(5)能说出目视比色法的定量方法。

任务分析

1.明晰任务流程

样品计算 → 撰写报告

2.任务难点分析

样品计算。

3.条件需求与准备

计算机。

任务实施

活动 1 样品计算

(1)根据目视比色结果,计算水样中氟化物的质量浓度。水样中氟化物质量浓度按式(4-2)进行计算:

$$\rho=\frac{m}{V_2}\times\frac{200}{V_1} \qquad (式 4-2)$$

式 4-2 中：ρ——水样中氟化物的质量浓度，mg/L；

m——由标准系列给出的氟化物质量，μg；

V_2——试份的体积(比色时取样体积)，mL；

V_1——试样的体积(取原水样蒸馏体积)，mL。

(2)将结果填入任务二表 4-2-2。

活动 2 撰写报告

表 4-3-1 检测报告内页

抽样地点			样品编号	
检测项目	限值	检测结果	本项结论	备注
以下空白				

注意事项

当测试或计算精度允许时，应先将获得的数值按指定的修约数位多一位或几位报出，并且标明它是经舍进或未舍进而得，以便于客户比较判定产品等级。

任务评价

表 4-3-2 任务评价表

日期

评价指标	评价要素	等级评定	
		自评	教师评
样品计算	样品浓度的计算 计算过程 有效数字		
撰写报告	无空项 有效数字符合标准要求		
学习方法	预习报告书写规范		
工作过程	遵守管理规范 操作过程符合现场管理规范 出勤情况		
思维状态	能发现问题、提出问题、 分析问题、解决问题		
自评反馈	按时按质完成工作任务 掌握专业知识点		
经验和建议			
总成绩			

课后自测

一、选择题

目视比色法中,通常的标准系列法是比较(　　)。

A.入射光的强度　　B.透过溶液的强度

C.透过溶液后吸收光的强度　　D.一定厚度溶液的颜色深浅

二、简答题

(1)如何进行目视比色法操作?

(2)目视比色法的特点及适用范围。

参考答案

项目五 散射法测定生活饮用水的浑浊度

项目导入

浑浊度(简称浊度)作为水质监测中最重要的测量参数已经将近 100 年了,其数值大小显示出水中存在的泥土、沙粒、微细的有机物和无机物、浮游生物、微生物、胶体物质或者是某些颗粒物的多少，这些颗粒物可能保护有害微生物在消毒工艺中不被去除。习近平总书记在党的二十大报告中指出:坚持精准治污、科学治污、依法治污,持续深入打好蓝天、碧水、净土保卫战。对饮用水水质浑浊度水平进行连续监督测量,是保证饮用水水质质量的重要举措,不断满足人民日益增长的美好生活需要。

浑浊度测定方法有:目视比浊法、分光光度法和浊度仪法。本项目主要通过学习浊度仪法测定生活饮用水的浑浊度,了解国家测定标准,掌握测定过程及方法,熟悉检测报告的撰写。共包括三个工作任务。

解读生活饮用水浑浊度检测的国家标准 → 样品检测与数据采集 → 撰写检测报告

参考资料

(1)GB/T 5750.4—2006《生活饮用水标准检验方法 感官性状和物理指标》

(2)GB 5749—2006《生活饮用水卫生标准》

任务一 解读生活饮用水浑浊度检测的国家标准

任务目标

(1)会查找方法检出限、精密度。

(2)会确认所需的仪器。

(3)会确认所需的试剂。

任务分析

1.明晰任务流程

阅读与查找标准 → 仪器确认 → 阅读仪器说明书 → 试剂确认 → 安全防护

2.任务难点分析

查找相关标准。

3.条件需求与准备

(1)GB 5749—2006《生活饮用水卫生标准》。

(2)仪器:散射式浊度仪、溶剂过滤器。

(3)试剂:硫酸肼、环六亚甲基四胺。

相关知识

浑浊度的定义

浑浊度是指水中悬浮物对光线透过时发生的阻碍程度。

浑浊度是反映水源水及饮用水物理性状的一项指标。水源水的浊度是由于悬浮物、胶态物或两者共同造成的在光学方面的散射可吸收行为。它是水样的光学特性,能表征水中悬浮物或胶态物的浓度。

任务实施

活动 1 阅读与查找标准

仔细阅读 GB 5749—2006《生活饮用水卫生标准》,找出本方法的适用范围、检测下限、干扰、方法原理、精密度和准确度等内容,并列出所需的其他相关标准。将查找结果填入表 5-1-1 中。

活动 2 仪器确认

依据查阅的标准,确认所需的各种仪器是否齐全,是否满足标准的要求。将确认的结果填入表 5-1-1 中。

活动 3 阅读仪器使用说明书

根据自己使用的浊度仪,认真、详细地阅读相应型号仪器的说明书,熟悉其使用方法、操作步骤及仪器的维护内容。

活动 4 试剂确认

按标准要求确认所需的各种试剂种类、规格、数量是否满足要求,并确认实验室提供的纯水等级是否满足需求,填入表 5-1-1 中。

活动 5 安全防护

查找本项目实施过程中可能存在的安全隐患,并提出预防与防护措施。将查找结果填入表 5-1-1。

活动 6 数据记录与处理

表 5-1-1 解读检测方法的原始记录

记录编号			
一、阅读与查找标准			
方法原理			
相关标准			
检出限			
准确度		精密度	

续表

二、标准内容			
适用范围		限值	
定量公式		性状	
样品处理			
操作步骤			
三、仪器确认			
所需仪器			检定有效日期
四、试剂确认			
试剂名称	纯度	库存量	有效期
五、安全防护			
确认人		复核人	

任务评价

表 5-1-2 任务评价表

日期

评价指标	评价要素	等级评定	
		自评	教师评
阅读与查找标准	标准名称 相关标准的完整性 适用范围 检验方法 方法原理 试验条件 检测主要步骤 检出限 准确度 精密度		
仪器确认	仪器种类 仪器规格 仪器精度		
试剂确认	试剂种类 试剂纯度 试剂数量		
安全	设备安全 人身安全		
总成绩			

课后自测

(1)GB 5749—2006《生活饮用水卫生标准》适用于(　　　　)的测定。

(2)GB 5749—2006《生活饮用水卫生标准》散射式浊度仪测定水质浑浊度的检出限是(　　　　)。

(3)GB 5749—2006《生活饮用水卫生标准》中配制好的福尔马肼标准混悬液可使用(　　　)时间。

任务二 样品检测与数据采集

任务目标

(1)会填写原始记录。

(2)会配制所需的标准溶液。

(3)能正确处理样品。

(4)会选择标准加入法测定。

(5)能说出常用浊度单位。

(6)能描述出浊度仪的日常维护方法。

任务分析

1.明晰任务流程

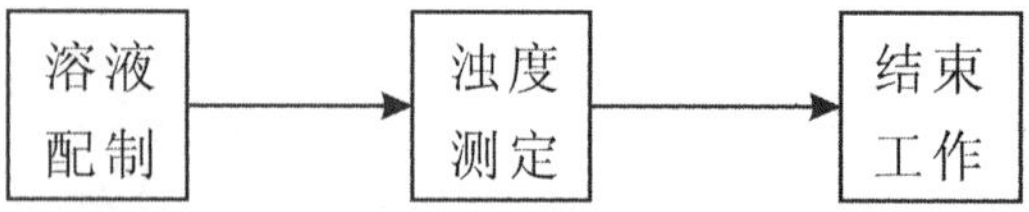

2.任务难点分析

福尔马肼标准混悬液的配制。

3.条件需求与准备

(1)仪器:散射式浊度仪、溶剂过滤器。

(2)试剂。

①零浊度水:选用孔径为 0.2 μm 的微孔滤膜,过滤蒸馏水(或电渗析水、离子交换水),需要反复过滤两次以上,所获得的滤液即为零浊度水,该水贮存于用该水冲洗过的清洁的玻璃瓶中。

②硫酸肼溶液(10 g/L)。

③环六亚甲基四胺溶液(100 g/L)。

相关知识

一、浑浊度的单位

浑浊度的单位因测量方法不同,采用不同的单位。

目前浑浊度测量的一般方法是散射法,采用浊度仪进行测定。其光学系统由钨灯、透镜和光栅、90°的检测器、向前散射光检测器、向后散射光检测器和透射光检测器组成。40 NTU以下的浑浊度可单独使用90°的检测器,也可使用全部检测器(RATIO),当RATIO开着时,微处理器应用数学方法计算每个检测器的比例信号,得出相应的浊度值。使用RATIO的优点是可以得到良好的线性和校正稳定性并可测量有色水样的浊度。

二、影响光散射的因素

浑浊度与溶液中的悬浮固体有关,但不是对其直接测量。浑浊度测量的是样品对光的散射强度。影响光散射的因素有很多,包括水中颗粒物的尺寸、水中颗粒物的形状、颗粒物的折射率、颗粒物及流体的颜色、颗粒物浓度等。在一定范围内的不同颗粒尺寸的粒子,在90°方向上光散射强度是相同的(该方向上光散射对粒径大小不敏感),因此浊度仪测量的是90°方向上的光散射强度,可以最大限度地减少颗粒物尺寸、形状、颜色对测量结果的干扰。

任务实施

活动1 标液、质控样配制

1.福尔马肼标准悬浮液

分别吸取硫酸肼标准溶液5.00 mL、六次甲基四胺溶液5.00 mL于100 mL容量瓶中,混匀,在(25±3) ℃的条件下放置24 h,加入纯水至标线,混匀。此标准混悬液浑浊度为400 NTU,可使用约1个月。

2.福尔马肼浑浊度标准使用液

将400 NTU福尔马肼标准悬浮液用纯水稀释4倍,此混悬液浑浊度为100 NTU。

3.质控样的配制

按质控样证书的要求,配制质控样。

4.记录结果

将结果填入表5-2-1中。

活动2 浊度的测定

(1)开启仪器电源开关,预热 30 min。

(2)校准。

①设置仪器,进入单点校准程序。

②用零浊度水清洗样品瓶的内外表面,用不落毛软布擦净表面水分。

③将零浊度水倒入样品瓶内至标线,然后旋紧瓶盖,并擦净瓶体的水迹及指印。

(3)将装好的零浊度水样品瓶插入仪器试样室内,插入时瓶上白色三角标记对准试样室缺口标记,盖好黑色遮光罩。

(4)稍等读数稳定后按调零按钮,使仪器显示为零。

(5)采用同样方法插入校准用的标准溶液(这里采用 100 NTU 标准溶液),调节校正钮,使仪器显示为标准值 100。

(6)重复步骤(3)(4)(5),保证零点及校正值正确可靠。

(7)在另外一只洁净样品瓶内倒入质控样到标线,然后旋紧瓶盖,并擦净瓶体的水迹及指印,插入仪器试样室内。插入时,瓶上白色三角标记对准试样室缺口标记,盖好黑色遮光罩。稍等读数稳定后记下水样的浊度值。

(8)按步骤(7)同样操作,测定水样的浊度值。

(9)将结果填入表 5-2-1 中。

注意事项

1.浊度测定

(1)样品瓶必须清洗得非常干净,避免擦伤留下划痕。用洗涤剂清洗样品瓶内外,然后用蒸馏水反复漂洗,并在无尘的干燥箱内干燥。如使用时间长了,可用稀盐酸浸泡 2 h,最后用蒸馏水反复漂洗。

(2)拿取样品瓶时只能拿瓶体上半部分,不可用手直接拿瓶体。

(3)正确配制标定福尔马肼标准液,是浊度测量的重要技术,注意配制标准溶液的每个步骤,确保原液摇晃均匀,移液、定容准确。

(4)选择校正用的标准液,应保证校正值准确无误,定标前充分摇匀。

(5)对于低浊度测定及较高精度的测量应考虑瓶间的测量差异,必须使用同一样品瓶进行定标及检测。校零时应选用零浊度水,要求不高时,可采用蒸馏水。

(6)被测溶液应沿样品瓶小心倒入,防止产生气泡,影响测量的准确性。

(7)水样在测量前必须充分混匀，避免水样沉降及较大颗粒的影响。

(8)测量温度较低的水样时，样品瓶瓶体会发生冷凝水滴。因此在测量前必须让其放置一段时间，使水样的温度接近室温，然后再擦干净瓶体的水迹。

2.仪器维护

(1)使用环境必须符合工作条件。

(2)测量池内必须长时间清洁干燥、无灰尘，不用时须盖上遮光盖。

(3)潮湿气候使用，必须相应延长开机时间。

(4)更换试样瓶或经维修后须重新标定。

活动 3 结束工作

(1)将溶液倒入指定的废液处理容器中，清洗使用瓶，在无尘的干燥箱内干燥后保存。

(2)整理实验台。

活动 4 数据记录与处理

表 5-2-1 生活饮用水的浑浊度检测原始记录

<table>
<tr><td>记录编号</td><td colspan="7"></td></tr>
<tr><td>样品名称</td><td colspan="2"></td><td colspan="3">样品编号</td><td colspan="2"></td></tr>
<tr><td>检测项目</td><td colspan="2"></td><td colspan="3">检验日期</td><td colspan="2"></td></tr>
<tr><td>检验依据</td><td colspan="2"></td><td colspan="3">判定依据</td><td colspan="2"></td></tr>
<tr><td>温度/℃</td><td colspan="2"></td><td colspan="3">相对湿度/%</td><td colspan="2"></td></tr>
<tr><td colspan="3">检验设备(标准物质)编号</td><td colspan="3"></td><td colspan="2"></td></tr>
<tr><td colspan="8">一、福尔马肼标准悬浮液</td></tr>
<tr><td>称取硫酸肼体积/mL</td><td colspan="2">称取环六亚甲基四胺体积/mL</td><td colspan="3">定容体积/mL</td><td colspan="2">标液浊度/NTU</td></tr>
<tr><td></td><td colspan="2"></td><td colspan="3"></td><td colspan="2"></td></tr>
<tr><td colspan="8">二、测定</td></tr>
<tr><td>质控样体积/mL</td><td></td><td colspan="2">质控样测定浊度/NTU</td><td></td><td colspan="2">质控样实际浊度/NTU</td><td></td></tr>
<tr><td>水样体积/mL</td><td></td><td colspan="2">水样测定浊度/NTU</td><td></td><td colspan="2">水样实际浊度/NTU</td><td></td></tr>
<tr><td>检验人</td><td colspan="2"></td><td colspan="3">复核人</td><td colspan="2"></td></tr>
</table>

任务评价

表 5-2-2 任务评价表

日期

评价指标	评价要素	等级评定	
		自评	教师评
标液配制	计算思路 计算结果		
样品移取	吸量管使用		
标准系列配制	标准悬浮液的配制 校准仪器		
结果计算	公式应用 数据代入		
结束工作	比色管清洗 整理实验台		
学习方法	预习报告书写规范		
工作过程	遵守管理规范 操作过程符合现场管理规范 出勤情况		
思维状态	能发现问题、提出问题、 分析问题、解决问题		
自评反馈	按时按质完成工作任务 掌握专用知识点		
经验和建议			
总成绩			

课后自测

(1)浊度测量常采用的单位有(　　)、(　　)、(　　)和(　　)。

(2)浊度仪法常用的浊度仪类型有(　　)、(　　)和(　　)。

(3)浊度是指溶液中(　　　　)对光线透过时所发生的阻碍程度。

(4)浊度的大小与(　　)、(　　)、(　　)和(　　)有关。

任务三 撰写检测报告

任务目标

(1)会处理数据。

(2)会撰写检测报告。

任务分析

1.明晰任务流程

样品计算 → 撰写报告

2.任务难点分析

样品计算。

3.条件需求与准备

计算机。

任务实施

活动1 质控样判断

(1)质控样实际浑浊度。将质控样测定时仪器所显示的浑浊度读数乘以稀释倍数即可。

(2)将结果填入任务二表5-2-1中。

(3)判定。将质控样实际浊度与质控样证书比较,如果超出其不确定度范围,则本次检测结果无效,需要重新进行检测,若没超出其不确定度范围,则本次检测有效。

活动2 样品浊度计算

(1)将样品测定时仪器所显示的浑浊度读数乘以稀释倍数即可得到。

(2)将结果填入任务二表 5-2-1 中。

活动 3　撰写报告

表 5-3-1　检测报告内页

抽样地点			样品编号	
检测项目	限值	检测结果	本项结论	备注
以下空白				

任务评价

表 5-3-2　任务评价表

日期

评价指标	评价要素	等级评定	
		自评	教师评
样品计算	计算过程 有效数字		
撰写报告	无空项 有效数字符合标准要求		
学习方法	预习报告书写规范		
工作过程	遵守管理规范 操作过程符合现场管理规范 出勤情况		
思维状态	能发现问题、提出问题、 分析问题、解决问题		
自评反馈	按时按质完成工作任务 掌握专业知识点		
经验和建议			
总成绩			

参考答案

项目六 火焰原子吸收分光光度法测定头发中的锌

项目导入

原子吸收分光光度法(AAS)是通过测量蒸气中原子对特征电磁辐射的吸收强度测定化学元素的方法,也叫原子吸收光谱法。原子吸收光谱法是目前微量和痕量元素分析灵敏且有效的方法之一,广泛地应用于各个领域。

锌是维持人体生命必需的微量元素之一,对人体的贡献主要有:合成多种酶、促进生长发育、增强免疫功能、促进智力发育、增强食欲等。人民健康是民族昌盛和国家强盛的重要标志。把保障人民健康放在优先发展的战略位置,完善人民健康促进政策。准确测量人体中锌含量是判断人体营养状况的手段之一。本项目为火焰原子吸收分光光度法测定头发中的锌,共包括五个工作任务。

参考资料

(1)GB/T 21187—2007《原子吸收分光光度计》

(2)GB/T 9723—2007《化学试剂 火焰原子吸收光谱法通则》

(3)头发中微量元素的处理方法。

任务一　原子吸收分光光度计的验收

任务目标

(1)会进行开机前的检查。

(2)会开机、关机。

(3)会测量仪器波长准确度。

(4)会测量仪器波长分辨率。

(5)会测量特征浓度。

任务分析

1.明晰任务流程

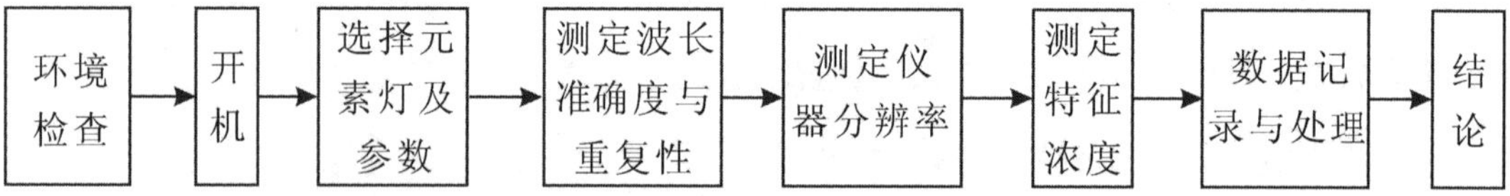

2.任务难点分析

通过阅读仪器说明书,查找原子吸收分光光度计的验收任务操作方法。

3.条件需求与准备

(1)空心阴极灯:汞元素灯、锰元素灯、铜元素灯。

(2)TAS-986 型原子吸收分光光度计。

(3)原子吸收分光光度计说明书。

(4)铜标准溶液。

相关知识

一、水封

水封是原子吸收分光光度计的一个小部件，其作用是既能排废液，又能防止火焰回火。过去的仪器通常采用将预混合室的废液排出管的导管弯曲或将导管插入水中等水封方式，现在通常采用专门的水封瓶和液位传感器，需要按照仪器说明书要求完成水封。

二、原子吸收分光光计的基本结构

原子吸收光谱分析用的仪器称为原子吸收分光光度计或原子吸收光谱仪。原子吸收分光光度计主要由光源、原子化器、单色器、检测系统等4个部分组成，如图6-1-1所示。

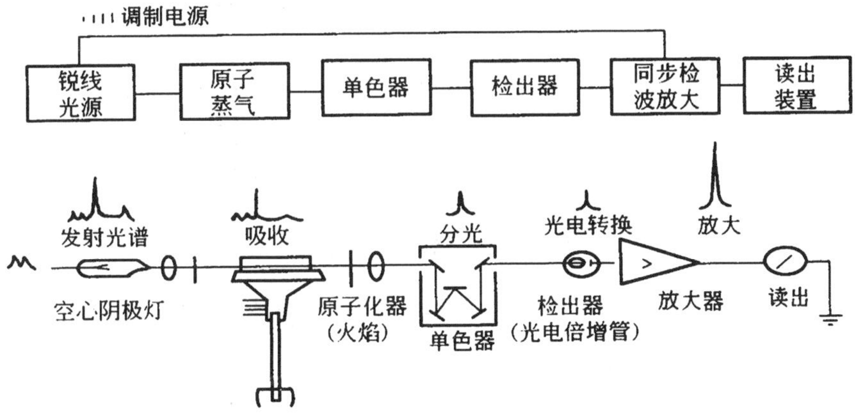

图6-1-1 原子吸收分光光度计基本构造示意图

1.光源

光源的作用是发射待测元素的特征光谱，供测量用。为了保证峰值吸收的测量，要求光源必须能发射出比吸收线宽度更窄，并且强度大而稳定、背景低、噪声小、使用寿命长的谱线。空心阴极灯、无极放电灯、蒸气放电灯和激光光源灯都能满足上述要求，其中应用最广泛的是空心阴极灯和无极放电灯。

2.原子化系统

将试样中待测元素变成气态基态原子的过程称为试样的原子化。完成试样的原子化所用的设备称为原子化系统或原子化器。原子化系统的作用是将试样中的待测元素转化为原子蒸气。试样中被测元素原子化的方法主要有火焰原子化法和非火焰原子化法两种。火焰原子化法利用火焰热能使试样转化为气态原子。非火焰原子化法利用电加热或化学还原等方法使试样转化为气态原子。火焰原子化法如下。

火焰原子化器由雾化器、预混合室和燃烧器等部分组成，其结构如图 6-1-2 所示。

①雾化器。雾化器的作用是将试液雾化成微小的雾滴。目前商品原子化器多数使用气动型雾化器。当具有一定压力的压缩空气作为助燃气高速通过毛细管外壁与喷嘴口构成的环形间隙时，在毛细管出口的尖端处形成一个负压区，于是试液沿毛细管被吸入并被快速通入的助燃气分散成小雾滴。喷出的雾滴撞击在距毛细管喷口前端几毫米处的撞击球上，进一步分散成更为细小的细雾。这类雾化器的雾化效率一般为 10%~30%，影响雾化效率的因素有助燃气的流速、溶液的黏度、表面张力以及毛细管与喷嘴口之间的相对位置。

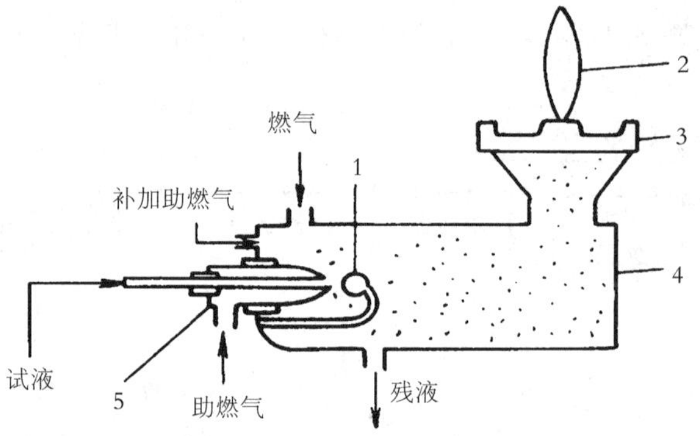

1-碰撞球；2-火焰；3-燃烧器；4-预混合室；5-雾化器

图 6-1-2 火焰原子化器示意图

②预混合室。预混合室的作用是进一步细化雾滴，并使之与燃料气混合均匀后进入火焰。部分未细化的雾滴在预混合室凝结下来成为残液。残液由预混室排出口排出，以减少前试样被测组分对后试样被测组分记忆效应的影响。

③燃烧器。燃烧器的作用是使燃气在助燃气的作用下形成火焰，使进入火焰的试样微粒原子化。燃烧器应能使火焰燃烧稳定，原子化程度高，能耐高温、耐腐蚀。预混合型燃烧器通常采用不锈钢制成长缝型燃烧器。对于乙炔-空气等燃烧速度较低的火焰一般使用缝长 100~120 mm，缝宽 0.5~0.7 mm 的燃烧器；而对乙炔-氧化亚氮等燃烧速度较高的火焰，一般用缝长 50 mm，缝宽 0.5 mm 的燃烧器。也有多缝燃烧器，它可增加火焰宽度。

3.单色器

单色器由入射狭缝、出射狭缝和色散元件（棱镜或光栅）组成。单色器的作用是将待测元素的吸收线与邻近谱线分开。

4.检测系统

检测系统由光电元件、放大器和显示装置等组成。其作用是将经过原子蒸气吸收和单色器分光后的微弱信号转换为电信号,经放大器放大后,以透射比或吸光度的形式显示出来。

三、共振线和分析线

任何元素的原子都由原子核和围绕原子核运动的电子组成。这些电子按其能量的高低分层分布,而具有不同能级,因此一个原子可具有多种能级状态。在正常状态下,原子处于最低能态(这个能态最稳定),称为基态。处于基态的原子称基态原子。基态原子受到外界能量(如热能、光能等)激发时,其外层电子吸收一定能量而跃迁到不同能态,因此原子可能有不同的激发态。当电子吸收一定能量从基态跃迁到能量最低的激发态时所产生的吸收谱线,称为共振吸收线,简称共振线。当电子从第一激发态跃回基态时,则发射出同样频率的光辐射,其对应的谱线称为共振发射线,也简称共振线。

由于不同元素的原子结构不同,其共振线也因此各有其特征。由于原子的能态从基态到最低激发态的跃迁最容易发生,因此对大多数元素来说,共振线也是元素的最灵敏线。原子吸收光谱法就是利用处于基态的待测原子蒸气对从光源发射的待测元素的共振发射线的吸收来进行分析的,因此元素的共振线又称分析线。

四、空心阴极灯的使用

(1)空心阴极灯使用前应经过一段预热时间,一般为 20~30 min。

(2)灯在点燃后应观察发光的颜色,以判断灯的工作是否正常:充氖气的灯正常颜色是橙红色;充氩气的灯正常颜色是淡紫色。

(3)元素灯长期不用时,最好每隔 3~4 个月通电点亮 2~3 h。

(4)对于低熔点、易挥发元素灯,应避免大电流、长时间连续使用;使用过程中尽量避免较大的震动;使用完毕后必须待灯管冷却后才能移动。

(5)空心阴极灯石英窗切口勿损伤或沾污,如有沾污,可用酒精棉擦净。

(6)灯电流一般应不超过最大工作电流的 2/3。

五、谱线轮廓与谱线变宽

1.谱线轮廓

从理论上讲，原子吸收光谱应该是线状光谱。但实际上任何原子发射或吸收的谱线都不是绝对单色的几何线，而是具有一定宽度的谱线。若在频率 ν 下，测定吸收系数 K_v，以 K_v 为纵坐标，ν 为横坐标，可得如图 6-1-3 所示曲线，称为吸收曲线。曲线极大值对应的频率 ν_0 称为中心频率。中心频率所对应的吸收系数称为峰值吸收系数，用 K_0 表示。在峰值吸收系数一半($K_0/2$)处，吸收曲线呈现的宽度称为吸收曲线半宽度，以频率差 $\Delta\nu$ 表示。吸收曲线的半宽度 $\Delta\nu$ 的数量级约为 10^{-3}~10^{-2} nm(折合成波长)。吸收曲线的形状就是吸收谱线轮廓。

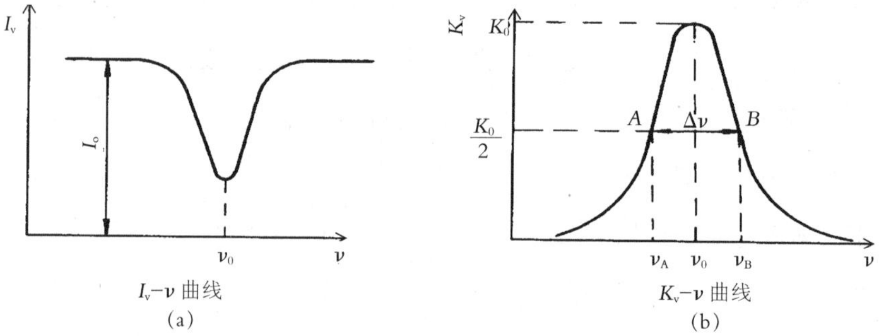

图 6-1-3 吸收谱线轮廓

2.谱线变宽

原子吸收谱线变宽原因较为复杂，一般由两方面的因素决定。一方面是由原子本身的性质决定了谱线的自然宽度；另一方面是由于外界因素的影响引起的谱线变宽。包括自然变宽 $\Delta\nu_N$、多普勒(Dopp1er)变宽 $\Delta\nu_D$、压力变宽。

六、灵敏度和检出限

1.灵敏度

根据 1975 年国际纯粹与应用化学联合会(IUPAC)规定，将原子吸收分析法的灵敏度定义为 $A-c$ 工作曲线的斜率(用 S 表示)，即当待测元素的浓度或质量改变一个单位时，吸光度的变化量。

在火焰原子吸收分析中，通常习惯于用能产生 1%吸收(即吸光度值为 0.0044)时所对应的待测溶液质量浓度(μg/mL)来表示分析的灵敏度，称为特征浓度(c_c)或特征(相对)灵敏度。特征浓度的测定方法是配制一待测元素的标准溶液(其浓度应在线性范围内)，调节仪器

最佳条件,测定标准溶液的吸光度。然后按下式计算:

$$c_c=\frac{c\times 0.0044}{A} \qquad (式 6-1)$$

式 6-1 中,c_c 为特征浓度,μg/ml(1%);c 为被测溶液质量浓度,μg/mL;A 为测得的溶液吸光度。

在电热原子化测定中,常用特征质量来表示测定灵敏度,即能产生 1%吸收(0.0044)信号所对应的待测元素量(μg),又称绝对量。对分析工作来说,显然是特征浓度或特征质量愈小愈好。

2.检出限

由于灵敏度没有考虑仪器噪声的影响,故不能作为衡量仪器最小检出量的指标。检出限可用于表示能被仪器检出元素的最小浓度或最小质量。

根据 IUPAC 规定,将检出限定义为,能够给出 3 倍于标准偏差的吸光度时,所对应的待测元素的浓度或质量。可用下式进行计算:

$$D_c=\frac{c\times 3\sigma}{A} \qquad (式 6-2)$$

$$D_m=\frac{cV\times 3\sigma}{A} \qquad (式 6-3)$$

式 6-2、6-3 中,D_c 为相对检出限,μg/mL;D_m 为绝对检出限,g;c 为待测溶液浓度,g/mL;V 为溶液体积,mL;σ 为空白溶液测量标准偏差, 是对空白溶液或接近空白的待测组分标准溶液的吸光度进行不少于 10 次的连续测定后,由下式计算求得的。

$$\sigma=\sqrt{\frac{\sum(A_i-\overline{A})^2}{n-1}} \qquad (式 6-4)$$

式 6-4 中,A_i 为空白溶液单次测量的吸光度;$\overline{A}$ 为空白溶液多次平行测定的吸光度平均值,n 为测定次数($n\geqslant 10$)。

检出限取决于仪器稳定性,并随样品基体的类型和溶剂的种类不同而变化。信号的波动来源于光源、火焰及检测器噪声,因而不同类型仪器的检测器可能相差很大。两种不同元素可能有相同的灵敏度,但由于每种元素光源噪声、火焰噪声及检测器噪声等不同,检出限就可能不一样。因此,检出限是衡量仪器性能的一个重要指标。待测元素的存在量只有高出检出限,才可能可靠地将有效分析信号与噪声信号分开。"未检出"就是待测元素的量低于检出限。

任务实施

活动 1 开机前检查

1.环境检查

阅读仪器说明书,检查实验室环境条件是否符合要求。

2.连接检查

检查仪器部件和气路是否连接正确,确定主机和空气压缩机处于关断位置。

3.安全检查

检查仪器的水封与排风设备是否正常。新仪器或长久不使用的仪器,水封装置中将由于无水而失去水封能力,故需要加水到正常位置。

4.记录结果

将检查结果填入表 6-1-1。

注意事项

对于水封瓶和液位传感器的原子吸收分光光度计,不要把废液管打结,管子末端不能插入液面以下,防止排废液不畅。

活动 2 开机

(1)开排风设备。

(2)开启稳压电源,打开计算机,接通主机电源。

(3)打开工作站:启动原子吸收分光光度计工作站(AAwin)。

(4)选择工作灯:设置安装汞空心阴极灯的编号,并设置工作灯为“汞灯”。

(5)设置光谱带宽:设置为 0.2 nm,其余采用默认值。

(6)选择分析线:选定汞灯共振线波长,进行寻峰操作,让仪器自动进行定位。

(7)预热:寻峰操作完成后,预热 30 min。

注意事项

按《JJG 694—2009 原子吸收分光光度计检定规程》要求,在光谱带宽 0.2 nm 下进行波长准确度检定。

活动3 检定仪器波长准确度与重复性

1.元素灯选择

选择汞灯为工作灯，预热30 min。

2.谱线扫描

分别对汞灯的特征谱线253.7 nm、546.1 nm、871.6 nm进行3次寻峰，从谱图上读取最高峰点的波长值，并记录在表6-1-1中。

活动4 检定波长分辨率

1.元素灯选择

选择锰灯为工作灯，预热30 min。

2.谱线扫描

对锰元素灯的特征谱线279.5 nm进行寻峰，从谱图上读取279.5 nm、279.8 nm、280.1 nm 3个波长的波峰与波谷的能量，并记录在表6-1-1中。

活动5 仪器特征浓度的测定

1.溶液的准备

铜标准溶液，0.5 μg/mL；

空白溶液：0.5%硝酸水溶液。

2.调试仪器参数

(1)在324.7 nm波长处寻峰，进行波长定位。

(2)点火：启动空心压缩机，调试出口压力在0.25 MPa以上；开启乙炔钢瓶总阀，调节减压阀出口压力在0.05 MPa以上，调节燃气流量在1200 mL/L；用控制软件的点火开关，点燃火焰。

(3)燃烧器参数调节。

①能量调试。吸入纯水，调整能量到95%~105%。

②燃烧器位置调试。用空白溶液调试背景吸收，然后吸入铜标准溶液，调试燃烧器水平位置与高低位置，使吸光度值最大。

3.测定

对空白溶液和铜标准溶液进行三次交替测定,记录对应的吸光度,填入表 6-1-1 中。

注意事项

(1)点火操作前必须检查排风设备与水封是否处于正常状态。

(2)点火时,如果不能立即点燃,需要多点几次。

(3)测定时需要调节测量参数。

活动 6 关机和结束工作

(1)测定完毕,用空白溶液吸喷几分钟,然后用纯水吸喷几分钟。

(2)关闭燃气总阀,调节减压阀至关闭位置;关闭空气压缩机,释放排水阀。

(3)关闭“AAwin”操作系统,依次关闭主机电源、计算机、排风设备。

(4)关闭电源总开关,清理实验工作台,填写使用记录。

活动 7 数据处理

1.波长准确度与其重复性

波长测量结果的平均值按下式计算并填入表 6-1-1 中。

$$\bar{\lambda}=\frac{1}{n}\sum_{i=1}^{n}\lambda_i \qquad (式 6-5)$$

式 6-5 中:$\bar{\lambda}$——波长测定结果的平均值,nm;

$\bar{\lambda}_i$ ——波长测定值,nm;

n ——测定次数。

波长重复性采用 3 次测定的波长最大值减去最小值，其差值小于 0.15 nm 为符合标准要求。

2.波长分辨率的判定

根据测得波峰与波谷的能量,计算相邻峰的波峰与波谷能量差,当能量差大于 40%时,判定波长分辨率符合标准要求,并将结果填入表 6-1-1 中。

3.特征浓度的计算

按下式计算特征浓度,将结果填入表 6-1-1 中。

$$c_c=\frac{c\times 0.0044}{A} \qquad (式 6-6)$$

式 6-6 中：c_c——特征浓度，μg/mL(1%)；

c——被测溶液质量浓度，μg/mL；

A——测得的溶液吸光度。

活动 8 数据记录与处理

表 6-1-1 原子吸收分光光度计验收记录表

<table>
<tr><td colspan="2">记录编号</td><td colspan="7"></td></tr>
<tr><td colspan="2">检测项目</td><td colspan="3"></td><td colspan="2">检验日期</td><td colspan="2"></td></tr>
<tr><td colspan="2">检验依据</td><td colspan="3"></td><td colspan="2">判定依据</td><td colspan="2"></td></tr>
<tr><td colspan="2">温度/℃</td><td colspan="3"></td><td colspan="2">相对湿度/%</td><td colspan="2"></td></tr>
<tr><td colspan="5">检验设备(标准物质)编号</td><td colspan="2"></td><td colspan="2"></td></tr>
<tr><td colspan="9">一、波长准确度与重复性</td></tr>
<tr><td>验收项目</td><td colspan="2">指标验收标准值/nm</td><td colspan="3">验收实测值/nm</td><td>平均值</td><td>差值</td><td>结论</td></tr>
<tr><td rowspan="3">波长准确度</td><td>253.7</td><td rowspan="4">±0.25</td><td></td><td></td><td></td><td></td><td></td><td rowspan="4"></td></tr>
<tr><td>546.1</td><td></td><td></td><td></td><td></td><td></td></tr>
<tr><td>871.6</td><td></td><td></td><td></td><td></td><td></td></tr>
<tr><td>波长重复性</td><td></td><td colspan="4">0.15</td><td></td></tr>
<tr><td colspan="9">二、波长分辨率</td></tr>
<tr><td>验收项目</td><td colspan="2">波长/nm</td><td>波峰能量/%</td><td colspan="2">波谷能量/%</td><td colspan="2">能量差/%</td><td>结论</td></tr>
<tr><td rowspan="3">波长分辨率</td><td colspan="2">279.5</td><td></td><td colspan="2"></td><td colspan="2"></td><td rowspan="3"></td></tr>
<tr><td colspan="2">279.8</td><td></td><td colspan="2"></td><td colspan="2"></td></tr>
<tr><td colspan="2">280.1</td><td></td><td colspan="2"></td><td colspan="2"></td></tr>
<tr><td colspan="9">三、特征浓度</td></tr>
<tr><td>元素灯</td><td colspan="2">测定波长/nm</td><td>铜溶液浓度/(μg/mL)</td><td colspan="3">吸光度</td><td colspan="2">特征浓度</td></tr>
<tr><td></td><td colspan="2"></td><td></td><td></td><td></td><td></td><td colspan="2"></td></tr>
<tr><td>结论</td><td colspan="8"></td></tr>
<tr><td>检验人</td><td colspan="3"></td><td colspan="2">复核人</td><td colspan="3"></td></tr>
</table>

任务评价

表 6-1-2 任务评价表

日期

评价指标	评价要素	等级评定	
		自评	教师评
开机检查	排风设备 水封检查方法 气路检查方法		
开机	能正确使用控制软件 能正确设置参数		
波长准确度与重复性	选择元素灯 设置灯参数 会正确操作 会准确记录并进行数据处理 会正确判定测定结果		
波长分辨率	选择元素灯 设置灯参数 会正确操作 会准确记录并进行数据处理 会正确判定测定结果		
特征浓度	选择元素灯 会调试测量状态参数 正确操作 会准确记录 会进行数据处理		
结果计算	公式应用 数据代入		
结束工作	容量瓶的清洗 整理实验台		
学习方法	预习报告书写规范		
工作过程	遵守管理规范 操作过程符合现场管理规范 出勤情况		
思维状态	能发现问题、提出问题、 分析问题、解决问题		
自评反馈	按时按质完成工作任务 掌握专业知识点		
经验和建议			
总成绩			

拓展提高

原子吸收分光光度计与石墨炉原子化

一、原子吸收分光光度计的类型和主要性能

原子吸收分光光度计按光束形式可分为单光束和双光束两类;按波道数目又有单道、双道和多道之分。目前使用比较广泛的是单道单光束和单道双光束原子吸收分光光度计。

1.单道单光束型

单道是指仪器只有一个光源,一个单色器,一个显示系统,每次只能测一种元素。单光束是指从光源中发出的光仅以单一光束的形式通过原子化器、单色器和检测系统。单道单光束原子吸收分光光度计光学系统如图 6-1-4 所示。

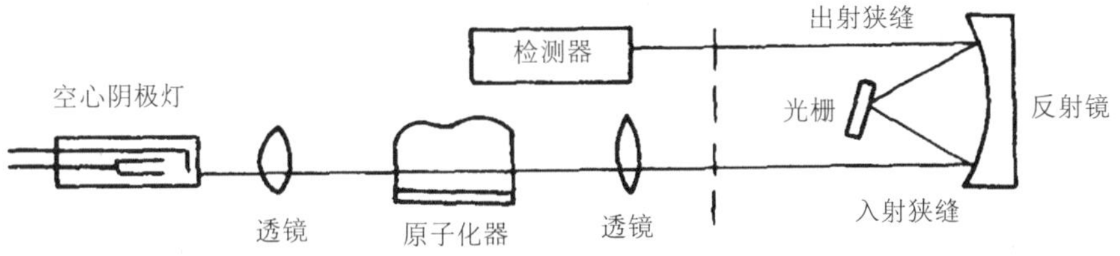

图 6-1-4 单道单光束原子吸收分光光度计光学系统示意图

这类仪器简单、操作方便、体积小,价格低、能满足一般原子吸收分析的要求。其缺点是不能消除光源波动造成的影响,存在基线漂移。

2.单道双光束型

双光束型是指从光源发出的光被切光器分成两束强度相等的光，一束为样品光束通过原子化器被基态原子部分吸收；另一束只作为参比光束不通过原子化器，其光强度不被减弱。两束光被原子化器后面的反射镜反射后,交替地进入同一单色器和检测器。检测器将接收到的脉冲信号进行光电转换,并由放大器放大,最后由读出装置显示。图 6-1-5 是单道双光束型仪器的光学系统示意图。

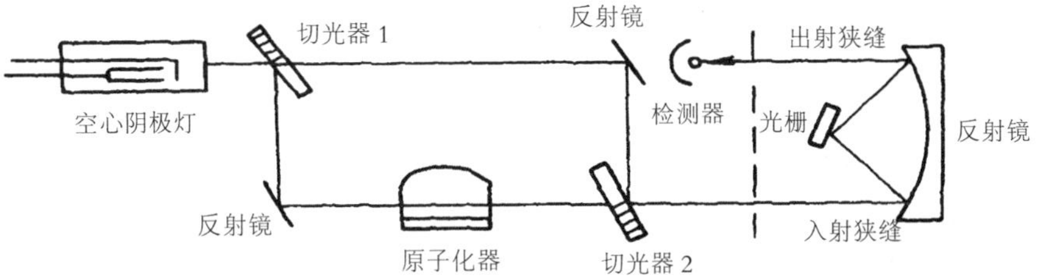

图 6-1-5 单道双光束原子吸收分光光度计光学系统示意图

由于两光束来源于同一个光源,光源的漂移通过参比光束的作用而得到补偿,所以能获得一个稳定的输出信号。不过由于参比光束不通过火焰,火焰扰动和背景吸收影响无法消除。

3.双道单光束型

双道单光束是指仪器有两个不同光源,两个单色器,两个检测显示系统,而光束只有一路。仪器光学系统示意图如图 6-1-6 所示。

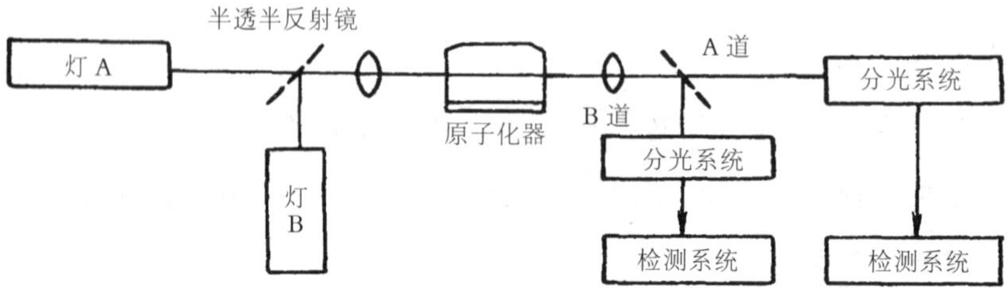

图 6-1-6 双道单光束原子吸收分光光度计光学系统示意图

两种不同元素的空心阴极灯发射出不同波长的共振发射线, 两条谱线同时通过原子化器,被两种不同元素的基态原子蒸气吸收,利用两套各自独立的单色器和检测器,对两路光进行分光和检测,同时给出两种元素检测结果。这类仪器一次可测两种元素,并可进行背景吸收扣除。

二、石墨炉原子化

石墨炉原子化器的优点是原子化效率高,在可调的高温下试样利用率达 100%。灵敏度高,试样用量少,适用于难熔元素的测定。不足之处是:试样组成不均匀性对测定结果影响较大,测定精密度较低;共存化合物的干扰比火焰原子化法大,背景干扰比较严重,一般都需要校正背景。

1.管式石墨炉原子化过程

管式石墨炉原子化法采用直接进样和程序升温方式对试样进行原子化。其过程包括干燥、灰化、原子化、净化 4 个阶段。

(1)干燥阶段。干燥的目的主要是除去试样中水分等溶剂,以免因溶剂存在引起试样灰化和原子化过程飞溅。干燥温度一般要高于溶剂的沸点,干燥时间取决于试样体积,一般每微升溶液干燥时间约需 1.5 s。

(2)灰化阶段。灰化的目的是尽可能除掉试样中挥发的基体和有机物或其他干扰元素。

适宜的灰化温度及时间取决于试样的基体及被测元素的性质，最高灰化温度应以待测元素不挥发损失为限。一般灰化温度为 100~1800 ℃,灰化时间为 0.5~300 s。

(3)原子化阶段。目的是使待测元素的化合物蒸气汽化,然后解离为基态原子。原子化温度随待测元素而异,原子化时间为 3~10 s。适宜的原子化温度应通过实验确定。

(4)净化阶段。当一个样品测定结束时,还需要用比原子化阶段稍高的温度加热,以除去石墨管中的残留物质,消除记忆效应,以便进行下一个试样的测定。

石墨炉的升温程序是计算机处理控制的,进样后原子化过程按程序自动进行。

2.管式炉原子化法的特点

石墨炉原子化效率远比火焰原子化法效率高,其绝对检出限可达 10^{-12}~10^{-14} g,因此绝对灵敏度也高;采用石墨炉原子化法无论是固体还是液体均可直接进样,而且样品用量少。一般液体试样为 1~100 μL,固体试样 20~40 μg。

石墨炉原子化的缺点是基体效应、化学干扰较多,测量结果的重现性较火焰法差。

课后自测

一、填空题

(1)在原子吸收分析中,为了定量地描述谱线的轮廓,习惯上引入了两个物理量,即(　　)和(　　)。

(2)影响谱线半宽度的诸因素中,对于温度在 1000~3000 K, 外界气体压力约为 101325 Pa 时,吸收线轮廓主要受(　　)、(　　)和(　　)变宽的影响。其变宽的数量级为(　　)。

(3)火焰原子吸收法与分光光度法,其共同点都是利用(　　)原理进行分析的方法,但二者有本质区别,前者是(　　),后者是(　　),所用的光源,前者是(　　),后者是(　　)。

(4)原子吸收光谱分析法的灵敏度是指得到(　　)时水溶液中元素的浓度。

(5)空心阴极灯的阳极材料一般是(　　),而阴极材料则是(　　),管内通常充有(　　)。

二、选择题

(1)下列说法哪个是错误的？(　　)

A.荧光光谱的最短波长和激发光谱的最长波长相对应

B.最长的荧光波长与最长的激发光波长相对应

C.荧光光谱与激发光波长无关

D.荧光波长永远长于激发光波长

(2)原子无规则的热运动所产生的谱线变宽称为(　　)。

A.自然变度　　B.斯塔克变宽

C.劳伦茨变宽　　D.多普勒变宽

(3)原子化器的主要作用是(　　)。

A.将试样中的待测元素转化为基态原子

B.将试样中的待测元素转化为激发态原子

C.将试样中的待测元素转化为中性分子

D.将试样中的待测元素转化为离子

(4)在原子吸收分光光度计中,目前常用的光源是(　　)。

A.火焰　　B.空心阴极灯　　C.氙灯　　D.交流电弧

(5)已知原子吸收光谱仪狭缝宽度为 0.5 mm 时,狭缝的光谱通带为 1.3 nm,所以该仪器单色器的倒线色散率为(　　)。

A.2.6 nm/mm　B. 0.38 nm/mm　C. 26 nm/mm　D. 3.8 nm/mm

三、简答题

(1)简述原子吸收分光光度法的发展历程。

(2)原子吸收分光光度计为什么要有水封装置?

(3)简述原子吸收分光光度计波长准确度检定方法。

任务二　选择分析条件

任务目标

(1)会通空气和乙炔气点火。

(2)会选择分析条件。

(3)会测定进样量。

(4)能说出乙炔钢瓶使用注意事项。

(5)能说出原子吸收分光光度计的日常维护注意事项。

任务分析

1.明晰任务流程

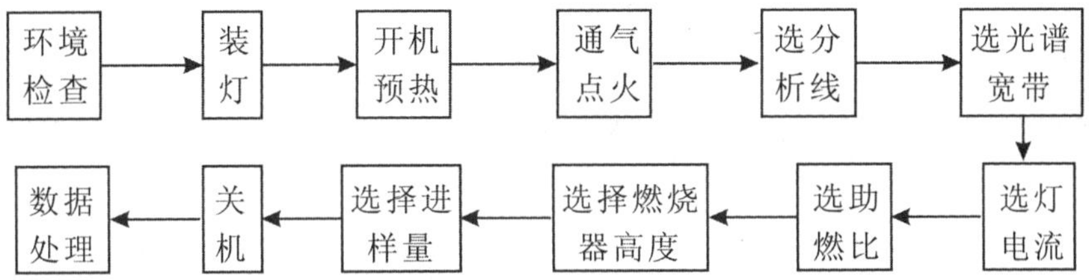

2.任务难点分析

选择分析线。

3.条件需求与准备

(1)原子吸收分光光度计使用说明书。

(2)仪器。

①原子吸收分光光度计。

②锌空心阴极灯。

(3)试剂。

①锌标准贮备溶液[$\rho_{(Zn)}$=0.500 g/L]:称取 0.500 g 金属锌($\omega \geq$99.99%)溶于 100 mL 盐酸中,然后在水浴上蒸发至近干,用少量水溶解后转入 1000 mL 容量瓶中,以纯水稀释至标线,摇匀后,贮于聚乙烯瓶中。

②锌标准使用溶液[$\rho_{(Zn)}$=0.100 mg/mL]:吸取 50.00 mL 锌标准贮备溶液于 250 mL 容量瓶中,以盐酸(1+11)稀释至标线。

③空白溶液:盐酸(1+11)。

④锌标准使用溶液[$\rho_{(Zn)}$=1.00 μg/mL]:吸取 0.50 mL 锌标准贮备溶液于 50 mL 容量瓶中,以盐酸(0.1 mol/L)稀释至标线。

相关知识

一、分析条件的选择

在进行原子吸收光谱分析时,为了获得灵敏、重现性好和准确的结果,应对测定条件进行选择。

在条件优选时可逐个进行单个因素的选择,即将其他因素固定在参考水平上,逐一改变所研究因素的条件,测定某一标准溶液的吸光度,选取吸光度大、稳定性好的条件作该因素的最佳工作条件。

选出某个分析条件的最佳值后,设置仪器的操作条件为该最佳值,然后进行下一个条件的选择。

二、分析线的选择

每种元素的基态原子都有若干条吸收线,为了提高测定的灵敏度,一般情况下应选用其最灵敏线作分析线。但如果测定元素的浓度很高,或为了消除邻近光谱线的干扰等,也可选用次灵敏线。例如,试液中铷的测定,其最灵敏的吸收线是 780.0 nm,但为了避免钠、钾的干扰,可选用 794.0 nm 次灵敏线作吸收线。又如分析高浓度试样时,为了保持工作曲线的线性范围,选次灵敏线作吸收线是有利的。但对低含量组分的测量,应尽可能选最灵敏线作分析线。若从稳定性考虑,由于空气-乙炔火焰在短波区域对光的透过性较差,噪声大,若灵敏线处于短波方向,则可以考虑选择波长较长的灵敏线。表 6-2-1 列出了常用的各元素分析线,可供参考。

表 6-2-1 原子吸收分光光度法中常用的元素分析线

（单位：nm）

元素	分析线	元素	分析线	元素	分析线
Ag	328.1，338.3	Ge	265.2，275.5	Re	346.1，346.5
Al	309.3，308.2	Hf	307.3，288.6	Sb	217.6，206.8
As	193.6，197.2	Hg	253.7	Sc	391.2，402.0
Au	242.3，267.6	In	303.9，325.6	Se	196.1，204.0
B	249.7，249.8	K	766.5，769.9	Si	251.6，250.7
Ba	553.6，455.4	La	550.1，413.7	Sn	224.6，286.3
Be	234.9	Li	670.8，323.3	Sr	460.7，407.8
Bi	223.1，222.8	Mg	285.2，279.6	Ta	271.5，277.6
Ca	422.7，239.9	Mn	279.5，403.7	Te	214.3，225.9
Cd	228.8，326.1	Mo	313.3，317.0	Ti	364.3，337.2
Ce	520.0，369.7	Na	589.0，330.3	U	351.5，358.5
Co	240.7，242.5	Nb	334.4，358.0	V	318.4，385.6
Cr	357.9，359.4	Ni	232.0，341.5	W	255.1，294.7
Cu	324.8，327.4	Os	290.9，305.9	Y	410.2，412.8
Fe	248.3，352.3	Pb	216.7，283.3	Zn	213.9，307.6
Ga	287.4，294.4	Pt	266.0，306.5	Zr	360.1，301.2

三、光谱通带宽度的选择

选择光谱通带，实际上就是选择狭缝的宽度。单色器的狭缝宽度主要是根据待测元素的谱线结构和所选的吸收线附近是否有非吸收干扰来选择的。当吸收线附近无干扰线存在时，放宽狭缝，可以增加光谱通带。若吸收线附近有干扰线存在，在保证有一定强度的情况下，应适当调窄一些，光谱通带一般在 0.5~4 nm 之间选择。

合适的狭缝宽度可以通过实验的方法确定。具体方法是：逐渐改变单色器的狭缝宽度，使检测器输出信号最强，即吸光度最大时相应的狭缝宽度。也可以利用文献资料（见表 6-2-2 中列出的一些不同元素在测定时经常选用的光谱通带）。

表 6-2-2 不同元素所选用的光谱通带

（单位：nm）

元素	共振线	通带	元素	共振线	通带
Al	309.3	0.2	Mn	279.5	0.5
Ag	328.1	0.5	Mo	313.3	0.5
As	193.7	<0.1	Na	589.0①	10
Au	242.8	2	Pb	217.0	0.7
Be	234.9	0.2	Pd	244.8	0.5
Bi	223.1	1	Pt	265.9	0.5
Ca	422.7	3	Rb	780.0	1
Cd	228.8	1	Rh	343.5	1
Co	240.7	0.1	Sb	217.6	0.2
Cr	357.9	0.1	Se	196.0	2
Cu	324.7	1	Si	251.6	0.2
Fe	248.3	0.2	Sr	460.7	2
Hg	253.7	0.2	Te	214.3	0.6
In	302.9	1	Ti	364.3	0.2
K	766.5	5	Tl	377.6	1
Li	670.9	5	Sn	286.3	1
Mg	285.2	2	Zn	213.9	5

使用 10 nm 通带时，单色器通过的是 589.0 nm 和 589.6 nm 双线。若用 4 nm 通带，测定 589.0 nm 线，灵敏度可提高。

根据仪器说明书上列出的单色器线色散率倒数,用光谱通带宽度=线色散率倒数×狭缝宽度,计算出不同的光谱通带宽度所相应的狭缝宽度。如果仪器上的狭缝不是连续可调的,而是一些固定的数值,这时应根据要求的通带选一个适当的狭缝。

四、空心阴极灯工作电流的选择

灯电流选择原则是:在保证放电稳定和有适当光强输出情况下,尽量选用低的工作电流。空心阴极灯上都标明了最大工作电流,对大多数元素,日常分析的工作电流建议采用额定电流的 40%~60%,因为这样的工作电流范围可以保证输出稳定且强度合适的锐线光。对高熔点的镍、钴、钛等空心阴极灯,工作电流可以调大些;对低熔点易溅射的铋、钾、钠、铯等空心阴极灯,使用时工作电流小些为宜。具体采用多大电流,一般要通过实验方法绘出吸光度-灯电流关系曲线,再选择有最大吸光度读数时的最小灯电流。

五、燃助比的选择

火焰的温度是影响原子化效率的基本因素。首先有足够的温度才能使试样充分分解为原子蒸气状态。但温度过高会增加原子的电离或激发,而使基态原子数减少,这对原子吸收是不利的。因此在确保待测元素能充分解离为基态原子的前提下,低温火焰比高温火焰具有更高的灵敏度。但对于某些元素,如果温度太低则试样不能解离,反而灵敏度降低,并且还会发生分子吸收,干扰可能更大。因此必须根据试样具体情况,合理选择火焰温度。火焰温度由火焰种类确定,因此应根据测定需要选择合适种类的火焰。当火焰种类选定后,要选用合适的燃气和助燃气流量比例。对于空气-乙炔焰来说,燃助比(燃气与助燃气流量比)为 1:(4~6)的火焰(称贫燃火焰),为清晰不发亮的蓝焰,燃烧高度较低,温度高,还原性气氛,仅适用于不易生成氧化物的元素,如 Ag、Cu、Fe、Co、Ni、Mg、Pb、Zn、Cd、Mn 等的测定;燃助比为(1.2~1.5):4 的火焰(称富燃火焰)发亮,燃烧高度较高,温度较低,噪声较大,且由于燃烧不完全呈强还原性气氛,因此适于易生成氧化物的元素,如 Ca、Sr、Ba、Cr、Mo 等的测定。多数元素测定使用空气-乙炔火焰的流量比在(3~4):1 之间。

最佳的流量比应通过实验来确定。实验时,以一标准溶液,在固定助燃气流量情况下,调节不同燃料气流量,测得相应吸光度,绘制吸光度-燃气流量曲线,选择吸光度最大时,需要最小的气流量。

六、燃烧器高度的选择

不同元素在火焰中形成的基态原子的最佳浓度区域高度不同，因而灵敏度也不同。因此，应选择合适的燃烧器高度使光束从原子浓度最大的区域通过。一般在燃烧器狭缝口上方 2~5 mm 附近火焰具有最大的基态原子密度，灵敏度最高，但对于不同测定元素和不同性质的火焰有所不同。最佳的燃烧器高度应通过试验选择，其方法是：先固定燃气和助燃气流量，取一固定样品，逐步改变燃烧器高度，调节零点，测定吸光度，绘制吸光度–燃烧器高度曲线图，选择最佳位置。

七、进样量的选择

试样的进样量一般在 3~6 mL/min 较为适宜。进样量过大，对火焰产生冷却效应。同时，较大雾滴进入火焰，难以完全蒸发，原子化效率下降，灵敏度低。进样量过小，由于进入火焰的溶液太少，吸收信号弱，灵敏度低，不便测量。

任务实施

活动 1 开机预热、点火、设置初始条件

1.开机前检查

根据仪器说明书要求，按表 6–2–3 逐步检查，若有非正常情况，则需要排除后方可进入后续的任务。

表 6–2–3 环境检查表

仪器要求	温度/℃		相对湿度/%	
实验室环境	温度/℃		相对湿度/%	
已装锌元素灯	正常（ ）不正常（ ）		水封	正常（ ）不正常（ ）
气路连接	正常（ ）不正常（ ）		电路连接	正常（ ）不正常（ ）

2.开机

正确安装锌空心阴极灯，然后打开计算机，打开工作站，仪器进入初始化，选择工作灯为锌灯，设置初始测量条件如表所示，波长选择 213.9 nm。

3.通气点火

气密性检查：将乙炔钢瓶的总阀打开，稍等一会，然后关闭总阀，观察乙炔钢瓶的总压力

表的表针 30 min,其压力表的压降不得超过 0.1 MPa。根据仪器说明书要求,按表 6-2-4 所示先通空气后通乙炔,选择主菜单“点火”,即可将火焰点燃。

表 6-2-4 气密性检查表

仪器要求	空气/MPa		乙炔/MPa	
调节	空气压缩机输出/MPa		乙炔钢瓶输出/MPa	
检漏	空气		乙炔	

注意事项

1.原子吸收分光光度计的使用

(1)实验前应检查排风设备是否良好,确保实验中产生的废气能排出室外,并检查排废液的管道水封是否形成。

(2)仪器点火时,先开助燃气,后开燃气;关机时先关燃气,后关助燃气。

(3)如果实验过程中突然停电或漏气,应立即关闭燃气,然后关闭空气压缩机及主机上的所有开关。

(4)处理后的样品要无颗粒物质,否则很容易把雾化器进样毛细管堵塞。如有颗粒,要过滤。

(5)每次分析工作完成后,都应用去离子水吸喷 5~10 min 进行清洗。

2.乙炔钢瓶的使用

(1)凡与乙炔接触的附件(如管路连接),严禁选用含铜量大于 70%的铜合金,以及银、锌、镉及其合金材料。

(2)移动作业时,应采用专用小车搬运,乙炔钢瓶严禁敲击、碰撞。

(3)钢瓶阀出口处必须配置专用的减压器和回火防止器;阀门旋开不超过 1.5 圈;乙炔瓶减压阀出口压力不得超过 0.15 MPa;放气流量不得超过 0.05 $m^3/(h \cdot L)$。

(4)乙炔瓶使用时,防止乙炔瓶受曝晒或受烘烤,与明火的距离不得小于 10 m,严禁用 40 ℃以上的热水或其他热源对乙炔进行加热。

(5)乙炔钢瓶使用时,必须直立,应采取措施防止倾倒;开闭乙炔瓶瓶阀的专用扳手,应始终装在阀上;暂时中断使用时,必须关闭乙炔瓶瓶阀。

(6)乙炔瓶内气体严禁用尽,必须留有不低于 0.05 MPa 的剩余压力。

(7)每次点火前都应进行气密性检查。

活动 2 选择分析线

用空白溶液调零，吸喷 0.500 g/L 锌标准溶液，通过菜单“仪器”/“光学系统”，改变分析线，分别在 213.9 nm 和 307.6 nm 下测定吸光度，填入表 6-2-5 中。

注意事项

(1)每次测定时都应该用空白溶液调零。

(2)每次改变分析线都需要进行“能量调试”操作，调整能量到 100%。

活动 3 选择光谱带宽

用空白溶液调零，吸喷 0.500 g/L 锌标准溶液，通过菜单“仪器”/“光学系统”，改变光谱带宽 0.1 nm、0.2 nm，0.4 nm、1.0 nm、2.0 nm，逐一记录相应的光谱带宽和吸光度，填入表 6-2-5 中。

注意事项

每次改变光谱带宽都需要进行“能量调试”操作，调整能量到 100%。

活动 4 选择空心阴极灯工作电流

用空白溶液调零，吸喷 0.500 g/L 锌标准溶液，通过菜单“仪器”/“光学系统”，改变灯电流，逐一记录灯电流和相应的测定吸光度，填入表 6-2-5 中。

注意事项

每次改变灯电流都需要进行“能量调试”操作，调整能量到 100%。

活动 5 选择燃助比

用空白溶液调零，吸喷 0.500 g/L 锌标准溶液，通过菜单“仪器”/“燃烧器参数”，改变燃气流量，逐一记录相应的燃气流量和吸光度，填入表 6-2-5 中。

注意事项

每次改变燃气流量都需要进行“能量调试”操作，调整能量到 100%。

活动 6 选择燃烧器高度

用空白溶液调零，吸喷 0.500 g/L 锌标准溶液，通过菜单“仪器”/“燃烧器参数”，改变燃烧器高度，逐一记录相应的燃烧器高度和吸光度，填入表 6-2-5 中。

注意事项

每次改变燃烧器高度都需要进行“能量调试”操作，调整能量到 100%。

活动 7 选择进样量

用 10 mL 量筒量取 10 mL 去离子水，将毛细管插入量筒的同时开始计时，1 min 后取出毛细管，从量筒上读取进样量，填入表 6-2-5 中。

注意事项

若需要折开雾化器调整进样量时，动作必须缓慢、仔细，避免对雾化器造成损坏！

活动 8 关机和结束工作

(1)任务完毕，先把进样管放到二次蒸馏水或去离子水中吸喷 5 min，然后取出进样管，空烧 2 min。

(2)关闭乙炔气瓶总阀，烧掉管内残留气体，让火焰自动熄灭。

(3)选择主菜单“文件”/“退出”，关闭 AAwin 系统，关闭计算机。

(4)关闭主机电源及计算机电源。

(5)断开空气压缩机电源，放掉空气压缩机的水分。

(6)关闭排风设备。

(7)关闭电源总开关。

(8)清理实验工作台，填写仪器使用记录。

活动 9 数据记录与处理

表 6-2-5 分析条件选择原始记录

<table>
<tr><td>记录编号</td><td colspan="3"></td></tr>
<tr><td>检测项目</td><td></td><td>检验日期</td><td></td></tr>
<tr><td>检验依据</td><td></td><td>判定依据</td><td></td></tr>
<tr><td>温度/℃</td><td></td><td>相对湿度/%</td><td></td></tr>
<tr><td colspan="2">检验设备(标准物质)编号</td><td></td><td></td></tr>
<tr><td colspan="4">仪器条件：
光谱带宽 ________nm　积分时间 ________s
灯电流 ________mA　燃烧器高度 ________mm
乙炔流量 ________mL/min　空气流量 ________mL/min
背景校正方式 ________</td></tr>
</table>

续表

<table>
<tr><td colspan="6">一、选择分析线</td></tr>
<tr><td>波长 λ/nm</td><td colspan="2">213.9</td><td colspan="3">307.6</td></tr>
<tr><td>A</td><td colspan="2"></td><td colspan="3"></td></tr>
<tr><td>最佳分析线</td><td colspan="5"></td></tr>
<tr><td colspan="6">二、选择光谱带宽</td></tr>
<tr><td>光谱带宽/nm</td><td></td><td></td><td></td><td></td><td></td></tr>
<tr><td>A</td><td></td><td></td><td></td><td></td><td></td></tr>
<tr><td>最佳光谱带宽/nm</td><td colspan="5"></td></tr>
<tr><td colspan="6">三、选择空心阴极灯工作电流</td></tr>
<tr><td>灯电流/mA</td><td></td><td></td><td></td><td></td><td></td></tr>
<tr><td>A</td><td></td><td></td><td></td><td></td><td></td></tr>
<tr><td>最佳灯电流/mA</td><td colspan="5"></td></tr>
<tr><td colspan="6">四、选择燃助比</td></tr>
<tr><td>燃气流量/(mL/min)</td><td></td><td></td><td></td><td></td><td></td></tr>
<tr><td>A</td><td></td><td></td><td></td><td></td><td></td></tr>
<tr><td>最佳燃气流量/(mL/min)</td><td colspan="5"></td></tr>
<tr><td colspan="6">五、选择燃烧器高度</td></tr>
<tr><td>燃烧器高度/mm</td><td></td><td></td><td></td><td></td><td></td></tr>
<tr><td>A</td><td></td><td></td><td></td><td></td><td></td></tr>
<tr><td>最佳燃烧器高度/mm</td><td colspan="5"></td></tr>
<tr><td colspan="6">六、选择进样量</td></tr>
<tr><td>进样量/(mL/min)</td><td colspan="5"></td></tr>
<tr><td>检验人</td><td colspan="2"></td><td colspan="2">复核人</td><td></td></tr>
</table>

活动 9 撰写检验报告

表 6-2-6 检验报告内容

检验项目	选择结果
分析线	
空心阴极灯工作电流	
燃助比	
燃烧器高度	
进样量	

任务评价

表 6-2-7 任务评价表

日期

评价指标	评价要素	等级评定	
		自评	教师评
溶液准备	吸取贮备液体积 定容		
开机、点火	初始条件设置 检查水封 检查漏气 气体压力设定		
吸光度测定	改变条件是否调零 吸喷溶液时溶液是否静止		
旋转雾化器	操作是否缓慢		
结果处理	最佳条件选择正确		
结束工作	燃烧器清洗 关气顺序 电源关闭 填写仪器实验记录卡		
学习方法	预习报告书写规范		
工作过程	遵守管理规范 操作过程符合现场管理规范 出勤情况		
思维状态	能发现问题、提出问题、 分析问题、解决问题		
自评反馈	按时按质完成工作任务 掌握专业知识点		
经验和建议			
总成绩			

拓展提高

石墨炉原子化器原子化条件的选择

一、载气的选择

可使用惰性气体氩或氮作载气，通常使用的是氩气。采用氮气作载气时要考虑高温原子化时产生 CN 带来的干扰。载气流量会影响灵敏度和石墨管寿命。目前大多采用内外单独供气方式，外部供气是不间断的，流量在 1~5 L/min；内部气体流量在 60~70 mL/min。在原子化期间，内气流的大小与测定元素有关，可通过试验确定。

二、冷却水

为使石墨管温度迅速降至室温，通常使用水温为 20 ℃，流量为 1~2 L/min 的冷却水（可在 20~30 s 冷却）。水温不宜过低，流速亦不可过大，以免在石墨锥体或石英窗上产生冷凝水。

三、温度的选择

温度选择一般分为干燥阶段、灰化阶段、原子化阶段和净化阶段。

（1）原子化过程中，干燥阶段的干燥条件直接影响分析结果的重现性。为了防止样品飞溅，又能保持较快的蒸干速度，干燥应在稍低于溶剂沸点的温度下进行。条件选择是否得当，可用蒸馏水或空白溶液进行检查。干燥时间可以调节，并和干燥温度相配合，一般取样 10~100 μL 时，干燥时间为 15~60 s，具体时间应通过实验确定。

（2）灰化温度和时间的选择原则是：在保证待测元素不挥发损失的条件下，尽量提高灰化温度，以去掉比待测元素化合物容易挥发的样品基体，减少背景吸收。灰化温度和灰化时间由实验确定，即在固定干燥条件，原子化程序不变情况下，通过绘制吸光度–灰化温度或吸光度–灰化时间的灰化曲线找到最佳灰化温度和灰化时间。

（3）不同原子有不同的原子化温度，原子化温度的选择原则是：选用能达到最大吸收信号的最低温度作为原子化温度，这样可以延长石墨管的使用寿命。但是原子化温度过低，除了造成峰值灵敏度降低外，重现性也会受到影响。

原子化时间与原子化温度是相配合的。一般情况是在保证完全原子化前提下，原子化时间尽可能短一些。对易形成碳化物的元素，原子化时间可以长些。

现在的石墨炉带有斜坡升温设施，它是一种连续升温设施，可用于干燥、灰化及原子化各阶段。近年来生产的石墨炉还配有最大功率附件，最大功率加热方式是以最快的速率[$(1.5\sim2.0)\times10^3$ ℃/s]加热石墨管至预先确定的原子化温度。用最大功率方式加热可提高灵敏度，并在较宽的温度范围内有原子化平台区。因此可以在较低的原子化温度下，达到最佳原子化条件，延长石墨管寿命。

（4）为了消除记忆效应，在原子化完成后，一般在 3000 ℃左右，采用空烧的方法来清洗石墨管，以除去残余的基体和待测元素，但时间宜短，否则会使石墨管寿命大大缩短。

课后自测

一、填空题

(1)点火时需要调节空气压缩机出口压强为(　　)MPa,乙炔出口压强为(　　)MPa。

(2)乙炔瓶减压阀出口压力不得超过(　　)MPa;乙炔瓶内气体严禁用尽,必须留有不低于(　　)MPa的剩余压力。

(3)在条件优选时可以进行单个因素的选择,即先将其他因素固定在参考水平上,逐一改变(　　)的条件,测定某一标准溶液的吸光度,选取(　　)、(　　)、(　　)的条件作该因素的最佳工作条件。

(4)每种元素的基态原子都有若干条吸收线,一般情况下应选用其中的(　　)作分析线。

(5)选择光谱带宽,实际上就是选择(　　)的宽度。

二、简答题

(1)简述原子吸收分光光度计开机前需要检查的项目。

(2)简述燃助比的选择方法。

任务三　解读头发中锌的检测国家标准

任务目标

(1)会查找方法检出限、精密度。

(2)会确认所需的仪器。

(3)会确认所需的试剂。

任务分析

1.明晰任务流程

阅读与查找标准 → 仪器确认 → 试剂确认 → 安全防护

2.任务难点分析

查阅相关标准。

3.条件需求与准备

(1)DB44/T 1935—2016《头发中微量元素的测定 电感耦合等离子体原子发射光谱法》标准。

(2)仪器:原子吸收分光光度计、锌空心阴极灯。

(3)试剂。

①氧化锌:分析纯。

②盐酸:优级纯。

③高氯酸:优级纯。

④硝酸:优级纯。

任务实施

活动 1 阅读标准

仔细阅读 DB44/T 1935—2016《头发中微量元素的测定 电感耦合等离子体原子发射光谱法》标准，找出本方法的适用范围、检测下限、干扰、方法原理、精密度和准确度等内容，并列出所需的标准。将查找结果填入表 6-3-1 中。

活动 2 仪器确认

依据查阅的标准，确认所需的各种仪器是否齐全，是否满足标准的要求。将确认的结果填入表 6-3-1 中。

活动 3 试剂确认

按标准要求确认所需的各种试剂种类、规格、数量是否满足要求，并确认实验室提供的纯水等级是否满足需求，填入表 6-3-1 中。

活动 4 安全防护

查找本项目实施过程中可能存在的安全隐患，并提出预防与防护措施。将查找结果填入表 6-3-1 中。

活动 5 数据记录与处理

表 6-3-1 解读检测方法的原始记录

<table>
<tr><td>记录编号</td><td colspan="3"></td></tr>
<tr><td colspan="4">一、阅读与查找标准</td></tr>
<tr><td>方法原理</td><td colspan="3"></td></tr>
<tr><td>相关标准</td><td colspan="3"></td></tr>
<tr><td>检出限</td><td colspan="3"></td></tr>
<tr><td>准确度</td><td></td><td>精密度</td><td></td></tr>
<tr><td colspan="4">二、标准内容</td></tr>
<tr><td>适用范围</td><td></td><td>限值</td><td></td></tr>
<tr><td>定量公式</td><td></td><td>性状</td><td></td></tr>
<tr><td>样品处理</td><td colspan="3"></td></tr>
<tr><td>操作步骤</td><td colspan="3"></td></tr>
</table>

续表

三、仪器确认			
所需仪器			检定有效日期
四、试剂确认			
试剂名称	纯度	库存量	有效期
五、安全防护			
确认人		复核人	

任务评价

表 6-3-2 任务评价表

日期

评价指标	评价要素	等级评定	
		自评	教师评
阅读与查找标准	标准名称 相关标准的完整性 适用范围 检验方法 方法原理 试验条件 检测主要步骤 检出限 准确度 精密度		
仪器确认	仪器种类 仪器规格 仪器精度		
试剂确认	试剂种类 试剂纯度 试剂数量		
安全	设备安全 人身安全		
总成绩			

课后自测

一、填空题

(1)原子吸收分光光度计的检定周期一般不超过(　　　)年。

(2)原子吸收分光光度法要求实验室用水应符合 GB/T 6682—2008 中(　　)级水规格。

(3)原子吸收分光光度计测定头发中锌含量的检出限是(　　　)。

(4)原子吸收分光光度计测定头发中锌含量的精密度是(　　　)。

二、简答题

(1)简述原子吸收分光光度法测定头发中锌的实验原理。

(2)试推导《DB44/T 1935—2016 头发中微量元素的测定 电感耦合等离子体原子发射光谱法》中原子吸收分光光度法的计算公式。

任务四 样品检测与数据采集

任务目标

(1)会填写原始记录表格。

(2)会配制所需溶液。

(3)会样品处理。

(4)会测定吸光度。

(5)会带质控样品。

任务分析

1.明晰任务流程

溶液配制 → 样品处理 → 标系配制 → 开机预热、点火 → 关机 → 数据处理

2.任务难点分析

样品处理。

3.条件需求与准备

(1)仪器:原子吸收分光光度计、锌空心阴极灯。

(2)试剂。

①锌标准贮备溶液[$\rho_{(Zn)}$=0.500 g/L]:称取 0.500 g 金属锌(ω≥99.99%)溶于 100 mL 盐酸中,然后在水浴上蒸发至近干,用少量水溶解后转入 1000 mL 容量瓶中,以纯水稀释至标线,摇匀后,贮于聚乙烯瓶中。

②锌标准使用溶液[$\rho_{(Zn)}$=0.100 mg/mL]:吸 50.00 mL 锌标准贮存溶液于 250 mL 容量瓶中,以盐酸(1+11)稀释至标线。

③空白溶液:盐酸(1+11)。

④锌标准使用溶液[$\rho_{(Zn)}$=1.00 μg/mL]：吸取 0.50 mL 锌标准贮备溶液于 50 mL 容量瓶中，以盐酸(0.1 mol/L)稀释至标线。

⑤盐酸：优级纯。

⑥高氯酸：优级纯。

⑦硝酸：优级纯。

任务实施

活动 1 溶液配制

表 6-4-1 所需配制溶液

溶液名称	浓度	溶剂/mL	总体积/mL
盐酸	1+11		
混合酸(硝酸+高氯酸)	3+1		
锌标准贮备溶液	0.500 g/L		1000

注意事项

(1)佩戴防酸型防毒口罩。

(2)佩戴化学防护眼镜。

(3)戴橡胶手套，穿防酸工作服和胶鞋。

(4)在通风橱中进行操作。

活动 2 样品处理

1.发样采集与准备

用不锈钢剪刀剪取发样，要贴近头皮剪并弃去发梢，取发量 1 g 左右，然后剪成 1 cm 左右长。将发样放入 100 mL 的烧杯中，用 1%的洗发精浸泡，搅拌 30 min，自来水冲洗 20 遍，蒸馏水洗 5 遍，再用去离子水洗涤 5 遍，于 85 ℃的烘箱中干燥 1 h，取出后放入干燥器中保存备用。

2.消化处理

分别称取两份上述处理过的发样 0.100 g 于两个消解瓶中，分别加入 4 mL 浓硝酸和 1 mL 30%的过氧化氢，盖上短颈漏斗，在电热板上低温加热消解，温度控制在 140~160 ℃，待冒白烟至溶液余 0.5 mL 左右(不可蒸干)取下，冷却后，加入 10 mL 水微沸数分钟至干，放冷，反复处理两次后用 1%的稀硝酸将其移入 50 mL 容量瓶中，稀释至标线，摇匀。

3.空白液的处理

取与试样处理相同量的硝酸和高氯酸,按同一操作方法做试剂空白试验。

4.记录结果

样品称量数据填入表 6-4-3 中。

活动 3 配制标准系列溶液和质控样

(1)移取 10 mL 1 mg/mL 锌标准溶液于 100 mL 容量瓶中,用蒸馏水稀释至标线,摇匀。此溶液锌的浓度 100 μg/mL。再移取 10 mL 浓度为 100 μg/mL 锌标准溶液于 100 mL 容量瓶中,用蒸馏水稀释至标线,摇匀。此溶液锌的浓度为 10.00 μg/mL。

(2) 分别移取 10.00 μg/mL 锌标准溶液 0.00 mL,1.00 mL,2.00 mL,4.00 mL,8.00 mL,10.00 mL 于 50 mL 容量瓶中,用 1%的稀硝酸溶液稀释至标线,摇匀。浓度分别为 0.000 μg/mL,0.200 μg/mL,0.400 μg/mL,0.800 μg/mL,1.600 μg/mL,2.000 μg/mL。

(3)按质控样证书的要求,配制质控样。

活动 4 开机预热、点火

1.开机前检查

检查实验室环境条件、仪器各部件、气路连接和水封。

2.开机、通气点火

打开工作站,仪器进入初始化后,选择工作灯锌灯,设置优化后的分析条件。待预热稳定后,打开空气压缩机,调节其出口压力在 0.25 MPa 左右,打开乙炔钢瓶,调节出口压力在 0.05 MPa 以上,即可点火。

活动 5 数据测定

1.能量调试

进样管吸喷纯水几分钟,选择主菜单的“能量调试”进行操作,通常单击“自动能量平衡”按钮,使能量在 95%~105%之间。

2.标准系列测定

用 1%的盐酸溶液校正背景后,按浓度从低到高的顺序,依次将各容量瓶中锌标准系列溶液导入调至最佳条件的火焰原子化器中进行测定,将结果填入表 6-4-3 中。

3.样品测定

再次用1%的盐酸溶液校正背景后,分别测定处理后的试剂空白、质控样、试样溶液,结果填入表6-4-3中。

注意事项

通常情况下,浓度从低到高的测定顺序中间可以不用校零。若仪器稳定性不够好时,则需要每测定一个溶液吸光度前均进行校零。

活动6 关机和结束工作

(1)任务完毕,先把进样管放到二次蒸馏水或去离子水中吸喷5 min,然后取出进样管,空烧2 min。

(2)关闭乙炔气瓶总阀,烧掉管内残留气,让火焰自动熄灭。

(3)选择主菜单"文件"/"退出",关闭AAwin系统,关闭计算机。

(4)关闭主机电源及计算机电源。

(5)断开空气压缩机电源,放掉空气压缩机的水分。

(6)关闭排风设备。

(7)关闭电源总开关。

(8)清理实验工作台,填写仪器使用记录。

活动7 数据记录与处理

表6-4-2 试剂准备

溶液名称	浓度	配制方法
硝酸	1%	
双氧水	30%	

表 6-4-3 头发中锌的检测原始数据记录

记录编号						
检测项目			检验日期			
检验依据			判定依据			
温度/℃			相对湿度/%			
检验设备(标准物质)编号						
仪器条件： 光谱带宽 ____________nm　　积分时间 ____________s 灯电流 ______________mA　　燃烧器高度 ____________mm 乙炔流量 ____________mL/min　　空气流量 ____________mL/min 背景校正方式 ____________						
一、标准配制						
溶液名称	浓度(μg/mL)	配制方法				
锌标准使用溶液	100					
二、标准系列溶液						
V/mL	0.00	0.10	0.20	0.40	0.80	1.60
$\rho_{(Zn)}$/(μg/mL)	0.00	0.20	0.40	0.80	1.60	2.00
A						
回归方程				相关系数		
三、样品测定						
样品编号	1			2		
$A_{样品}$						
样品溶液浓度/(μg/mL)						
$A_{样品}$						
试剂空白浓度/(μg/mL)						
样品中锌含量/(μg/g)						
四、质控样						
ρ_s/(μg/mL)			不确定度			
A		$A_{空白}$			ΔA	
$\rho_{s测}$/(μg/mL)			$\rho_{s原}$/(μg/mL)			
检验人			复核人			

任务评价

表 6-4-4 任务评价表

日期

评价指标	评价要素	等级评定	
		自评	教师评
溶液配制	配制方法 配制操作		
样品称量	天平使用 称量范围		
开机、通气、点火	初始条件设置 检查水封 检查漏气 气体压力设定		
数据测定	条件设置 测量顺序 校零检查		
结束工作	燃烧器清洗 关气顺序 电源关闭 填写仪器实验记录卡		
学习方法	预习报告书写规范		
工作过程	遵守管理规范 操作过程符合现场管理规范 出勤情况		
思维状态	能发现问题、提出问题、 分析问题、解决问题		
自评反馈	按时按质完成工作任务 掌握了专业知识点		
经验和建议			
总成绩			

拓展提高

干扰及其消除方法

原子吸收分析相对化学分析及发射光谱分析手段来说，是一种干扰较少的检测技术。原子吸收检测中的干扰可分为 4 种类型，即物理干扰、化学干扰、电离干扰和光谱干扰。明确了干扰的性质，便可以采取适当措施，消除和校正所存在的干扰。

一、物理干扰及其消除

物理干扰是试样在转移、蒸发和原子化过程中物理性质（如黏度、表面张力、密度和蒸气压等)的变化而引起原子吸收强度下降的效应。物理干扰是非选择性干扰,对试样各元素的影响基本相同。物理干扰主要发生在试液抽吸过程、雾化过程和蒸发过程中。

消除物理干扰的主要方法是配制与被测试样相似组成的标准溶液。在试样组成未知时,可以采用标准加入法或选用适当溶剂稀释试液来减少和消除物理干扰。此外,调整撞击小球位置以产生更多细雾、确定合适的抽吸量等,都能改善物理干扰对结果产生的负效应。

二、化学干扰

化学干扰是原子吸收光谱分析中的主要干扰。它是由于在样品处理及原子化过程中,待测元素的原子与干扰物质组分发生化学反应,形成更稳定的化合物,从而影响待测元素化合物的解离及其原子化,致使火焰中基态原子数目减少,而产生的干扰。例如,盐酸介质中测定Ca、Mg时,若存在PO_4^{3-}则会对测定产生干扰,这是由于PO_4^{3-}在高温时,与Ca、Mg生成高熔点、难挥发、难解离的磷酸盐或焦磷酸盐,使参与吸收的Ca、Mg的基态原子数减少而造成的。消除化学干扰的方法如下。

1.使用高温火焰

高温火焰使在较低温度火焰中稳定的化合物解离。如在空气–乙炔火焰中PO_4^{3-}对Ca的测定有干扰,Al对Mg的测定有干扰,如果使用氧化亚氮–乙炔火焰,可以提高火焰温度,这样干扰就被消除了。

2.加入释放剂

释放剂与干扰元素形成更稳定更难解离的化合物,而将待测元素从原来难解离化合物中释放出来,使之有利于原子化,从而消除干扰。例如上述PO_4^{3-}干扰Ca的测定,当加入LaCl_3后,干扰就被消除。因为PO_4^{3-}与La^{3+}生成更稳定的$LaPO_4$,而将钙从$Ca_3(PO_4)_2$中释放出来。

3.加入保护剂

保护剂可与待测元素或干扰元素反应生成稳定配合物,因而保护了待测元素,避免了干扰。例如,加入EDTA可以消除PO_4^{3-}对Ca的干扰,这是由于Ca与EDTA配位后不再与PO_4^{3-}反应。又如,加入8–羟基喹啉可以抑制Al对Mg的干扰,这是由于8–羟基喹啉与$A1^{3+}$形成螯合物$Al[C(C_9H_6)N]_3$,减少了Al的干扰。

4.加入基体改进剂

在待测试液中加入某种试剂，使基体成分转变为较易挥发的化合物，或将待测元素转变为更加稳定的化合物，以便允许较高的灰化温度和在灰化阶段更有效地除去干扰基体，这种试剂称为基体改进剂。在石墨炉原子化中加入基体改进剂可提高被测物质的灰化温度或降低其原子化温度以消除干扰。例如汞极易挥发，加入硫化物生成稳定性较高的硫化汞，灰化温度可提高到 300 ℃。测定海水中 Cu、Fe、Mn 时，加入 NH_4NO_3 使 NaCl 转化为 NH_4Cl，使其在原子化前低于 500 ℃的灰化阶段被除去。表 6-4-5 列出了部分常用的基体改进剂。

表 6-4-5 常用的基体改进剂

分析元素	基体改进剂	分析元素	基体改进剂
Ag	镍、铂、钯	Cr	磷酸二氢铵
Al	硝酸镁、氢氧化铁、硫酸铵	Fe	硝酸铵
As	镍、镁、钯	Ga	抗坏血酸
Au	Triton-100+Ni、硝酸铵	Mn	硝酸铵、EDTA、硫脲
Be	钙、硝酸镁	Pb	硝酸铵、EDTA、硫脲、磷酸二氢铵
Bi	镍、EDTA/O_2、镍、钯	Tl	钙、镁、硝酸铵、EDTA
Cd	硝酸铵、磷酸二氢铵、硫化铵、磷酸铵、氟化铵	Se	硝酸铵、镍、铜、钼、铑、高锰酸钾/重铬酸钾

5.化学分离干扰物质

若以上方法都不能有效地消除化学干扰时，可采用离子交换、沉淀分离、有机溶剂萃取等方法，将待测元素与干扰元素分离开来，然后进行测定。化学分离法中有机溶剂萃取法应用较多，因为在萃取分离干扰物质的过程中，不仅可以去掉大部分干扰物，而且可以起到浓缩被测元素的作用。在原子吸收分析中常用的萃取剂为醇、酯和酮类化合物。上述各种方法若配合使用，效果会更好。表 6-4-6 列出了部分常用的抑制干扰的试剂。

表 6-4-6 常用的抑制干扰的试剂

试剂	干扰成分	测定元素	试剂	干扰成分	测定元素
La	Al,Si,PO_4^{3-},SO_4^{2-}	Mg	NH_4Cl	Al	Na,Cr
Sr	Al,Be,Fe,Se,NO_3^-,PO_4^{3-},SO_4^{2-}	Mg,Ca,Sr	NH_4Cl	Sr,Ca,Ba,PO_4^{3-},SO_4^{2-}	Mo
			NH_4Cl	Fe,MO,W,Mn	Cr
Mg	Al,Si, PO_4^{3-},SO_4^{2-}	Ca	乙二醇	PO_4^{3-}	Ca
Ba	Al,Fe	Mg,K,Na	甘露醇	PO_4^{3-}	Ca

试剂	干扰成分	测定元素	试剂	干扰成分	测定元素
Ca	Al,F	Mg	葡萄醇	PO_4^{3-}	Ca,Sr
Sr	Al,F	Mg	水杨酸	Al	Ca
$Mg^{+}HClO_4$	Al,Si,PO_4^{3-},SO_4^{2-}	Ca	乙酰丙酮	Al	Ca
$Sr^{+}HClO_4$	Al,P,B	Ca,Mg,Ba	蔗糖	P,B	Ca,Sr
Nd,Pr	Al,P,B	Sr	EDTA	Al	Mg,Ca
Nd,Sm,Y	Al,P,B	Ca,Sr	8-羟基喹啉	Al	Mg,Ca
Fe	Si	Cu,Zn	$K_2S_2O_7$	Al,Fe,Ti	Cr
La	Al,P	Cr	Na_2SO_4	可抑制16种元素的干扰	Cr
Y	Al,B	Cr			
Ni	Al,SI	Mg	Na_2SO_4+$CuSO_4$	可抑制镁等十几种元素的干扰	
甘油,高氯酸	Al,Fe,Th,Si,B,稀土,Cr,Ti,PO_4^{3-} SO_4^{2-}	Mg,Ca,Sr,Ba			

三、电离干扰及其消除

在高温下,原子电离成离子,而使基态原子数目减少,导致测定结果偏低,此种干扰称电离干扰。电离干扰主要发生在电离势较低的碱金属和部分碱土金属中。消除电离干扰最有效的方法是在试液中加入过量比待测元素电离电位低的其他元素(通常为碱金属元素)。由于加入的元素在火焰中强烈电离,产生大量电子,而抑制了待测元素基态原子的电离。例如测定 Ba 时,适量加入钾盐可以消除 Ba 的电离干扰。一般说,加入元素的电离电位越低,所加入的量可以越少。适宜的加入量由实验确定,加入量太大会影响吸收信号。

四、光谱干扰及其消除

光谱干扰是由于分析元素的吸收线与其他吸收线或辐射不能完全分开而产生的干扰。光谱干扰包括谱线干扰和背景干扰两种,主要来源于光源和原子化器,也与共存元素有关。

(1)谱线干扰。谱线干扰有以下 3 种。

①吸收线重叠。当共存元素吸收线与待测元素吸收波长很接近时,两谱线重叠,使测定结果偏高。这时应另选其他无干扰的分析线进行测定或预先分离干扰元素。

②光谱通带内存在的非吸收线。这些非吸收线可能出自待测元素的其他共振线与非共振线,也可能是光源中所含杂质的发射线。消除这种干扰的方法是减小狭缝,使光谱通带小到可以分开这种干扰。另外也可适当减小灯电流,降低灯内干扰元素发光强度。

③原子化器内直流发射干扰。为了消除原子化器内的直流发射干扰，可以对光源进行机械调制，或者是对空心阴极灯采用脉冲供电。

(2)背景干扰。背景干扰是指在原子化过程中，由于分子吸收和光散射作用而产生的干扰。背景干扰使吸光度增加，因而导致测定结果偏高。

分子吸收是指在原子化过程中，由于燃气、助燃气等火焰气体、试液中盐类和无机酸(主要是硫酸和磷酸)等分子或自由基对入射光吸收而产生的干扰。例如，碱金属卤化物(KBr、NaCl、KI 等)在紫外光区有很强的分子吸收；硫酸、磷酸在紫外光区也有很强的吸收(盐酸、硝酸及高氯酸吸收都很小，因此原子吸收光谱法中应尽量避免使用硫酸和磷酸)。乙炔-空气、丙烷-空气等火焰在波长小于 250 nm 的紫外光区也有明显吸收。

光散射是指试液在原子化过程中形成高度分散的固体微粒，当入射光照射在这些固体微粒上时产生了散射，而不能被检测器检测，导致吸光度增大。通常入射光波长愈短，光散射作用愈强，试液基体浓度愈大，光散射作用也愈严重。

石墨炉原子化法的背景干扰比火焰原子化法严重，有时不扣除背景就无法进行测量。消除背景干扰的方法有以下几种。

①用邻近非吸收线扣除背景。先用分析线测量待测元素吸收和背景吸收的总吸光度，再在待测元素吸收线附近另选一条不被待测元素吸收的谱线(称为邻近非吸收线)测量试液的吸收度，此吸收即为背景吸收。从总吸光度中减去邻近非吸收线吸光度，就可以达到扣除背景吸收的目的。

邻近非吸收线可用同种元素的非吸收线，也可以用其他不同元素的非吸收线，选用其他不同元素的非吸收线时，样品中不得含有该种元素。邻近非吸收线波长与分析波长愈相近，背景扣除愈有效。例如，Al 的分析线为 309.3 nm，可选用 Al 的 307.3 nm 非吸收线进行背景扣除。Cr 的分析线为 357.9 nm，可用灯内 Ar 惰性气体原子发射线 358.3 nm 进行背景扣除。Mg 的分析线为 285.2 nm，可用 Cd 的 283.7 nm 进行背景扣除。

②用氘灯校正背景。先用空心阴极灯发出的锐线光通过原子化器，测量待测元素和背景吸收的总和，再用氘灯发出的连续光通过原子化器，在同一波长测出背景吸收。此时待测元素的基态原子对氘灯连续的光谱的吸收可以忽略。因此当空心阴极灯和氘灯的光束交替通过原子化器时，背景吸收的影响就可以扣除，从而进行校正。

氘灯只能校正较低的背景，而且只适于紫外光区的背景校正，可见光区的背景校正可用碘钨灯和氙灯。使用氘灯校正时，要通过调节使氘灯光斑与空心阴极灯光斑完全重叠，并调节两束入射光能量,使其相等。

③用自吸收方法校正背景。当空心阴极灯在高电流下工作时,其阴极发射的锐线会被灯内处于基态的原子吸收,使发射的锐线变宽,吸光度下降,灵敏度也下降。这种自吸收现象是客观存在的,也是无法避免的。因此可以先让空心阴极灯在低电流下工作,使锐线光通过原子化器,测得待测元素和背景吸收总和,然后使它再在高电流下工作,再通过原子化器,测得相当于背景的吸收,将两次测得的吸光度数值相减,就可以扣除背景的影响。这种方法的优点是使用同一光源,在相同波长下进行校正,校正能力强。不足之处是长期使用此法会使空心阴极灯加速老化,降低测量灵敏度。

课后自测

一、填空题

(1)通常用(　　)作质控样。

(2)原子吸收分光光度计测定标准系列的吸光度时,通常按浓度(　　)的顺序,依次测定。

(3)原子吸收检测中的干扰可分为四种类型,分别是(　　)、(　　)、(　　)和(　　)。

(4)背景干扰是指原子化过程中,由于(　　)和(　　)产生的干扰。

二、简答题

(1)在使用强腐蚀性酸碱时,常用的人身防护措施有哪些?

(2)常用的背景干扰消除方法有哪几种?

任务五　撰写检测报告

任务目标

(1)会用标准曲线法处理数据。

(2)会判断检测数据的有效性。

(3)会撰写检测报告。

(4)能会说出原子吸收分光光度计的定量依据。

任务分析

1.明晰任务流程

线性回归 → 质控判断 → 样品计算 → 撰写报告

2.任务难点分析

样品计算。

3.条件需求与准备

计算机。

相关知识

一、原子吸收与原子浓度的关系

当锐线光源强度及其他实验条件一定时，基态原子蒸气的吸光度与试液中待测元素的浓度及光程长度(火焰法中燃烧器的缝长)的乘积成正比。火焰法中 b 通常不变,因此式 6-1 可写为：

$$A=K'c \qquad (式\ 6\text{-}7)$$

式 6-7 中，K'为与实验条件有关的常数。式 6-7 即为原子吸收光谱法定量依据。

二、标准曲线法

标准曲线法简便、快速，适用于组成简单、无基体干扰的样品分析。

其方法是：按有关标准的规定，先配制一组浓度合适的标准溶液，在最佳测定条件下，由低浓度到高浓度依次测定它们的吸光度，然后以吸光度 A 为纵坐标，标准溶液浓度为横坐标，绘制吸光度-浓度($A-c$)的工作曲线，如图 6-5-1 所示。

用与绘制工作曲线相同的条件测定样品的吸光度，利用工作曲线以内插法求出被测元素的浓度。为了保证测定的准确度，测定时应注意以下几点：

(1)标准溶液与试液的基体(指溶液中除待测组分外的其他成分的总体)要相似，以消除基体效应。标准溶液浓度范围应将试液中待测元素的浓度包括在内。浓度范围大小应以获得合适的吸光度读数为准。

(2)在测量过程中要吸喷去离子水或空白溶液来校正零点漂移。

(3)由于燃气和助燃气流量变化会引起工作曲线斜率变化，因此每次分析都应重新绘制工作曲线。

(4)尽量消除试样溶液的干扰。

(5)待测元素的质量浓度应在标准曲线线性范围内，尽量选在标准曲线中部。

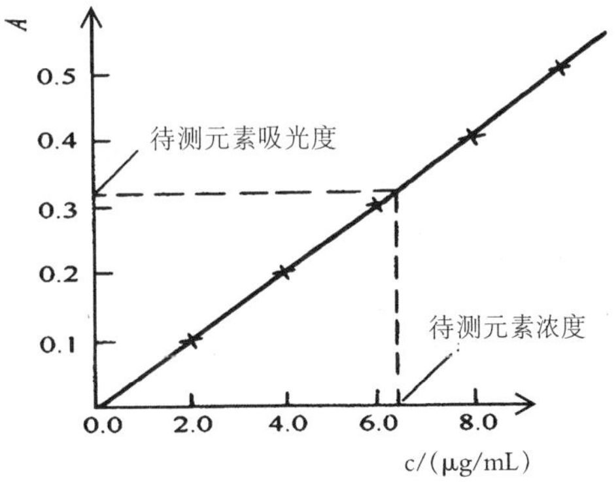

图 6-5-1 标准曲线法

任务实施

活动 1 一元线性回归

(1)计算锌标准系列中锌的质量浓度，单位采用“μg/mL”。

(2)以锌的质量浓度(作为自变量)对应吸光度值(作为因变量)，计算一元线性回归方程。

(3)将结果填入任务四的表 6-4-3。

活动 2 质控判断

(1)计算质控样的浓度。根据质控样吸光度的平均值,代入方程求出含量。

(2)将结果填入任务四的表 6-4-3 中。

(3)判定。将质控样检测结果与质控样证书比较,如果超出其不确定度范围,则本次检测无效,需要重新进行检测,若没超出其不确定度范围,则本次检测有效。

活动 3 样品计算

(1)若质控样检测结果符合要求,则根据试样的回归方程,代入试样的吸光度值,求出试样的质量浓度,然后计算原样品的质量分数。

(2)将结果填入任务四的表 6-4-3 中。

注意事项

通过回归方程求出的质量浓度是定容后用于测定吸光度的容量瓶中待测物质的质量浓度。

活动 4 撰写报告

表 6-5-1 检测报告内页

抽样地点			样品编号	
检测项目	限值	检测结果	本项结论	备注
以下空白				

注意事项

当测试或计算精度允许时,应先将获得的数值按指定的修约数位多一位或几位报出,并且标明它是经舍进或未舍进而得,以便于客户比较判定产品等级。

任务评价

表 6-5-2 任务评价表

日期

评价指标	评价要素	等级评定	
		自评	教师评
回归方程	自变量、因变量的选择 分辨斜率、截距		
质控判断	质控浓度计算 检测有效性判断		

续表

评价指标	评价要素	等级评定	
		自评	教师评
样品计算	从回归方程计算浓度 样品质量分数 计算过程 有效数字		
撰写报告	无空项 有效数字符合标准要求		
学习方法	预习报告书写规范		
工作过程	遵守管理规范 操作过程符合现场管理规范 出勤情况		
思维状态	能发现问题、提出问题、 分析问题、解决问题		
自评反馈	按时按质完成工作任务 掌握专业知识点		
经验和建议			
总成绩			

拓展提高

原子吸收测量的定量关系

一、积分吸收

原子蒸气层中的基态原子吸收共振线的全部能量称为积分吸收，它相当于图 6-1-3 吸收线轮廓下面所包围的整个面积，用数学式表示为 $\int K_v d_v$。理论证明谱线的积分吸收与基态原子数的关系为：

$$\int K_v d_v = \frac{\pi e^2}{mc} \cdot f N_0 \qquad \text{(式 6-8)}$$

式 6-8 中，e 为电子电荷；m 为电子质量；c 为光速；f 为振子强度，表示能被光源激发的每个原子的平均电子数，在一定条件下对一定元素，f 为定值；N_0 为单位体积原子蒸气中的基态原子数。

在火焰原子化法中，当火焰温度一定时，N_0 与喷雾速度、雾化效率以及试液浓度等因素有关，而当喷雾速度等实验条件恒定时，单位体积原子蒸气中的基态原子数 N_0 与试液浓度成正比，即 $N_0 \propto c$。对给定元素，在一定实验条件下，$\frac{\pi e^2}{mc}f$ 为常数。因此，

$$\int K_v d_v = kc \qquad (式 6-9)$$

式 6-9 表明，在一定实验条件下，基态原子蒸气的积分吸收与试液中待测元素的浓度成正比。因此，如果能准确测量出积分吸收就可以求出试液浓度。然而要测出宽度只有 10^{-3}~10^{-2} nm 吸收线的积分吸收，就需要采用高分辨率的单色器，这在目前的技术条件下还难以做到。所以原子吸收法无法通过测量积分吸收求出被测元素的浓度。

二、峰值吸收

1955 年 A.Walsh 以锐线光源为激发光源，用测量峰值吸收系数 K_0 方法来替代积分吸收。所谓锐线光源是指能发射出谱线半宽度很窄的($\Delta\nu$ 为 0.0005~0.002 nm)共振线的光源。峰值吸收是指基态原子蒸气对入射光中心频率线的吸收。峰值吸收的大小以峰值吸收系数 K_0 表示。

假如仅考虑原子热运动，并且吸收线的轮廓取决于多普勒变宽，则：

$$K_0 = \frac{N_0}{\Delta\nu_D} \cdot \frac{2\sqrt{\pi \ln 2}\ e^2 f}{mc} \qquad (式 6-10)$$

当温度等实验条件恒定时，对给定元素，$\frac{2\sqrt{\pi \ln 2}\ e^2 f}{\Delta\nu_D\ mc}$ 为常数，因此

$$K_0 = k'c \qquad (式 6-11)$$

式 6-11 表明，在一定实验条件下，基态原子蒸气的峰值吸收与试液中待测元素的浓度成正比。因此可以通过峰值吸收的测量进行定量分析。

三、原子吸收与原子浓度的关系

虽然峰值吸收 K_0 与试液浓度在一定条件下成正比关系，但在实际测量过程中并不是直接测量 K_0 值大小，而是通过测量基态原子蒸

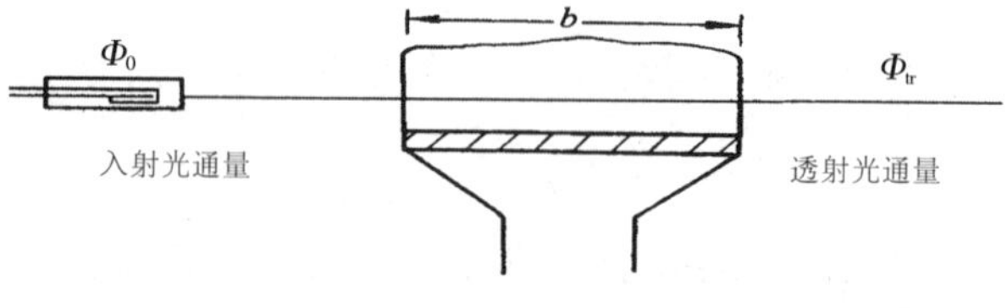

图 6-5-2 吸光度测量

气的吸光度并根据吸收定律进行定量的。

设待测元素的锐线光通量为 Φ_0，当其垂直通过光程为 b 的基态原子蒸气时，由于被试样中待测元素的基态原子蒸气吸收，光通量减小为 Φ_{tr}，如图 6-5-2 所示。

根据光吸收定律 $\frac{\Phi_{tr}}{\Phi_0}=e^{-K_0 b}$，

因此 $$A=\lg\frac{\Phi_0}{\Phi_{tr}}=K_0 b\lg e$$

即 $$A=\lg e K_0 b$$

根据上式得 $$A=\lg e k' c b \quad (式\ 6-12)$$

当实验条件一定时：$\lg e k'$ 为一常数，令 $\lg e k'=K$

则 $$A=Kcb \quad (式\ 6-13)$$

课后自测

一、填空题

(1)在原子吸收光谱分析中，要求标准溶液和试液的组成尽可能相似，且在整个分析过程中操作条件应保持不变的分析方法是(　　　　　　)。

(2)原子吸收分光光度法的定量依据是(　　　　　　　　)。

(3)采用质控样对检测进行质控判断的方法是(　　　　　　)。

(4)工作曲线法适用于(　　　　　　　　　　　　　)。

(5)撰写报告时，检测结果的有效数字应该按照(　　　　　　　)。

二、简答题

应用工作曲线法进行定量时，需要注意哪些事项？

三、计算题

采用火焰原子吸收光谱法测定钢样中铜时，吸取不同体积的 50.0 μg/mL 的铜工作标液经过一定处理程序后定容为 100 mL，得到如下检测数据，求铜含量对应吸光度的一元线性回归方程。

Vs/mL	0.00	1.00	2.00	3.00	4.00
A	0.005	0.069	0.129	0.190	0.245

参考答案

项目七 火焰原子吸收分光光度法测定化学试剂无水乙酸钠中的镁

项目导入

无水乙酸钠是白色粉末，有吸湿性，易溶于水，溶于乙醇。可用作有机合成以及摄影药品、医药、印染媒染剂、缓冲剂、化学试剂、肉类防腐、颜料等许多方面。

化学试剂无水乙酸钠有 10 余个检测指标，镁是其中之一。检测方法采用标准加入法，对深入掌握原子吸收分光光度法定量方法有很大帮助。本项目共包括三个工作任务。

解读化学试剂无水乙酸钠中镁的检测国家标准 → 样品检测与数据处理 → 撰写检测报告

参考资料

(1)GB/T 694—2015《化学试剂 无水乙酸钠》

(2)GB/T 9723—2007《化学试剂 火焰原子吸收光谱法通则》

(3)GB 11905—1989《水质 钙和镁的测定 原子吸收分光光度法》

(4)GB/T 8170—2008《数值修约规则与极限数值的表示和判定》

任务一　解读化学试剂无水乙酸钠中镁的检测国家标准

任务目标

(1)会查找方法检出限、精密度。

(2)会确认所需的仪器。

(3)会确认所需的试剂。

任务分析

1.明晰任务流程

阅读与查找标准 → 仪器确认 → 试剂确认 → 安全防护

2.任务难点分析

查阅相关标准。

3.条件需求与准备

(1)GB/T 694—2015《化学试剂 无水乙酸钠》标准。

(2)仪器:原子吸收分光光度计、镁空心阴极灯。

(3)试剂。

①盐酸:优级纯。

②氧化镁:光谱纯。

任务实施

活动1 阅读标准

仔细阅读 GB/T 694—2015《化学试剂 无水乙酸钠》标准，找出本方法的适用范围、检测下限、干扰、方法原理、精密度和准确度等内容，并列出所需的标准。将查找结果填入表 7-1-1 中。

注意事项

(1)GB/T 694—1995《化学试剂 无水乙酸钠》未列出详细的镁元素的检测方法，需根据标准中的提示查找相关标准找出检测方法。

(2)通常情况下，相关标准应该查阅当前有效版本，若当前有效版本不符合检测方法要求，则需要查找该检测方法制定时的有效版本。如 GB/T 694—1995《化学试剂 无水乙酸钠》4.3.6.2 规定镁的测定方法需要依据 GB/T 9723—1988《化学试剂 火焰原子吸收光谱法通则》中 6.2.2 的规定，但 GB/T 9723—2007《化学试剂 火焰原子吸收光谱法通则》无此规定，而查找 GB/T 9723—1988《化学试剂 火焰原子吸收光谱法通则》即可得到所需信息。

(3)有时需要查找类似检测标准查阅部分本标准缺少的信息。如 GB/T 694—2015《化学试剂 无水乙酸钠》查不到火焰原子吸收光谱法测定镁的检出限、精密度等信息，可通过查阅 GB/T 11905—1989《水质 钙和镁的测定 原子吸收分光光度法》得到。

活动2 仪器确认

依据查阅的标准，确认所需的各种仪器是否齐全，是否满足标准的要求。将确认的结果填入表 7-1-1 中。

活动3 试剂确认

按标准要求确认所需的各种试剂种类、规格、数量是否满足要求，并确认实验室提供的纯水等级是否满足需求，将确认的结果填至表 7-1-1 中。

活动4 安全防护

查找本项目实施过程中可能存在的安全隐患，并提出预防与防护措施。将查找结果填入表 7-1-1 中。

活动5 数据记录与处理

表7-1-1 阅读标准原始记录

<table>
<tr><td>记录编号</td><td colspan="3"></td></tr>
<tr><td colspan="4">一、阅读与查找标准</td></tr>
<tr><td>方法原理</td><td colspan="3"></td></tr>
<tr><td>相关标准</td><td colspan="3"></td></tr>
<tr><td>检出限</td><td colspan="3"></td></tr>
<tr><td>准确度</td><td></td><td>精密度</td><td></td></tr>
<tr><td colspan="4">二、标准内容</td></tr>
<tr><td>适用范围</td><td></td><td>限值</td><td></td></tr>
<tr><td>定量公式</td><td></td><td>性状</td><td></td></tr>
<tr><td>样品处理</td><td colspan="3"></td></tr>
<tr><td>操作步骤</td><td colspan="3"></td></tr>
<tr><td colspan="4">三、仪器确认</td></tr>
<tr><td colspan="3">所需仪器</td><td>检定有效日期</td></tr>
<tr><td colspan="3"></td><td></td></tr>
<tr><td colspan="4">四、试剂确认</td></tr>
<tr><td>试剂名称</td><td>纯度</td><td>库存量</td><td>有效期</td></tr>
<tr><td></td><td></td><td></td><td></td></tr>
<tr><td></td><td></td><td></td><td></td></tr>
<tr><td></td><td></td><td></td><td></td></tr>
<tr><td colspan="4">五、安全防护</td></tr>
<tr><td colspan="4"></td></tr>
<tr><td>确认人</td><td></td><td>复核人</td><td></td></tr>
</table>

任务评价

表7-1-2 任务评价表

日期

<table>
<tr><td rowspan="2">评价指标</td><td rowspan="2">评价要素</td><td colspan="2">等级评定</td></tr>
<tr><td>自评</td><td>教师评</td></tr>
<tr><td>阅读与查找标准</td><td>标准名称
相关标准的完整性
适用范围
检验方法
方法原理
实验条件
检测主要步骤
检出限
准确度
精密度</td><td></td><td></td></tr>
</table>

续表

评价指标	评价要素	等级评定	
		自评	教师评
仪器确认	仪器种类 仪器规格 仪器精度		
试剂确认	试剂种类 试剂纯度 试剂数量		
安全	设备安全 人身安全		
总成绩			

课后自测

一、填空题

(1)GB/T 602—2002《化学试剂 杂质测定用标准溶液的制备》规定,杂质测定用标准溶液,在常温(15~25 ℃)下,保存期一般为(　　)个月,当出现(　　)、(　　)或(　　)等现象时,应重新制备。

(2)杂质测定用标准溶液的量取体积应在(　　　)之间。

(3)通过查阅 GB/T 694—2015《化学试剂 无水乙酸钠》及相关标准可以得出,标准中测定镁时采用的仪器分析方法名称是(　　　　　),定量方法是(　　　　)。

(4)GB/T 694—2015《化学试剂 无水乙酸钠》没有给出镁标准溶液的制备方法,检测时可通过查阅(　　　　　　　)的国家标准得到。

(5)《化学试剂 火焰原子吸收光谱法通则》目前现行有效版本代号为(　　　　)。

二、简答题

(1)简述火焰原子吸收光谱法测定无水乙酸钠中镁元素的实验室原理。

(2)试推导 GB/T 694—2015《化学试剂 无水乙酸钠》中火焰原子吸收光谱法测定镁的计算公式。

任务二 样品检测与数据处理

任务目标

(1)会填写原始记录表格。

(2)会配制所需溶液。

(3)会处理样品。

(4)会测定吸光度。

(5)会处理质控样品。

任务分析

1.明晰任务流程

溶液配制 → 样品处理 → 标系配制 → 开机预热、点火 → 关机 → 数据处理

2.任务难点分析

镁工作溶液质量浓度的确定。

3.条件需求与准备

(1)仪器:原子吸收分光光度计、镁空心阴极灯。

(2)试剂。

①镁标准储备溶液[$\rho_{(Zn)}$=0.100 mg/mL]:称取 0.166 g 于 800 ℃灼烧至恒重的光谱纯氧化镁,溶于 2.5 mL 盐酸及少量水中,移入 1000 mL 容量瓶中,以纯水稀释至标线,摇匀后,贮于聚乙烯瓶中。

②盐酸:优级纯。

相关知识

标准加入法

当试样中共存物不明或基体复杂而又无法配制与试样组成相匹配的标准溶液时，使用标准加入法进行分析是合适的。标准加入法可以消除基体效应带来的影响，并在一定程度上消除化学干扰和电离干扰，但不能消除背景干扰。因此只有在扣除背景之后，才能得到待测元素的真实含量，否则将使测量结果偏高。

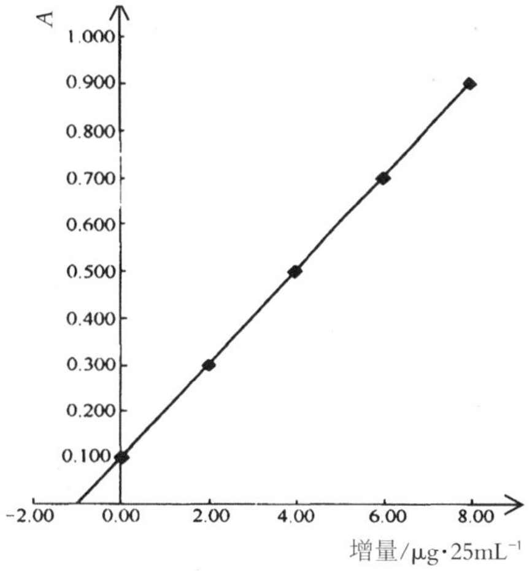

图 7-2-1 标准加入法测镁含量

标准加入法具体操作方法是：吸取试液四份以上，第一份为不加待测元素的标准溶液，第二份开始，依次按比例加入不同量待测组分标准溶液，用溶剂稀释至同一体积，以空白为参比，在相同测量条件下，分别测量各份试液的吸光度，绘出工作曲线，并将它外推至浓度轴，则在浓度轴上的截距，即为未知浓度 c_x，如图 7-2-1 所示。

使用标准曲线加入法时应注意下面几个问题。

(1)所使用的系列标准溶液浓度应符合线性要求。

(2)第二份中加入的标准溶液浓度与试样浓度应当接近(可通过试喷样品和标准溶液比较两者的吸光度来判断)，以免曲线的斜率过大或过小，给测定结果引入较大的误差。

(3)为了保证能得到较为准确的外推结果，至少要采用四个点来制作外推曲线。

任务实施

活动 1 溶液配制

配制镁标准溶液

针对待测样品乙酸钠的纯度，根据 GB/T 694—2015《化学试剂 无水乙酸钠》、GB/T 9723—2007《化学试剂 火焰原子吸收光谱法通则》、GB 11905—1989《水质 钙和镁的测定 原子吸收分光光度法》和标准加入法的要求，通过严密计算，用纯水为溶剂，配制合适质量浓度的镁标准使用溶液。将结果填入表 7-2-1 中。

例:检测优级纯无水乙酸钠,镁标准使用溶液应该配制多少为宜?(以首次加入镁标准使用溶液的体积为 10 mL 计算)

检测优级纯无水乙酸钠,GB/T 694—2015《化学试剂 无水乙酸钠》中合格标准是镁质量分数不大于 0.0005%。而标准中规定的检测方法主要稀释过程是:称取 10 g 试样,处理后定容至 100 mL,然后从中吸取 20.00 mL,最后处理后定容为 100 mL。则合格产品中,镁的质量浓度最高为:

$$\rho_x=\frac{0.0005\%\times10\ \text{g}}{100\ \text{mL}}\times\frac{20.00\ \text{mL}}{100\ \text{mL}}=1\times10^{-7}\ \text{g/mL}=0.1\ \mu\text{g/mL}$$

标准加入法要求首次加入的标准溶液应和试样溶液浓度大致相同,即 $\rho_o=\rho_x$,假设加入 10 mL,则要求镁标准使用溶液的质量浓度为:

$$\rho_s=0.1\ \mu\text{g/mL}\times\frac{100\ \text{mL}}{10\ \text{mL}}=1\ \mu\text{g/mL}$$

而由 GB 11905—1989《水质 钙和镁的测定 原子吸收分光光度法》可知,镁的检出限为 0.002 μg/mL。

因为 $20\times0.002\ \mu\text{g/mL}=0.04\ \mu\text{g/mL}<0.1\ \mu\text{g/mL}$

即加入的标准溶液浓度大于镁元素检出限的 20 倍,符合标准加入法的要求。

活动 2 样品处理及空白溶液的配制

(1)样品处理。准确称取 10 g 试样,溶于水,加 4 mL 盐酸,用纯水定容至 100 mL。

(2)空白溶液的配制。量取与试样处理相同量的盐酸,按同一操作方法配制空白溶液。

(3)将数据填入表 7-2-1 中。

活动 3 配制标准系列溶液和质控样

(1)从活动 2 样品溶液中准确吸取 4 份 20.00 mL 试样溶液于 4 只 100 mL 容量瓶中,分别加入镁标准工作溶液 0.00 mL,0.50 mL,1.00 mL,1.50 mL,以水稀释至标线,混匀。同时吸取 20.00 mL 试剂空白溶液于另一只 100 mL 容量瓶中定容,作校零用空白溶液。

(2)按质控样证书的要求,配制质控样。然后吸取相当于 20 mL 试样溶液中的镁质量(计算方法参考上例)的质控样,同试样溶液一样采用标准加入法测定。

(3)将数据填入表 7-2-1 中。

活动 4 开机预热、点火

1.开机前检查

检查实验室环境条件、仪器各部件、气路连接和水封。

2.开机、通气点火

打开工作站，仪器进入初始化后，选择工作灯锌灯，设置优化后的分析条件。待预热稳定后，打开空气压缩机，调节其出口压力在 0.25 MPa 左右，打开乙炔钢瓶，调节出口压力在 0.05 MPa 以上，即可点火。

活动 5 数据测定

1.能量调试

进样管吸喷纯水几分钟，选择主菜单的“能量调试”进行操作，通常单击“自动能量平衡”按钮，使能量在 95%~105%。

2.标准系列测定

用 1%的盐酸溶液校正背景后，按浓度从低到高的顺序，依次将各容量瓶中锌标准系列溶液导入调至最佳条件的火焰原子化器中进行测定，将结果填入表 7-2-1 中。

3.样品测定

再次用 1%盐酸溶液校正背景后，分别测定处理后的试剂空白、质控样、试样溶液，结果填入表 7-2-1 中。

活动 6 关机和结束工作

(1)任务完毕，先把进样管放到二次蒸馏水或去离子水中吸喷 5 min，然后取出进样管，空烧 2 min。

(2)关闭乙炔气瓶总阀，烧掉管内残留气，让火焰自动熄灭。

(3)选择主菜单“文件/退出”，关闭 AAwin 系统，关闭计算机。

(4)关闭主机电源及计算机电源。

(5)断开空气压缩机电源，放掉空压机的水分。

(6)关闭排风设备。

(7)关闭电源总开关。

(8)清理实验工作台,填写仪器使用记录。

活动 7 数据记录与处理

表 7-2-1 检测原始记录

<table>
<tr><td colspan="4">记录编号</td><td colspan="8"></td></tr>
<tr><td colspan="4">检测项目</td><td colspan="2"></td><td colspan="3">检验日期</td><td colspan="3"></td></tr>
<tr><td colspan="4">检验依据</td><td colspan="2"></td><td colspan="3">判定依据</td><td colspan="3"></td></tr>
<tr><td colspan="4">温度/℃</td><td colspan="2"></td><td colspan="3">相对湿度/%</td><td colspan="3"></td></tr>
<tr><td colspan="6">检验设备(标准物质)编号</td><td colspan="6"></td></tr>
<tr><td colspan="12">仪器条件:
光谱带宽 ____________nm　　积分时间 ____________s
灯电流 ______________mA　　燃烧器高度 ____________mm
乙炔流量 ____________　　空气流量 ____________
背景校正方式 ____________</td></tr>
<tr><td colspan="12">一、标准配制</td></tr>
<tr><td colspan="4">溶 液 名 称</td><td colspan="2">浓度(μg/mL)</td><td colspan="6">配制方法</td></tr>
<tr><td colspan="4">镁标准使用溶液</td><td colspan="2">100</td><td colspan="6"></td></tr>
<tr><td colspan="12">二、样品称量及标准系列溶液</td></tr>
<tr><td colspan="2">$m_{初}$/g</td><td colspan="2"></td><td colspan="2">$m_{终}$/g</td><td colspan="2"></td><td colspan="2">$m_{试样}$/g</td><td colspan="2"></td></tr>
<tr><td colspan="2">$V_{定容}$/mL</td><td colspan="4"></td><td colspan="2">$V_{吸取}$/mL</td><td colspan="4"></td></tr>
<tr><td colspan="4">V/mL</td><td colspan="2">0.00</td><td colspan="2">0.50</td><td colspan="2">1.00</td><td colspan="2">1.50</td></tr>
<tr><td colspan="4">ρ_r(Mg)/(μg/mL)</td><td colspan="2"></td><td colspan="2"></td><td colspan="2"></td><td colspan="2"></td></tr>
<tr><td colspan="4">A</td><td colspan="2"></td><td colspan="2"></td><td colspan="2"></td><td colspan="2"></td></tr>
<tr><td colspan="4">回归方程</td><td colspan="4"></td><td colspan="2">相关系数</td><td colspan="2"></td></tr>
<tr><td colspan="4">ρ_s(Mg)/(μg/mL)</td><td colspan="4"></td><td colspan="2">w/%</td><td colspan="2"></td></tr>
<tr><td colspan="12">三、质控样系列溶液</td></tr>
<tr><td colspan="2">ρ_s/(μg/mL)</td><td colspan="2"></td><td colspan="2">不确定度</td><td colspan="2"></td><td colspan="2">$V_{吸取}$/mL</td><td colspan="2"></td></tr>
<tr><td colspan="4">V/mL</td><td colspan="2">0.00</td><td colspan="2">0.50</td><td colspan="2">1.00</td><td colspan="2">1.50</td></tr>
<tr><td colspan="4">ρ_s(Mg)/(μg/mL)</td><td colspan="2"></td><td colspan="2"></td><td colspan="2"></td><td colspan="2"></td></tr>
<tr><td colspan="4">A</td><td colspan="2"></td><td colspan="2"></td><td colspan="2"></td><td colspan="2"></td></tr>
<tr><td colspan="4">回归方程</td><td colspan="4"></td><td colspan="2">相关系数</td><td colspan="2"></td></tr>
<tr><td colspan="4">$\rho_{r测}$/(μg/mL)</td><td colspan="4"></td><td colspan="2">$\rho_{s原}$/(μg/mL)</td><td colspan="2"></td></tr>
<tr><td colspan="4">检验人</td><td colspan="2"></td><td colspan="3">复核人</td><td colspan="3"></td></tr>
</table>

任务评价

表 7-2-2 任务评价表

日期

评价指标	评价要素	等级评定	
		自评	教师评
标准溶液配制	计算思路 计算结果 配制方法 配制操作		
样品称量	天平使用 称量范围		
开机、通气、点火	初始条件设置 检查水封 检查漏气 气体压力设定		
数据测量	条件设置 测量顺序 校零检查		
结束工作	燃烧器清洗 关气顺序 电源关闭 填写仪器实验记录卡		
学习方法	预习报告书写规范		
工作过程	遵守管理规范 操作过程符合现场管理规范 出勤情况		
思维状态	能发现问题、提出问题、分析问题、解决问题		
自评反馈	按时按质完成工作任务 掌握专业知识点		
经验和建议			
总成绩			

课后自测

一、填空题

(1)当试样中(　　　　　　　　　　)时,使用标准加入法进行分析是合适的。

(2)标准加入法至少应采用(　　　　　)点(包括试样溶液本身)来绘制外推关系曲线。

(3)标准加入法可以消除部分(　　　)带来的影响,并在一定程度上消除化学干扰和电离干扰,但是不能消除(　　　)干扰。

(4)标准加入法首次加入标准溶液应(　　　　　　　),但不得低于该元素检出限的(　　)倍。

二、计算题

称取镁质量分数约为0.001%的未知样10 g,溶解后定容为100 mL,从中吸取10.00 mL,用原子吸收分光光度法标准加入法定量,定容体积为100 mL。若镁的检出限为0.002 μg/mL,要求第一份加入标准使用溶液的体积为0.50 mL,求应配制的镁标准使用溶液的质量浓度。

任务三 撰写检测报告

任务目标

(1)会用标准加入法处理数据。

(2)会判断检测数据的有效性。

(3)会撰写检测报告。

任务分析

1.明晰任务流程

线性回归 → 质控判断 → 样品计算 → 撰写报告

2.任务难点分析

样品计算。

3.条件需求与准备

计算机。

任务实施

活动 1 一元线性回归

(1)计算标准系列中加入镁的质量浓度,单位采用“μg/mL”。

(2)以加入镁的质量浓度(作为自变量)对应吸光度值(作为因变量),计算一元线性回归方程。

(3)将结果填入任务二表 7-2-1 中。

活动 2 质控判断

(1)计算质控样的浓度。根据质控样吸光度的平均值,代入方程求出含量。

(2)将结果填入任务二表 7-2-1 中。

(3)判定。将质控样检测结果与质控样证书比较,如果超出其不确定度范围,则本次检测无效,需要重新进行检测,若没超出其不确定度范围,则本次检测有效。

注意事项

标准加入法工作曲线外推得到的数值,需要取绝对值才是待测组分的质量浓度。

活动 3 样品计算

(1)若质控样检测结果符合要求,则根据试样的回归方程,代入试样的吸光度值,求出试样的质量浓度,然后计算原样品的质量分数。

(2)将结果填入任务二表 7-2-1 中。

注意事项

通过回归方程求出的质量浓度是定容后用于测定吸光度的容量瓶中待测物质的质量浓度。

活动 4 撰写报告

表 7-3-1 检测报告内页

抽样地点			样品编号	
检测项目	限值	检测结果	本项结论	备注
以下空白				

注意事项

当测试或计算精度允许时,应先将获得的数值按指定的修约数位多一位或几位报出,并且标明它是经舍进或未舍进而得,以便于客户比较判定产品等级。

任务评价

表 7-3-2 任务评价表

日期

评价指标	评价要素	等级评定	
		自评	教师评
回归方程	自变量、因变量的选择 分辨斜率、截距		
质控判断	质控样浓度计算 检测有效性判断		
样品计算	从回归方程计算浓度 样品质量分数 计算过程 有效数字		
撰写报告	无空项 有效数字符合标准要求		
学习方法	预习报告书写规范		
工作过程	遵守管理规范 操作过程符合现场管理规范 出勤情况		
思维状态	能发现问题、提出问题、 分析问题、解决问题		
自评反馈	按时按质完成工作任务 掌握专业知识点		
经验和建议			
总成绩			

课后自测

(1)标准加入法的理论依据是(　　　　　　　　　　　)。

(2)标准加入法工作曲线的横坐标是(　　　　　　　　　　),纵坐标是(　　　　　)。

(3)通常情况下,可以采用(　　　　　　　　　　)作为检测工作的质控样。

(4)阅读 GB/T 694—2015《化学试剂 无水乙酸钠》后,可得出判断杂质含量是否合格,应该采用(　　　　　　　　　　)方法进行极限数值的判定。

(5)若按照 GB/T 694—2015《化学试剂 无水乙酸钠》检测分析纯无水乙酸钠得到镁的质量分数为 0.000501%,则该产品在这个指标上是(　　　　)的。

参考答案

项目八 石墨炉原子吸收分光光度法测定生活饮用水中的铅

项目导入

随着经济的发展和人口的增加，不少地区水源短缺，有的城市饮用水水源污染严重，居民生活饮用水安全受到威胁。2007 年 7 月 1 日，由中华人民共和国卫生部和国家标准化管理委员会联合发布的 GB 5749—2006《生活饮用水卫生标准》和 13 项生活饮用水卫生检验国家标准 GB/T 5750.1~5750.13—2006《生活饮用水标准检验方法》正式实施。标准中的饮用水水质指标共计 106 项。其中，铅由于其重金属毒性被列为常规指标。

在 GB/T 5750.1~5750.13—2006《生活饮用水标准检验方法》中规定了 7 种铅的检验方法，石墨炉原子吸收分光光度法是仲裁方法，位居首位，木项目以它为引子，学习石墨炉原子吸收分光光度法。本项目共包括 3 个工作任务。

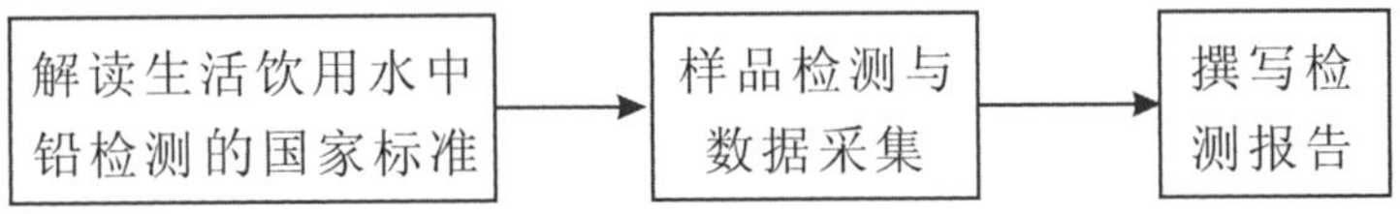

参考资料

(1)GB/T 5750.6—2006《生活饮用水标准检验方法 金属指标》

(2)GB/T 5750.2—2006《生活饮用水标准检验方法 水样的采集和保存》

(3)GB/T 9723—2007《化学试剂 火焰原子吸收光谱法通则》

(4)GB/T 5749—2006《生活饮用水卫生标准》

任务一 解读生活饮用水中铅检测国家标准

任务目标

(1)会查找方法检出限、精密度。

(2)会确认所需的仪器。

(3)会确认所需的试剂。

任务分析

1.明晰任务流程

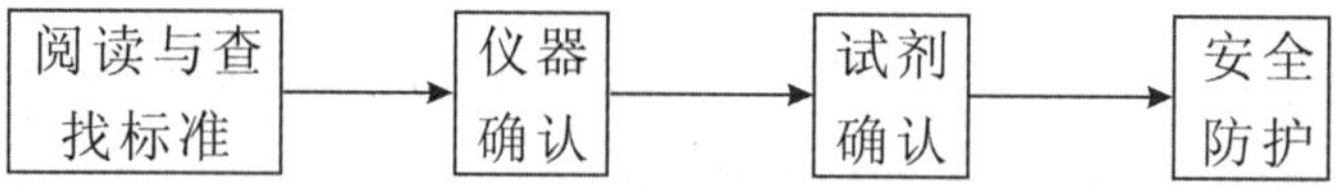

2.任务难点分析

查阅相关标准。

3.条件需求与准备

(1)GB/T 5750.6—2006《生活饮用水检验方法 金属指标》。

(2)仪器:原子吸收分光光度计、铅空心阴极灯。

(3)试剂:磷酸二氢铵、硝酸镁、硝酸、硝酸铅、纯水。

相关知识

无火焰原子化器也叫非火焰原子化器,其种类有多种,如石墨炉原子化器、氢化物发生法原子化器、冷原子化法原子化器、等离子喷焰器、阴极溅射原子化器、激光原子化器等。非火焰原子化器在市场应用最广的是管式石墨炉原子化器。

任务实施

活动1 阅读标准

仔细阅读GB/T 5750.6—2006《生活饮用水标准检验方法 金属指标》标准中“11.1 无火焰原子吸收分光光度法”，找出本方法的适用范围、检测下限、干扰、方法原理、精密度和准确度等内容，并列出所需的标准。将查找结果填入表8-1-1中。

活动2 仪器确认

依据查阅的标准，确认所需的仪器是否齐全，是否满足标准的要求。将确认的结果填入表8-1-1中。

注意事项

所有玻璃仪器，使用前均需要先用硝酸溶液(1+9)浸泡，并直接用一级水清洗。

活动3 试剂确认

按标准要求确认所需的试剂种类、规格、数量是否满足要求，并确认实验室提供的纯水等级是否满足需求，填入表8-1-1中。

活动4 安全防护

查找本项目实施过程中可能存在的安全隐患，并提出预防与防护措施。将查找结果填入表8-1-1中。

活动5 数据记录与处理

表8-1-1 解读检测方法的原始记录

<table>
<tr><td>记录编号</td><td colspan="3"></td></tr>
<tr><td colspan="4">一、阅读与查找标准</td></tr>
<tr><td>方法原理</td><td colspan="3"></td></tr>
<tr><td>相关标准</td><td colspan="3"></td></tr>
<tr><td>检出限</td><td colspan="3"></td></tr>
<tr><td>准确度</td><td></td><td>精密度</td><td></td></tr>
</table>

续表

<table>
<tr><td colspan="4">二、标准内容</td></tr>
<tr><td>适用范围</td><td></td><td>限值</td><td></td></tr>
<tr><td>定量公式</td><td></td><td>性状</td><td></td></tr>
<tr><td>样品处理</td><td colspan="3"></td></tr>
<tr><td>操作步骤</td><td colspan="3"></td></tr>
<tr><td colspan="4">三、仪器确认</td></tr>
<tr><td colspan="3">所需仪器</td><td>检定有效日期</td></tr>
<tr><td colspan="3"></td><td></td></tr>
<tr><td colspan="4">四、试剂确认</td></tr>
<tr><td>试剂名称</td><td>纯度</td><td>库存量</td><td>有效期</td></tr>
<tr><td></td><td></td><td></td><td></td></tr>
<tr><td></td><td></td><td></td><td></td></tr>
<tr><td></td><td></td><td></td><td></td></tr>
<tr><td colspan="4">五、安全防护</td></tr>
<tr><td colspan="4"></td></tr>
<tr><td>确认人</td><td></td><td>复核人</td><td></td></tr>
</table>

任务评价

表 8-1-2 任务评价表

日期

<table>
<tr><td rowspan="2">评价指标</td><td rowspan="2">评价要素</td><td colspan="2">等级评定</td></tr>
<tr><td>自评</td><td>教师评</td></tr>
<tr><td>阅读与查找标准</td><td>标准名称
相关标准的完整性
适用范围
检验方法
方法原理
试验条件
检测主要步骤
检出限
准确度
精密度</td><td></td><td></td></tr>
<tr><td>仪器确认</td><td>仪器种类
仪器规格
仪器精度</td><td></td><td></td></tr>
<tr><td>试剂确认</td><td>试剂种类
试剂纯度
试剂数量</td><td></td><td></td></tr>
<tr><td>安全</td><td>设备安全
人身安全</td><td></td><td></td></tr>
<tr><td colspan="2">总成绩</td><td></td><td></td></tr>
</table>

课后自测

(1)原子吸收分光光度计的原子化器分为两类,分别是(　　　　)和(　　　　)。

(2)非火焰原子化器在商品仪器中应用最广的是(　　　　　　　　)。

(3)管式石墨炉原子化器,使用低压(　　)V、大电流(　　)A 来加热石墨管,可升温至(　　)℃。

(4)本任务中,磷酸二氢铵、硝酸镁的作用是(　　　　　　　　)。

任务二　样品检测与数据采集

任务目标

(1)会填写原始记录表格。

(2)会配制所需溶液。

(3)会调整自动进样器位置。

(4)会更换石墨管。

(5)会处理样品。

(6)会使用质控样品。

任务分析

1.明晰任务流程

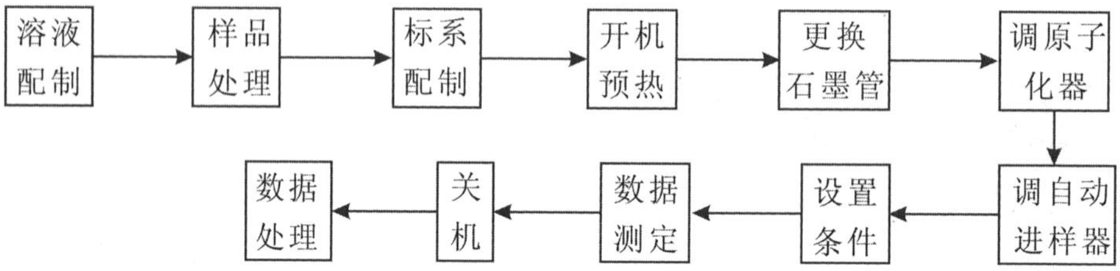

2.任务难点分析

调整石墨管和自动进样器位置。

3.条件需求与准备

(1)仪器:原子吸收分光光度计、铅空心阴极灯。

(2)试剂。

①磷酸二氢铵、硝酸镁、硝酸、硝酸铅、纯水。

②铅标准储备溶液(1.000 mg/mL):称取 0.7990 硝酸铅[$Pb(NO_3)_2$]溶于 100 mL 纯水中,加入硝酸(密度为 1.42 g/mL)1 mL,用纯水定容至 500 mL。

任务实施

活动 1 溶液配制

配制以下溶液。溶液体积根据操作步骤，按一次检测所需体积而定，将配制方法填入表 8-2-2 中。

表 8-2-1 所需配制溶液

溶液名称	浓度	溶剂
硝酸溶液	(1+99)	纯水
铅标准中间溶液	50.0 μg/mL	硝酸(1+99)
铅标准使用溶液	1.0 μg/mL	硝酸(1+99)
磷酸二氢铵溶液	120 g/L	纯水
硝酸镁溶液	50 g/L	纯水

活动 2 样品处理及空白溶液的配制

(1)根据 GB/T 5750.2—2006《生活饮用水标准检验方法 水样的采集和保存》的要求，可以在 1000 mL 原始水样中各加入 1 mL 硝酸，摇匀，存于聚乙烯瓶中，加盖。

(2)吸取 10.00 mL 水样，加入 1.0 mL 磷酸二氢铵溶液、0.10 mL 硝酸镁溶液，同时取 10 mL 硝酸溶液(1+99)，加入 1.0 mL 磷酸二氢铵溶液、0.10 mL 硝酸镁溶液作空白试剂。

(3)将配制方法填入表 8-2-2 中。

活动 3 配制标准系列溶液和质控样

(1) 吸取铅标准使用溶液 0.00 mL，0.25 mL，0.50 mL，1.00 mL，2.00 mL，3.00 mL，4.00 mL 于 7 只容量瓶中，分别加入 1.0 mL 磷酸二氢铵溶液、0.10 mL 硝酸镁溶液，用硝酸溶液(1+99)稀释至标线，摇匀。

(2)按质控证书的要求，配制质控样。然后吸取 10.00 mL 质控样，加入 1.0 mL 磷酸二氢铵溶液、0.10 mL 硝酸镁溶液。

(3)将配制方法填入表 8-2-2 中。

表 8-2-2 试剂准备

溶液名称	浓度	体积/mL	配制方法
硝酸溶液	(1+99)		
铅标准中间溶液	50.0 μg/mL		
铅标准使用溶液	1.0 μg/mL		
磷酸二氢铵溶液	120 g/L		
硝酸镁溶液	50 g/L		

活动 4 开机、预热

(1)开机前检查。检查实验室环境条件、仪器各部件、气路和水封等。

(2)安装铅空心阴极灯后开机，开机方法同火焰原子化法。

(3)转换石墨炉测量方法。

①取出石墨炉和火焰燃烧头之间的挡板，打开仪器上、下盖板。

②单击“仪器”，出现下拉菜单选择测量方法，弹出测量方法设置窗口，选择石墨炉，单击“确定”键。等待 3~4 min 石墨炉移出到光路，测量方法设置窗口消失。

(4)打开石墨炉电源，打开氩气，调节压力为 0.5 MPa；打开冷却循环水装置电源，打开循环水开关阀，观察装置上显示的水压是否正常。

(5)预热 30 min。

注意事项

在转换石墨炉之前一定要确保“取出挡板、打开仪器上下盖板”，以免损坏仪器。

活动 5 更换石墨管

(1)首先打开石墨炉电源，打开氩气。单击主菜单“仪器/更换石墨管”，仪器自动打开石墨炉锁紧装置，同时计算机提示“石墨炉体已打开”，在更换石墨管后，按“确定”键。

(2)顺时针方向旋开锁紧汽缸，向下打开前水冷电极。

(3)记录此时没有装石墨管的能量值。

(4)用镊子夹住石墨管，放入石墨锥中。调节石墨管在水平位置不挡光。保持石墨管水平，向上转动前水冷电极，压住石墨管。逆时针转回锁紧汽缸，按“确定”键，石墨炉炉体自动关闭并用氩气锁紧。观察能量值是否与装石墨管前相同，一般能量损失在 10%左右，如果相差太大，请重新安装。

(5)装好石墨管后再调节原子化器位置，使能量显示最大。

(6)单击“测量”按钮，再单击“开始”按钮使石墨炉空烧，以排出安装中的杂质(一般空烧至吸光度在0.1以下并且空白值稳定)。

注意事项

(1)在正常使用约500次后，石墨管使用寿命到期，会出现重复性不好的问题，需要更换石墨管。

(2)安装石墨管时，注意将有小孔的一面向上。

活动6 调节原子化器位置及能量

(1)单击“仪器/原子化器位置”，弹出“原子化器位置”窗口，单击两边的箭头改变数字，单击“执行”，观察工作站界面最下面状态栏中能量的百分比变化。通过反复调节使能量最大，单击“确定”键退出原子化器位置窗口，或用手调节石墨炉炉体高低，也能使能量达到最大。

(2)打开“氘灯”背景校正：单击“仪器/扣除背景方式”，选择“氘灯”。

(3)单击“应用/能量调试”，弹出“能量调试”窗口，单击“自动能量平衡”，调节能量到100%。

注意事项

(1)石墨炉法测量时，因原子化器位置的偏移，时常会造成“挡光”的情况，即元素灯的光线不能准确地穿过原子化器的中心。这时，就需要对原子化器的位置进行调整。

(2)自动能量平衡后，观察负高压是否超过700 V，如果超过需重新调节原子化器位置，或重新安装石墨管。

活动7 设置

1.设置加热程序

单击“加热”程序按钮加热，弹出“石墨炉加热程序设置”窗口，根据不同元素及参考资料设置加热程序(注：原子化步骤必须出现“√”，内气流量选择“关”)，冷却时间一般设为40~60 s(温度2000 ℃以下40 s，2000 ℃以上60 s)。

2.设置测量参数

单击“参数设置”按钮，弹出“测量参数”窗口，在“常规”窗口设置测量重复次数，一般设置2~3次即可；单击“信号处理”按钮，计算方式为“峰面积”，积分时间不用设置，滤波系数必须是 0.1，单击“确认”完成参数设置。

3.设置测量样品和标准样品

单击“样品”，进入“样品设置向导”，选择“浓度单位”，进入标准样品画面，根据所配置的标准样品设置标准样品的数目及浓度。

活动 8 数据测定

(1)标准系列测定。先空烧干净石墨管，然后单击“测量”按钮测量，用微量进样器吸入 10 μL 样品注入石墨管中，单击“开始”按钮进入石墨炉测量。等读数完成，冷却时间倒计时完成，再注入样品。依次按浓度由低到高进行测量。

(2)质控样和试样的测定与标准系列测定方法相同。

(3)将试剂准备及测定结果填入表 8-2-2 和表 8-2-3 中。

注意事项

(1)请仔细阅读微量进样器说明书，正确使用，以免损坏或造成读数不准。

(2)TAS-990 原子吸收分光光度计是用横向加热石墨管，最大进样量是 15 μL，一般进样量是 10 μL。

(3)每次进样完成后请观察进样管是否有残留的溶液，如果有残留溶液会影响测量的重复性。此时需要注意进样的方法以及及时更换被污染的进样管。

(4)在测量曲线中原子化步骤出现峰是正常现象。如果原子化以前曲线出现不规则现象请检查加热程序是否正常。

(5)每次进样完成后一定要等待石墨炉冷却后再进下一个样品，否则对石墨管的损坏更大。如果注意了以上事项，在使用 300~500 次后石墨管的使用寿命到期，会出现重复性不好的现象，请更换石墨管。

活动 9 关机和结束工作

(1)任务完毕，关闭氩气。

(2)关闭冷却水。

(3)选择主菜单“文件/退出”，关闭 AAwin 系统，关闭计算机。

(4)依次关闭石墨炉及主机电源。

(5)关闭排风设备。

(6)关闭电源总开关。

(7)清理实验工作台,填写仪器使用记录。

活动 10 数据记录与处理

表 8-2-3 生活饮用水中铅的检测原始记录

<table>
<tr><td>记录编号</td><td colspan="4"></td></tr>
<tr><td>检测项目</td><td colspan="2"></td><td>检验日期</td><td></td></tr>
<tr><td>检验依据</td><td colspan="2"></td><td>判定依据</td><td></td></tr>
<tr><td>温度/℃</td><td colspan="2"></td><td>相对湿度/%</td><td></td></tr>
<tr><td colspan="3">检验设备(标准物质)编号</td><td></td><td></td></tr>
<tr><td colspan="5">仪器条件:
光谱带宽 ________ nm 积分时间 ________ s
灯电流 ________ mA 背景校正方式 ________</td></tr>
<tr><td colspan="5">一、标准配制</td></tr>
<tr><td>溶液名称</td><td>浓度(μg/mL)</td><td colspan="3">配制方法</td></tr>
<tr><td>铅标准使用溶液</td><td>100</td><td colspan="3"></td></tr>
<tr><td colspan="5">二、标准系列溶液</td></tr>
<tr><td>V_s/mL</td><td>ρ^2(Pb)/(μg/mL)</td><td>A</td><td>$A_{背景}$</td><td>ΔA</td></tr>
<tr><td>0.00</td><td></td><td></td><td></td><td></td></tr>
<tr><td>0.25</td><td></td><td></td><td></td><td></td></tr>
<tr><td>0.50</td><td></td><td></td><td></td><td></td></tr>
<tr><td>1.00</td><td></td><td></td><td></td><td></td></tr>
<tr><td>2.00</td><td></td><td></td><td></td><td></td></tr>
<tr><td>3.00</td><td></td><td></td><td></td><td></td></tr>
<tr><td>4.00</td><td></td><td></td><td></td><td></td></tr>
<tr><td>回归方程</td><td colspan="2"></td><td>相关系数</td><td></td></tr>
<tr><td colspan="5">三、质控样系列溶液</td></tr>
<tr><td>ρ_s/(μg/mL)</td><td></td><td>不确定度</td><td></td><td>$V_{吸取}$/mL</td><td></td></tr>
<tr><td>$V_{原质控样}$/mL</td><td colspan="2"></td><td>$V_{测定时质控样}$/mL</td><td></td></tr>
<tr><td>A</td><td></td><td>$A_{背景}$</td><td></td><td>ΔA</td><td></td></tr>
<tr><td>$\rho_{r测}$/(μg/mL)</td><td colspan="2"></td><td>$\rho_{s原}$/(μg/mL)</td><td></td></tr>
<tr><td colspan="5">四、样品溶液</td></tr>
<tr><td>$V_{原水样}$/mL</td><td colspan="2"></td><td>$V_{测定时的样品}$/mL</td><td></td></tr>
<tr><td>A</td><td colspan="2"></td><td></td><td></td></tr>
<tr><td>$A_{平均值}$</td><td colspan="4"></td></tr>
<tr><td>$\rho_{x测}$(Pb)/(μg/mL)</td><td></td><td></td><td>$\rho_{x原}$(Pb)/(μg/mL)</td><td></td></tr>
<tr><td>检验人</td><td colspan="2"></td><td>复核人</td><td></td></tr>
</table>

任务评价

表 8-2-4 任务评价表

日期

评价指标	评价要素	等级评定	
		自评	教师评
标液配制	计算思路 计算结果 配制方法 配制操作		
样品配制	量器选择		
更换石墨管	石墨管小孔向上 锁紧汽缸 调节位置		
设置	原子化条件 测量参数		
数据测量	条件设置 测量顺序 校零检查		
结束工作	关闭氩气 关闭冷却水 电源关闭 填写仪器实验记录卡		
学习方法	预习报告书写规范		
工作过程	遵守管理规范 操作过程符合现场管理规范 出勤情况		
思维状态	能发现问题、提出问题、 分析问题、解决问题		
自评反馈	按时按质完成工作任务 掌握专业知识点		
经验和建议			
总成绩			

课后自测

一、填空题

(1)一般石墨炉空烧吸光度值在(　　)以下并且空烧值稳定为正常。

(2)石墨管升温程序一般有 4 个阶段,分别是(　　　)、(　　　)、(　　　)、(　　　)。

(3)调节原子化器位置参数使(　　　　)最大。

(4)石墨管升温的 4 个阶段中,一般在(　　　　　)阶段要关闭内气流量。

(5)石墨管升温的 4 个阶段中,在测量曲线上只有(　　　　　)阶段出现峰是正常的。

二、简答题

简述石墨炉保护气的作用。

任务三 撰写检测报告

任务目标

(1)会用标准曲线法处理数据。

(2)会判断检测数据的有效性。

(3)会撰写检测报告。

任务分析

1.明晰任务流程

线性回归 → 质控判断 → 样品计算 → 撰写报告

2.任务难点分析

样品计算。

3.条件需求与准备

计算机。

任务实施

活动 1 一元线性回归

(1)计算标准系列中铅的质量浓度,单位采用“ng/mL”。

(2)铅的质量浓度(作为自变量)对应吸光度值(作为因变量),计算一元线性回归方程。

(3)将结果填入任务二表 8-2-3 中。

活动 2 质控判断

(1)计算质控样的浓度。根据质控样吸光度的平均值,代入方程求出含量。

(2)将结果填入任务二表 8-2-3 中。

(3)判定。将质控样检测结果与质控样证书比较,如果超出其不确定度范围,则本次检测无效,需要重新进行检测,若没超出其不确定度范围,则本次检测有效。

活动 3 样品计算

(1)若质控样检测结果符合要求,则根据试样的回归方程,代入试样的吸光度值,求出试样的质量浓度,然后计算原样品质量分数。

(2)将结果填入任务二表 8-2-3 中。

注意事项

通过回归方程求出的质量浓度是定容后用于测定吸光度的容量瓶中待测物质的质量浓度。

活动 4 撰写报告

表 8-3-1 检测报告内页

抽样地点			样品编号	
检测项目	限值	检测结果	本项结论	备注
以下空白				

注意事项

当测试或计算精度允许时,应先将获得的数值按指定的修约数位多一位或几位报出,并且标明它是经舍进或未舍进而得,以便于客户比较判定产品等级。

任务评价

表 8-3-2 任务评价表

日期

评价指标	评价要素	等级评定	
		自评	教师评
回归方程	自变量、因变量的选择 分辨斜率、截距		
质控判断	质控浓度计算 检测有效性判断		

续表

评价指标	评价要素	等级评定	
		自评	教师评
样品计算	从回归方程计算浓度 样品质量分数 计算过程 有效数字		
撰写报告	无空项 有效数字符合标准要求		
学习方法	预习报告书写规范		
工作过程	遵守管理规范 操作过程符合现场管理规范 出勤情况		
思维状态	能发现问题、提出问题、 分析问题、解决问题		
自评反馈	按时按质完成工作任务 掌握专业知识点		
经验和建议			
总成绩			

课后自测

(1)石墨炉原子吸收光度法的特点是什么?

(2)如何解决石墨炉原子吸收分光光度法的记忆效应?

参考答案

项目九 直接电位法测定生活饮用水的pH

项目导入

电化学分析是利用物质的电化学性质测定物质成分的分析方法。它是仪器分析法的一个重要组成部分，以电导、电位、电流和电量等电化学参数与被测物质含量之间的关系作为计量的基础。

电位分析法可分成两大类：

(1)直接电位法。根据测得的某一电极的电极电位，从能斯特公式的关系中直接求出待测离子浓(活)度的方法。用玻璃电极测量溶液的 pH 值及用离子选择性电极测量待测离子的浓(活)度等都属于这一类。

(2)电位滴定法。根据滴定过程中某电极电位的变化来确定终点，然后从消耗的滴定剂体积及浓度来计算待测物质的含量。也就是说用电位法来指示滴定终点的方法。pH 是水溶液最重要的理化参数之一。凡涉及水溶液的自然现象、化学变化以及生产过程都与 pH 有关，因此，在工业、农业、医学、环保和科研领域都需要测量 pH。

水的 pH 是表示水中氢离子活度的负对数值，表示为：

$$pH=-lg[H^+]$$

本项目采用直接电位法测定生活饮用水的 pH，包括以下 4 个工作任务：

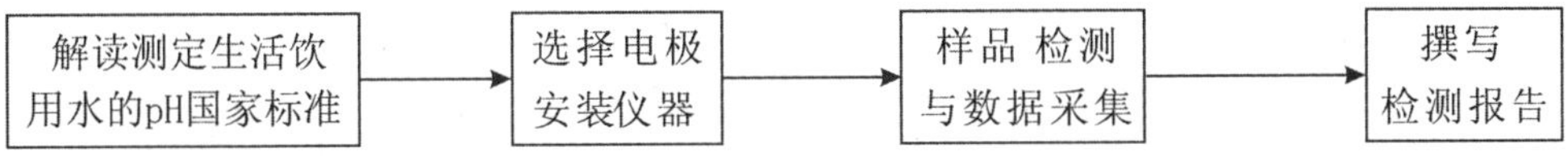

任务一 解读测定生活饮用水 pH 的国家标准

任务目标

(1)会查找分析相应检测项目的国家标准。

(2)会确认所需的仪器和配制所需试剂。

(3)会规范填写原始记录。

任务分析

1.明晰任务流程

阅读与查找质量标准 → 确定合适检测仪器 → 正确配制所需试剂 → 实验安全评估

2.任务难点分析

解读国家标准,拟订实验方案,全面准确评估实验安全性。

3.任务前准备

(1)GB/T 5750.4—2006《生活饮用水标准检验方法感官性状和物理指标》、GB/T 5749—2006《生活饮用水卫生标准》

(2)仪器:酸度计、pH 复合电极(或饱和甘汞电极、pH 玻璃电极)、温度计。

(3)试剂:硼砂、混合磷酸盐、邻苯二甲酸氢钾、广泛 pH 试纸、饮用水。

相关知识

一、电位分析法

电位分析法是电化学分析的一个重要组成部分。电化学分析是利用物质的电学及电化学性质进行分析的一类分析方法,是仪器分析的一个重要分支。

电化学分析法的特点是灵敏度、选择性和准确度都很高，适用面广。由于测定过程中得到的是电信号，因而易于实现自动化、连续化和遥控测定，尤其适用于生产过程的在线分析。

根据测量的参数不同，电化学分析法又可分电位分析法、库仑分析法、极谱分析法、电导分析法及电解分析法等，尽管在测量原理、测量对象及测量方式上都有较大差别，但它们都是在电化学反应装置上进行的，该反应装置就是化学电池。

1.化学电池

化学电池是化学能和电能进行相互转换的电化学反应器，分原电池和电解池两类。原电池能自发地将本身的化学能转变为电能，而电解池则需要外部电源供给电能，然后将电能转变为化学能。电位分析法是在原电池内进行，而库仑分析法、极谱分析法和电解分析法是在电解池内进行的。化学电池均由两支电极、容器和适当的电解质溶液组成。如Cu-Zn原电池如图9-1-1所示，电解示意图如图9-1-2所示。

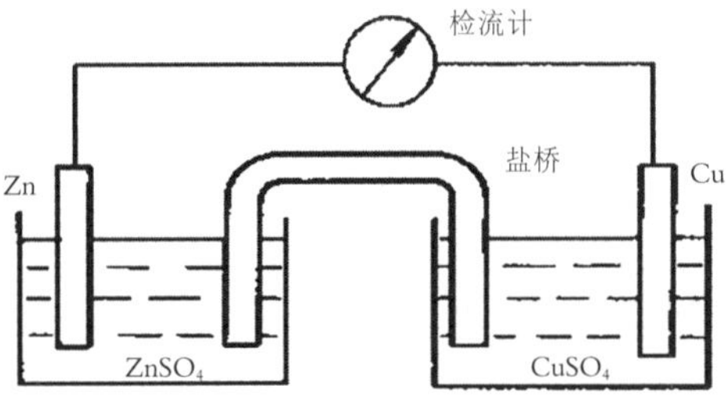

图9-1-1 Cu-Zn原电池示意图

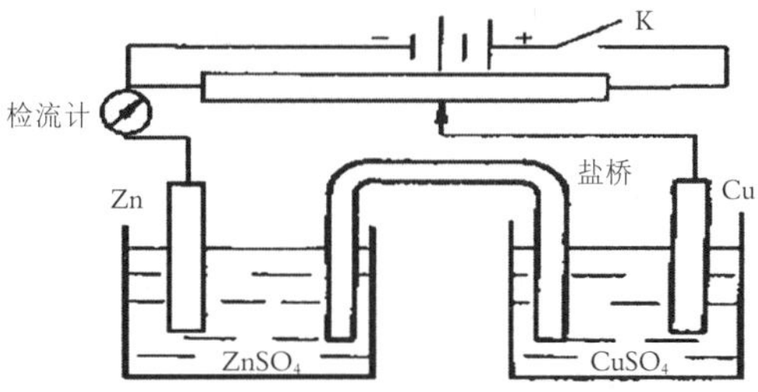

图9-1-2 Cu-Zn电解池示意图

为了使电池的描述简化，通常可以用电池表达式表示。如上述原电池可以表示为：

(−) Zn | $ZnSO_4$(x mol/L) ‖ $CuSO_4$(y mol/L) | Cu(+)　　(式9-1)

单竖线“|”表示不同相界面，双竖线“‖”表示盐桥，说明有两个接界面，双竖线两侧为两个半电池。习惯上把负极写在左边，正极写在右边。

2.电位分析法的分类和特点

电位分析法是将一支电极电位与被测物质的活(浓)度有关的电极(称指示电极)和另一支电位已知且保持恒定的电极(称参比电极)插入待测溶液中组成一个化学电池，在零电流的条件下，通过测定电池电动势，进而求得溶液中待测组分含量的方法。它包括直接电位法和电位滴定法。

直接电位法是通过测量上述化学电池的电动势，从而得知指示电极的电极电位，再通过指示电极的电极电位与溶液中被测离子活(浓)度的关系，求得被测组分含量的方法。直接电位法具有简便、快速、灵敏、应用广泛的特点，常用于溶液pH和一些离子浓度的测定，在工业连续自动分析和环境监测方面有独到之处。近年来,随着各种新型电化学传感器的出现,直接电位法的应用更加广泛。

电位滴定法是通过测量滴定过程中电池电动势的变化来确定滴定终点的分析方法。与化学分析法中的滴定分析不同的是电位滴定终点是由测量电位突跃来确定，而不是由观察指示剂颜色变化来确定。因此,电位滴定法分析结果准确度高,容易实现自动化控制,能进行连续和自动滴定,广泛应用于酸碱、氧化还原、沉淀、配位等各类滴定反应终点的确定,特别对于那些滴定突跃小、溶液有色或浑浊液的滴定,使用电位滴定可以获得理想的结果。此外,电位滴定还可以用来测定酸、碱的离解常数,配合物的稳定常数等。

二、电极电位与溶液中离子浓度的关系

将金属片(M)插入含有该金属离子 M^{n+}的溶液中,此时金属与溶液的接界面上将发生电子转移,形成双电层,产生电极电位,其电极半反应为：

$$M^{n+}+ne^- \rightleftharpoons M \quad （式 9-2）$$

电极电位 $\varphi_{M^{n+}/M}$与 M^{n+} 活度的关系,可用能斯特(Nernst)方程式表示：

$$\varphi_{M^{n+}/M}=\varphi^{\ominus}_{M^{n+}/M}+\frac{RT}{nF}\cdot \ln a_{M^{n+}} \quad （式 9-3）$$

式中,$\varphi^{\ominus}_{M^{n+}/M}$ 是标准电极电位,单位为“V”;R 为气体常数,8.3145 J/(mol·K);T 为热力学温度,单位为“K”;n 为电极反应中转移的电子数;F 为法拉第(Faraday)常数,96486.7 C/mol;$a_{M^{n+}}$为金属离子 M^{n+}的活度,单位为“mol/L”;当离子浓度很小时,可用 M^{n+}的浓度代替活度。为了便于使用,用常用对数代替自然对数。因此在温度为 25 ℃时,能斯特方程式可近似地简化成下式：

$$\varphi_{M^{n+}/M}=\varphi^{\ominus}_{M^{n+}/M}+\frac{0.0592}{n}\cdot \lg a_{M^{n+}} \quad （式 9-4）$$

由式 9-4 可以得知,如果测量出 $\varphi_{M^{n+}/M}$,那么就可以确定 M^{n+}的活度。但实际上,单支电极的电位是无法测量的，它必须用一支电极电位随待测离子活度变化而变化的指示电极和一支电极电位已知且恒定的参比电极与待测溶液组成工作电池，通过测量工作电池的电动势来获得 $\varphi_{M^{n+}/M}$ 的电位。设电池为：

$$(-)M \mid M^{n+} \parallel 参比电极(+)$$

则电动势(用 E 表示)为

$$E=\varphi(+)-\varphi(-) \quad （式 9-5）$$

式 9-5 中，$\varphi(+)$为电位较高的正极电极电位；$\varphi(-)$为电极较低的负极电极电位。所以：

$$E=\varphi_{参比}-\varphi_{M^{n+}/M}=\varphi_{参比}-\varphi^{\ominus}_{M^{n+}/M}-\frac{0.0592}{n}\cdot \lg a_{M^{n+}} \quad (式 9-6)$$

式 9-6 中 $\varphi_{参比}$和 $\varphi^{\ominus}_{M^{n+}/M}$ 在一定温度下都是常数，因此，只要测量出电池电动势，就可以求出待测离子 M^{n+}的活度，这是直接电位法的定量依据。

若 M^{n+}是被滴定的离子，在滴定过程中，电极电位 $\varphi_{M^{n+}/M}$ 将随着被滴定溶液中的 M^{n+}的活度即 $a_{M^{n+}}$的变化而变化，因此电动势 E 也随之不断变化。当滴定进行至化学计量点附近时，由于 $a_{M^{n+}}$发生突变，因而电池电动势 E 也相应发生突跃。因此通过测量 E 的变化就可以确定滴定的终点，根据标准滴定溶液消耗的体积可以计算出被测物的含量，这是电位滴定法的基本理论依据。

任务实施

活动 1 阅读与查找质量标准

根据 GB/T 5750.4—2006《生活饮用水标准检验方法 感官性状和物理指标》、GB/T 5749—2006《生活饮用水卫生标准》，拟订实验方案，找出本法适用范围、方法原理、精密度、准确度等内容。将查得的内容填入原始记录表。

注意事项

在配制标准缓冲溶液时，所用去离子水需要除二氧化碳。

活动 2 仪器确认

根据拟订的实验方案，确认仪器是否符合质量标准的要求，将确认结果填入原始记录表。

活动 3 数据记录与处理

表 9-1-1 解读检测方法的原始记录

记录编号			
一、阅读与查找标准			
方法原理			
相关标准			
检出限			
准确度		精密度	

续表

<table>
<tr><td colspan="4">二、标准内容</td></tr>
<tr><td>适用范围</td><td></td><td>限值</td><td></td></tr>
<tr><td>定量公式</td><td></td><td>性状</td><td></td></tr>
<tr><td>样品处理</td><td colspan="3"></td></tr>
<tr><td>操作步骤</td><td colspan="3"></td></tr>
<tr><td colspan="4">三、仪器确认</td></tr>
<tr><td colspan="3">所需仪器</td><td>检定有效日期</td></tr>
<tr><td colspan="3"></td><td></td></tr>
<tr><td colspan="4">四、试剂确认</td></tr>
<tr><td>试剂名称</td><td>纯度</td><td>库存量</td><td>有效期</td></tr>
<tr><td></td><td></td><td></td><td></td></tr>
<tr><td></td><td></td><td></td><td></td></tr>
<tr><td></td><td></td><td></td><td></td></tr>
<tr><td colspan="4">五、安全防护</td></tr>
<tr><td colspan="4"></td></tr>
<tr><td>确认人</td><td></td><td>复核人</td><td></td></tr>
</table>

任务评价

表 9-1-2 任务评价表

日期

<table>
<tr><td rowspan="2">评价指标</td><td rowspan="2">评价要素</td><td colspan="2">等级评定</td></tr>
<tr><td>自评</td><td>教师评</td></tr>
<tr><td>阅读与查找标准</td><td>标准名称
相关标准的完整性
适用范围
检验方法
方法原理
试验条件
检测主要步骤
检出限
准确度
精密度</td><td></td><td></td></tr>
<tr><td>仪器确认</td><td>仪器种类
仪器规格
仪器精度</td><td></td><td></td></tr>
<tr><td>试剂确认</td><td>试剂种类
试剂纯度
试剂数量</td><td></td><td></td></tr>
<tr><td>安全</td><td>设备安全
人身安全</td><td></td><td></td></tr>
<tr><td colspan="2">总成绩</td><td></td><td></td></tr>
</table>

课后自测

(1)在电位法中作指示电极,其电位应与被测离子的活(浓)度的关系是(　　)。

A.无关　　　　　　　　B.成正比

C.与被测离子活(浓)度的对数成正比　　　　D.符合能斯特方程

(2)请解释下列名词或术语。

电化学分析法、电位分析法、直接电位法、电位滴定法

(3)298 K 时将 Ag 电极浸入浓度为 1×10^{-3} mol/L $AgNO_3$ 溶液中，计算该银电极的电极电位。若银电极的电极电位为 0.500 V,则 $AgNO_3$ 溶液的浓度为多少?

任务二 选择电极安装仪器

任务目标

(1)能认识 pH 复合电极、饱和甘汞电极、玻璃电极。

(2)会安装酸度计。

(3)会检测电极好坏。

(4)会对酸度计及电极做维护保养。

(5)能用能斯特方程解释影响电极电位的因素。

任务分析

1.明晰任务流程

认识酸度计 → 阅读仪器说明书 → 安装维护电极

2.任务难点分析

(1)阅读说明书,熟练使用仪器。

(2)正确对仪器进行维护保养。

3.任务前准备

仪器:酸度计、电极、仪器及电极说明书。

相关知识

参比电极和指示电极

1.参比电极

参比电极是用来提供标准电极电位的电极。对参比电极的主要要求是:电极的电位值已知且恒定,受外界影响小,对温度或浓度没有滞后现象,具备良好的重现性和稳定性。电位分析法中最常用的参比电极是甘汞电极和银-氯化银电极，尤其是饱和甘汞电极（SCE）。

（1）甘汞电极。

①电极组成和结构。甘汞电极由纯汞、Hg_2Cl_2−Hg 混合物和 KCl 溶液组成。其结构如图 9-2-1 所示。

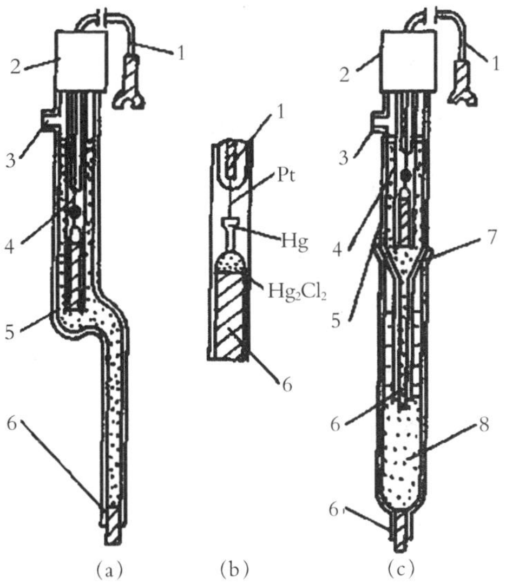

（a）单盐桥型；（b）电极内部结构；（c）双盐桥型
1-导线；2-绝缘帽；3-加液口；4-内电极；5-饱和 KCl 溶液；6-多孔性物质；7-可卸盐桥磨口套管；8-盐桥内充液

图 9-2-1 甘汞电极

甘汞电极有两个玻璃套管，内套管封接一根铂丝，铂丝插入纯汞中，汞下装有甘汞和汞（Hg_2Cl_2−Hg）的糊状物；外套管装入 KCl 溶液，电极下端与待测溶液接触处是熔接陶瓷芯或玻璃砂芯等多孔物质。

②甘汞电极的电极反应和电极电位。甘汞电极的半电池为 Hg，Hg_2Cl_2（固）‖ KCl（液）

电极反应为：$Hg_2Cl_2+2e^- \rightleftharpoons 2Hg+2Cl^-$

25 ℃时电极电位为：

$$\varphi_{Hg_2Cl_2/Hg}=\varphi^{\ominus}_{Hg_2Cl_2/Hg}-\frac{0.0592}{2}\lg a_{2Cl^-}=\varphi^{\ominus}_{Hg_2Cl_2/Hg}-0.0592\lg a_{Cl^-} \quad （式 9-7）$$

可见，在一定温度下，甘汞电极的电位取决于 KCl 溶液的浓度，当 Cl^-活度一定时，其电位值是一定的。表 9-2-1 给出了不同浓度的 KCl 溶液制得的甘汞电极的电位值。

由于 KCl 的溶解度随温度而变化，电极电位与温度有关。因此，只要内充 KCl 溶液浓度、温度一定，其电位值就保持恒定。

电位分析法最常用的甘汞电极的 KCl 溶液为饱和溶液，因此，称为饱和甘汞电极（SCE）。

表 9-2-1 25 ℃时甘汞电极的电极电位

名称	KCl 溶液浓度/（mol/L）	电极电位/V
饱和甘汞电极（SCE）	饱和溶液	0.2438
标准甘汞电极（NCE）	1.0	0.2828
0.1 mol/L 甘汞电极	0.10	0.3365

③ 饱和甘汞电极的使用。在使用饱和甘汞电极时，需要注意以下几个问题。

A. 使用前应先取下电极下端口和上侧加液口的小胶帽，不用时戴上。

B. 电极内饱和 KCl 溶液的液位应保持足够的高度（以浸没内电极为度），不足时要补加。为了保证内参比溶液是饱和溶液，电极下端要保持有少量 KCl 晶体存在，否则必须由上加液口补加少量 KCl 晶体。

C. 使用前应检查玻璃弯管处是否有气泡，若有气泡应及时排除掉，否则将引起电路断路或仪器读数不稳定。

D. 使用前要检查电极下端陶瓷芯毛细管是否畅通。检查方法是：先将电极外部擦干，然后用滤纸紧贴瓷芯下端片刻，若滤纸上出现湿印，则证明毛细管未堵塞。

E. 安装电极时，电极应垂直置于溶液中，内参比溶液的液面应较待测溶液的液面高，以防止待测溶液向电极内渗透。

F. 饱和甘汞电极在温度改变时常显示滞后效应（如温度改变 8 ℃时，3 h 后电极电位仍偏离平衡电位 0.2~0.3 mV）。因此，不宜在温度变化太大的环境中使用。但若使用双盐桥型电极，加置盐桥可减小温度滞后效应所引起的电位漂移。饱和甘汞电极在 80 ℃以上时，电位值不稳定，此时应改用银-氯化银电极。

G. 当待测溶液中含有 Ag^+、S^{2-}、Cl^-及高氯酸等物质时，应加置 KNO_3 盐桥。

(2)银-氯化银电极。

① 电极的组成和结构。将表面镀有 AgCl 层的金属银丝，浸入一定浓度的 KCl 溶液中，即构成银-氯化银电极，其结构如图 9-2-2 所示。

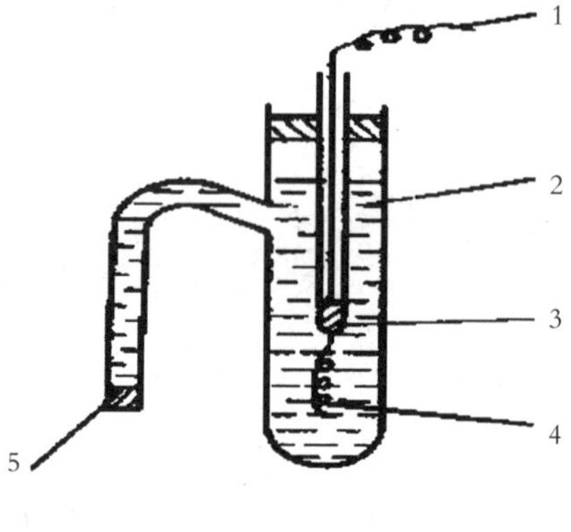

1-导线；2-KCl 溶液；3-Hg；4-镀氯化银的银丝；5-多孔物质

图 9-2-2 银-氯化银电极

② 银-氯化银电极的电极反应和电极电位。银-氯化银电极的半电池为：

Ag，AgCl(固)｜KCl(液)

电极反应为：

$$AgCl+e^- \rightleftharpoons Ag+Cl^-$$

25 ℃时电极电位为：

$$\varphi_{AgCl/Ag}=\varphi^{\ominus}_{AgCl/Ag}-0.0592\lg a_{Cl^-} \qquad (式 9-8)$$

可见，在一定温度下银-氯化银电极的电极电位同样取决于 KCl 溶液中 Cl^-的活度。25 ℃时，不同浓度 KCl 溶液的银-氯化银电极的电极电位如表 9-2-2 所示。

③ 银–氯化银电极的使用。银–氯化银电极常在 pH 玻璃电极和其他各种离子选择性电极中作内参比电极。银–氯化银电极不像甘汞电极那样有较大的温度滞后效应，它制备简单、电位稳定，甚至在高达 275 ℃的温度下仍能使用，而且有足够的稳定性，因此可在高温下替代甘汞电极。

表 9–2–2 25 ℃时银–氯化银电极的电极电位

名称	KCl 溶液浓度/(mol/L)	电极电位/V
饱和银–氯化银电极	饱和溶液	0.200 0
标准银–氯化银电极	1.0	0.222 3
0.1 mol/L 银–氯化银电极	0.10	0.288 0

银–氯化银电极用作外参比电极使用时，使用前必须除去电极内的气泡。内参比溶液应有足够高度，否则应添加 KCl 溶液。应该指出，银–氯化银电极所用的 KCl 溶液必须事先用 AgCl 饱和，否则会使电极上的 AgCl 溶解，因为 AgCl 在 KCl 溶液中有一定溶解度。

2.指示电极

电位分析法中，电极电位随溶液中待测离子活(浓)度的变化而变化，并指示出待测离子活(浓)度的电极称为指示电极。

常用的指示电极有金属基电极和离子选择性电极两大类。

(1)金属基电极。金属基电极是以金属为基体的电极，其特点是：它们的电极电位主要来源于电极表面的氧化还原反应，所以在电极反应过程中都发生电子交换。最常用的金属基电极有以下几种。

① 金属–金属离子电极。这类电极又称活性金属电极或第一类电极。它是由能发生可逆氧化反应的金属插入含有该金属离子的溶液中构成。例如将金属银丝浸在 $AgNO_3$ 溶液中构成的电极，其电极反应为：

$AgCl+e^- \rightleftharpoons Ag$

25 ℃时的电极电位为：

$$\varphi_{Ag^+/Ag}=\varphi^{\ominus}_{Ag^+/Ag}+0.0592\lg a_{Ag^+} \qquad (式 9-9)$$

可见电极反应与 Ag^+的活度有关，因此这种电极不但可用于测定 Ag^+的活度，而且可用于滴定过程中，由于沉淀或配位等反应而引起的 Ag^+活度变化的电位滴定。

组成这类电极的金属有银、铜、镉、锌、汞等，铁、钴、镍等金属不能构成这种电极。金属电极使用前应对金属表面做彻底清洗。清洗方法是先用细砂纸(金相砂纸)打磨金属表面，然后再分别用自来水和蒸馏水清洗干净。

② 金属–金属难溶盐电极。金属–金属难溶盐电极又称第二类电极。它由金属、该金属难溶盐和难溶盐的阴离子溶液组成。如前所述的甘汞电极和银–氯化银电极都属于这类电极，其电极电位随所在溶液中的难溶盐阴离子活度变化而变化。例如银–氯化银电极可用来测定氯离子活度。由于这类电极具有制作容易、电位稳定、重现性好等优点，所以主要用作参比电极。

③ 惰性金属电极。惰性金属电极是由铂、金等惰性金属(或石墨)插入含有氧化还原电对(如 Fe^{3+}/Fe^{2+}，Ce^{4+}/Ce^{3+}，I_3^-/I^-等)物质的溶液中构成的。例如铂片插入含 Fe^{3+}和 Fe^{2+}的溶液中组成的电极，其电极组成表示为 $Pt \mid Fe^{3+}, Fe^{2+}$。

电极反应为：

$$Fe^{3+}+e^- \rightleftharpoons Fe^{2+}$$

25 ℃时电极电位：

$$\varphi_{Fe^{3+}/Fe^{2+}}=\varphi^{\ominus}_{Fe^{3+}/Fe^{2+}}+0.0592\lg\frac{a_{Fe^{3+}}}{a_{Fe^{2+}}} \qquad (式\ 9-10)$$

由式 9–10 可见，这类电极的电位能指示出溶液中氧化态和还原态离子活度之比。但是，惰性金属本身并不参与电极反应，它仅提供交换电子的场所。

铂电极使用前，先要在 $\omega(HNO_3)$=10%的硝酸溶液中浸泡数分钟，然后清洗干净后再用。

(2)pH 玻璃电极。① pH 玻璃电极的构造。pH 玻璃电极是测定溶液 pH 的一种常用指示电极，其结构如图 9–2–3 所示。它的下端是一个由特殊玻璃制成的球形玻璃薄膜。膜厚 0.08~0.1 mm，膜内密封以 0.1 mol/L HCl 内参比溶液，在内参比溶液中插入银–氯化银作内参比电极。由于玻璃电极的内阻很高，所以电极引出线和连接导线要求高度绝缘，并采用金属屏蔽线，防止漏电和周围交变电场及静电感应的影响。pH 玻璃电极之所以能测定溶液 pH，是由于玻璃膜与试液接触时会产生与待测溶液pH 有关的膜电位。

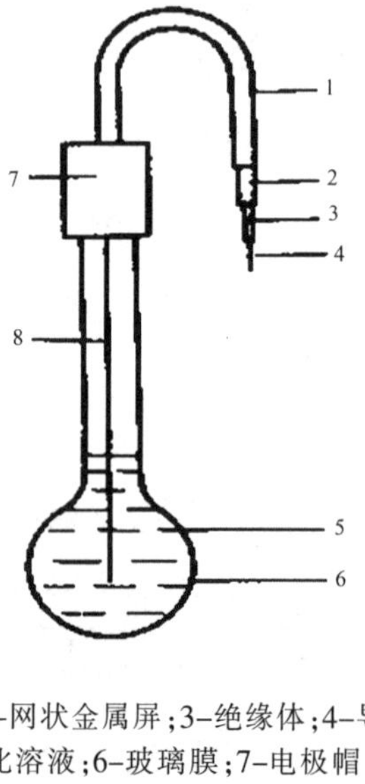

1–外套管；2–网状金属屏；3–绝缘体；4–导线；5–内参比溶液；6–玻璃膜；7–电极帽；8–银–氯化银内参比电极

图 9–2–3 玻璃电极的结构示意图

② 膜电位。pH 玻璃电极的玻璃膜由 SiO_2、Na_2O 和 CaO 熔融制成。当电极浸入溶液中时，玻璃外表面吸收水产生溶胀，形成很薄的水合硅

胶层，如图 9-2-4 所示。水合硅胶层只容许 H^+扩散进入玻璃结构的空隙并与 Na^+发生交换反应。当玻璃电极外膜与待测溶液接触时，由于水合硅胶层表面与溶液中的 H^+活度不同，H^+便从活度大的相朝活度小的相迁移。这就改变了水合硅胶层和溶液两相界面的电荷分布，产生了外相界电位。玻璃电极内膜与内参比溶液同样也产生内相界电位。

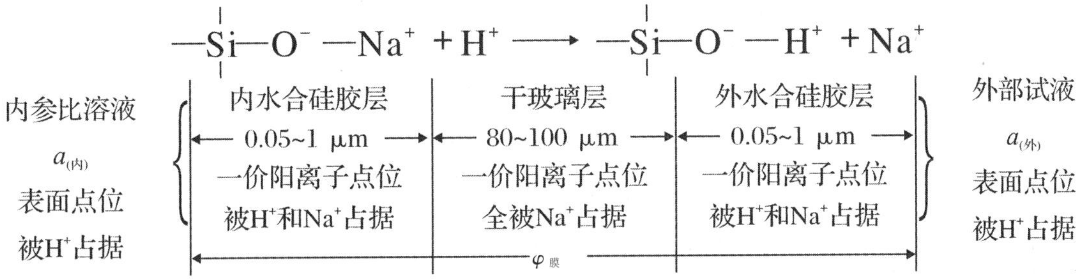

图 9-2-4 pH 玻璃电极膜电位形成示意图

可见，玻璃电极两侧的相界电位的产生不是由于电子得失，而是 H^+在溶液和玻璃水化层界面之间转移的结果。根据热力学推导，25 ℃时，玻璃电极内外膜电位可表示为：

$$\varphi_{膜}=\varphi_{外}-\varphi_{内}=0.0592\ \lg a_{H^+(外)}/a_{H^+(内)} \qquad (式 9-11)$$

式中，$\varphi_{外}$为外膜电位，单位为“V”；$\varphi_{内}$为内膜电位，单位为“V”；$a_{H+(外)}$为外部待测溶液 H^+的活度；$a_{H^+(内)}$为内参比溶液 H^+的活度。由于内参比溶液的 H^+活度 $a_{H^+(内)}$恒定，因此，25 ℃时式 9-12 可表示为：

$$\varphi_{膜}=K'+0.0592\lg a_{H^+(外)}=K'-0.0592\mathrm{pH}_{外} \qquad (式 9-12)$$

式中 K' 由坡璃膜电极本身的性质决定，对于某一确定的玻璃电极，其 K'是一个常数。由式 9-12 可以看出，在一定温度下，玻璃电极的膜电位与外部溶液的 pH 成线性关系。

从以上分析可以看到，pH 玻璃电极膜电位是由于玻璃膜上的 Na^+与水溶液中的 H^+以及玻璃水化层中 H^+与溶液中 H^+之间交换和扩散的结果。

③玻璃电极的不对称电位。根据式 9-11，当玻璃膜内、外溶液 H^+活度相同时，$\varphi_{膜}$应为零，但实际上测量表明此时 $\varphi_{膜}$不为零，玻璃膜两侧仍存在几毫伏到几十毫伏的电位差，这是由于玻璃膜内、外结构和表面张力性质的微小差异而产生的，称为玻璃电极的不对称电位 $\varphi_{不}$。当玻璃电极在水溶液中长时间浸泡后，可使 $\varphi_{不}$达到恒定值，合并于式 9-12 的常数K'中。因此，玻璃电极在使用前应在蒸馏水中浸泡 24 h 以上。

④ 玻璃电极的电极电位。玻璃电极具有内参比电极，通常用 Ag-AgCl 电极，其电位是恒定的，与待测 pH 无关。所以玻璃电极的电极电位应是内参比电极电位和膜电位之和：

$$\varphi_{玻璃}=\varphi_{AgCl/Ag}+\varphi_{膜}=\varphi_{AgCl/Ag}+K'-0.0592pH_{外}$$

$$\varphi_{玻璃}=K_{玻}-0.0592pH_{外} \qquad (式 9-13)$$

式 9-13 中，$K_{玻}=\varphi_{AgCl/Ag}+K'$，可见，当温度等实验条件一定时，pH 玻璃电极的电极电位与试液的 pH 成线性关系。

⑤ pH 玻璃电极的特点和使用注意事项。使用 pH 玻璃电极测定溶液 pH 的优点是不受溶液中氧化剂或还原剂的影响，玻璃膜不易因杂质的作用而中毒，能在胶体溶液和有色溶液中应用。缺点是本身具有很高的电阻，必须辅以电子放大装置才能测定，其电阻又随温度而变化，一般只能在 5~60 ℃条件下使用。

在测定酸度过高（pH<1）和碱度过高（pH>9）的溶液时，其电位响应会偏离线性，产生 pH 测定误差。在酸度过高的溶液中测得的 pH 偏高，这种误差称为“酸差”。在碱度过高的溶液中，由于 a_{H^+} 太小，其他阳离子在溶液和界面间可能进行交换而使得 pH 偏低，尤其是 Na^+ 的干扰较显著，这种误差称为“碱差”或“钠差”。现在商品 pH 玻璃电极中，231 型玻璃电极在 pH>13 时才发生较显著碱差，其使用 pH 范围是 1~13；221 型玻璃电极使用 pH 范围为 1~10。因此，应根据被测溶液具体情况选择合适型号的 pH 玻璃电极。使用玻璃电极时应注意如下事项。

A.使用前要在蒸馏水中浸泡 24 h 以上，并仔细检查电极的球泡是否有裂纹。

B.玻璃电极的使用期一般为一年。玻璃电极在长期使用或贮存过程中会“老化”，老化的电极不能再使用。

C.玻璃电极的玻璃膜很薄，容易因碰撞或受压而破裂，使用时必须特别注意。

D.玻璃球泡沾湿时可以用滤纸吸去水分，但不能擦拭。玻璃球泡不能用浓 H_2SO_4 溶液、洗液或浓乙醇洗涤，也不能用于含氟较高的溶液中，否则电极将失去功能。

E.电极导线绝缘部分及电极插杆应保持清洁干燥。

为方便起见，也可以使用将 pH 玻璃电极和银-氯化银电极组合在一起的复合电极，如 E-201-C9 复合电极。使用时要注意：初次使用或久置重新使用的复合电极应将电极球泡及砂芯浸在 3 mol/L 的 KCl 溶液中活化 8 h；测量时应拔去外罩，去掉橡皮套，将电极球泡及砂芯同时浸在被测溶液内；测量另一溶液时电极要先用蒸馏水冲洗干净；电极内参比溶液量应保持在内腔容量的 1/2 以上，若不足，应从上端小口补充氯化银饱和的 3.33 mol/L KCl 溶液。

任务实施

活动 1 认识酸度计

测定溶液 pH 的仪器是酸度计（又称 pH 计），是根据 pH 的实用定义设计而成的。酸度计是一种高阻抗的电子管或晶体管式的直流毫伏计，它既可用于测量溶液的酸度，又可以用作毫伏计测量电池电动势。根据测量要求不同，酸度计分为普通型、精密型和工业型 3 类，读数值精密度最低为 0.1 pH，最高为 0.001 pH，使用者可以根据需要选择不同类型的仪器。

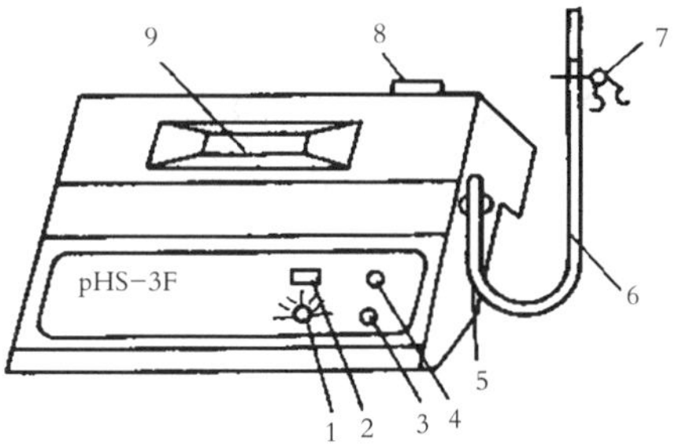

(a)正面外形图

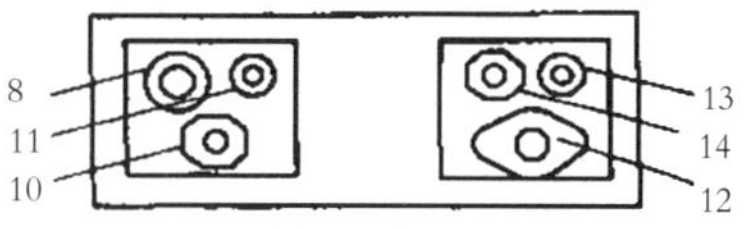

(B)背面示意图

1–mV–pH 按键开关；2–“温度”调节器；3–“斜率”调节器；4–“定位”调节器；5–电极架座；6–U 形电极架主杆；7–电极夹；8–玻璃电极输入座；9–数字显示屏；10–调整电位器；11–甘汞电极接线柱；12,13–仪器电源插座与电源开关；14–保险丝座

图 9-2-5 pHS-3F 型酸度计

实验室用酸度计型号很多，但其结构一般均由两部分组成，即电极系统和高阻抗毫伏计两部分。电极与待测溶液组成原电池，以毫伏计测量电极间电位差，电位差经放大电路放大后，由电流表或数码管显示。目前应用较广的是数显式的 pHS-3 系列的精密酸度计。图 9-2-5 为 pHS-3F 型酸度计外形图。

注意事项

仪器型号繁多，不同型号的酸度计，其旋钮、开关的位置会有所不同，操作也会有所不同。但以上介绍的调节器和开关的功能基本一致。

活动 2 阅读说明书，安装维护电极

1.选择、处理和安装 pH 玻璃电极

根据被测溶液大致 pH 范围（可使用 pH 试纸试验确定），选择合适型号的 pH 玻璃电极，在蒸馏水中浸泡 24 h 以上。将处理好的 pH 玻璃电极用蒸馏水冲洗，用滤纸吸干外壁水分后，固定在电极夹上，球泡高度略高于甘汞电极下端。

2.检查、处理和安装甘汞电极

取下电极下端和上侧小胶帽。检查饱和甘汞电极内液位、晶体、气泡及微孔砂芯渗漏情况并做适当处理后，用蒸馏水清洗电极外部，并用滤纸吸干外壁水分后，将电极置于电极夹上。电极下端略低于玻璃电极球泡下端。

将电极导线接在仪器后右角甘汞电极接线柱上；玻璃电极引线柱插入仪器后右角玻璃电极输入座。

注意事项

玻璃电极球泡易碎，操作要仔细。电极引线插头应干燥、清洁，不能有油污。

活动 3 数据记录与处理

表 9-2-3 检验电极的原始记录

缓冲溶液	pH=6.86(25 ℃)	pH=4.00(25 ℃)	pH=9.18(25 ℃)
E/mV			
正常电极/mV	0±30	159~186(pH 大于 7)	159~186(pH 小于 7)

任务评价

表 9-2-4 任务评价表

日期

评价指标	评价要素	等级评定	
		自评	教师评
认识酸度计 (PB−10)	指认酸度计的各插孔 指认各功能键，并能说出其作用 指认测量符号、校正符号、数值稳定符号 会连接电极(复合电极)、温度探头、电源，并能说出酸度计的主要构成部件的名称		
安装及维护电极	指认 pH 复合电极 连接电极和温度探头 会清洗电极		
检验电极	能按“成套 pH 缓冲剂”产品说明要求配制 pH 标准缓冲液 能用酸度计测定电池电动势并说明原理 会检查及判断电极功能的使用情况		
“7S”管理在任务实施过程中的应用	说出电极日常维护方法 根据所学的“7S”知识，完成电化学仪器室整理、整顿与清扫工作，并提出电化学仪器室应配备哪些设施		
自评反馈	按时按质完成工作任务 掌握专业知识点		
经验和建议			
总成绩			

课后自测

(1)请解释下列名词或术语。

参比电极、指示电极、不对称电位、离子选择性电极。

(2)常用的参比电极是(　　)。

A.玻璃电极　　B.气敏电极　　C.饱和甘汞电极　　D.银-氯化银电极

(3)关于 pH 玻璃电极膜电位的产生原因,下列说法正确的是(　　)。

A.氢离子在玻璃表面还原而传递电子

B.氢离子穿透玻璃膜而使膜内外氢离子产生浓度差

C.钠离子在玻璃膜中移动

D.氢离子在玻璃膜表面进行离子交换和扩散的结果

(4)玻璃电极在使用前,需在蒸馏水中浸泡 24 h 以上,目的是 ______;饱和甘汞电极使用温度不得超过 ______℃,这是因为温度较高时 ______。

(5)玻璃电极的碱误差使测得的 pH 较实际 pH 偏 ______,国产 pH 玻璃电极可测量溶液的 pH 高达 ______。

(6)甘汞电极是由 ______、______ 及含 ______ 的溶液构成,只要 ______ 不变,其电位值就不变,因此常用作 ______。

(7)使用玻璃电极和甘汞电极应注意哪些问题?

任务三 样品检测与数据采集

任务目标

(1)会配制标准缓冲溶液。

(2)会对仪器进行校准。

(3)会用直接电位法测定溶液 pH。

(4)会记录实验相关数据。

任务分析

1.明晰任务流程

配制溶液 → 开机预热 → 测量记录 → 关机

2.任务难点分析

(1)溶液的配制。

(2)对仪器的校准。

3.任务前准备

(1)《GB/T 5750.4—2006 生活饮用水标准检验方法 感官性状和物理指标》《GB/T 5749—2006 生活饮用水卫生标准》

(2)仪器:酸度计、pH 复合电极(或饱和甘汞电极、pH 玻璃电极)、温度计。

(3)试剂:硼砂、混合磷酸盐、邻苯二甲酸氢钾、饮用水。

相关知识

一、直接电位法测定水溶液的 pH

1.测定 pH 的工作电池

溶液 pH 是溶液中氢离子活度的负对数,即 $pH=-\lg a_{H^+}$。测定溶液的 pH 通常用 pH 玻璃

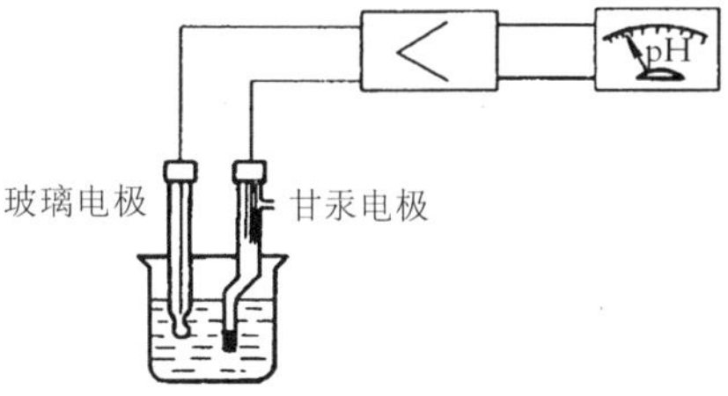

图 9-3-1 pH 的电位法测定

电极作指示电极(负极),甘汞电极作参比电极(正极),与待测溶液组成工作电池,用精密毫伏计测量电池的电动势,如图 9-3-1 所示。工作电池可表示为:

玻璃电极 | 试液 ‖ 甘汞电极

25 ℃时工作电池的电动势为:

$E=\varphi_{SCE}-\varphi_{玻}=\varphi_{SCE}-K_{玻}+0.0592pH_{试}$ (式 9-14)

由于式 9-14 中 φ_{SCE}、$K_{玻}$在一定条件下是常数,所以上式可表示为:

$E=K'+0.0592pH_{试}$ (式 9-15)

可见,测定溶液 pH 的工作电池电动势 E 与试液的 pH 成线性关系,据此可以进行溶液 pH 的测量。

2.pH 实用定义

式 9-15 说明,只要测出工作电池电动势,并求出 K'值,就可以计算试液的 pH。但 K'是个十分复杂的项目,它包括饱和甘汞电极的电位、内参比电极电位、玻璃膜的不对称电位及参比电极与溶液间的接界电位,其中有些电位很难测出。因此,实际工作中不可能采用式 9-15 直接计算 pH,而是以已知 pH 的标准缓冲溶液为基准,通过比较由标准缓冲溶液参与组成和待测溶液参与组成的两个工作电池的电动势来确定待测溶液的 pH。即测定一标准缓冲溶液(pH_s)的电动势 E_s,然后测定试液(pH_x)的电动势 E_x。

25 ℃时,E_s 和 E_x 分别为:

$E_s=K'_s+0.0592pH_s$ (式 9-16)

$E_x=K'_x+0.0592pH_x$ (式 9-17)

在同一测量条件下,用同一支 pH 玻璃电极和甘汞电极,则上二式中 $K'_s \approx K'_x$,将两式相减得:

$$pH_x=pH_s+\frac{E_x-E_s}{0.0592} \quad (式 9-18)$$

式中,pH_s 为已知值, 测量出 E_s、E_x 即可求出 pH_x。通常将式 9-18 称为 pH 实用定义或 pH 标度。实际测定中,将 pH 玻璃电极和甘汞电极插入 pH 为 pH_s 的标准溶液中,通过调节测量仪器上的“定位”旋钮使仪器显示出测量温度下的 pH_s,就可以达到消除 K 值,校正仪器的目的,然后再将电极对浸入试液中,直接读取试液的 pH。

由式 9-18 可知,E_s 和 E_x 的差值与 pH_x 和 pH_s 的差值呈线性关系, 在 25 ℃时直线斜率为0.0592，直线斜率(S=2.303RT/F)是温度的函数。为保证在不同温度下测量精度符合要求，在测量中要进行温度补偿。用于测量溶液 pH 的仪器设有此功能。式 9-11 还表明 E_s 和 E_x 差值改变 0.0592 V，溶液的 pH 也相应地改变了 1 个 pH 单位。测量 pH 的仪器表头即按此间隔进行直读。

由于式 9-18 是在假定 K'_s=K'_x 情况下得出的，而实际测量过程中往往因为某些因素的改变(如试液与标准缓冲液的 pH 或成分的变化，温度的变化等)，导致 K'值发生变化。为了减少测量误差，测量过程应尽可能使溶液的温度保持恒定，并且应选用 pH 与待测溶液相近似的标准缓冲液(按 GB/T 9724—2007 规定，所用标准缓冲液的 pH 和待测溶液的 pH 相差应在 3 个 pH 单位以内)。

在生产和科研中常会接触到有关 pH 的问题，粗略的 pH 测量可用 pH 试纸，而比较精确的 pH 测量需要用直接电位法，即根据能斯特公式，用酸度计测量电池电动势来确定 pH。这种方法常用 pH 玻璃电极为指示电极(接酸度计的负极)，饱和甘汞电极为参比电极(接酸度计的正极)与被测溶液组成电池，则 25 ℃时：

$$E_{电池}=K'+0.0592\text{pH} \qquad (式\ 9\text{-}19)$$

式中，K' 在一定条件下虽有定值，但不能准确测定或计算得到。在实际测量中要按 pH 实用定义用标准缓冲溶液来校正酸度计(即进行“定位”)后，才可在相同条件下测量溶液的 pH。酸度计上的 pH 示值按 pH 实用定义中 ΔE/0.059 分度，此分度值只适用于温度为 25 ℃时。为适应不同温度下的测量，在用标准缓冲溶液“定位”前先要进行温度补偿(将“温度补偿”旋钮调至溶液的温度处)。在进行“温度补偿”和校正后将电极插入待测试液中，仪器就可以直接显示被测溶液的 pH。

pH 测量结果的准确度决定于标准缓冲溶液 pH 的准确度、两电极的性能及酸度计的精度和质量。

二、PHS-3F 型酸度计的使用方法

1.仪器使用前准备

打开仪器电源开关预热 20 min。将两电极夹在电极架上，接上电极导线。用蒸馏水清洗两电极需要插入溶液的部分，并用滤纸吸干电极外壁上的水。将仪器选择按键置于“pH”位置。

2.溶液 pH 的测量

(1)仪器的校正(以二点校正法为例)。将两电极插入某一 pH 已知且 pH 接近 7 的标准缓冲溶液(pH=6.86,25 ℃)中。将功能按键选择置“pH”位置,调节“温度”调节器使所指示的温度刻度为该标准缓冲溶液的温度值。将“斜率”旋钮顺时针转到底(最大)。轻摇试杯,待电极达到平衡后,调节“定位”调节器,使仪器读数为该缓冲溶液在当时温度下的 pH。取出电极,移去标准缓冲溶液,清洗两电极后,再插入另一接近被测溶液 pH 的标准缓冲溶液中。旋动“斜率”旋钮,使仪器显示该标准缓冲液的 pH(此时“定位”钮不可动)。若调不到,应重复上面的定位操作。调好后,“定位”和“斜率”两旋钮不可再动。

(2)测量溶液的 pH。移去标准缓冲溶液,用水清洗两电极后,将其插入待测试液中,轻摇试杯,待电极平衡后,读取被测试液的 pH。

pH 标准缓冲溶液是具有准确 pH 的缓冲溶液,是 pH 测定的基准,故缓冲溶液的配制及 pH 的确定是至关重要的。我国国家标准物质研究中心通过长期工作,采用尽可能完善的方法,确定 30~95 ℃水溶液的 pH 工作基准,它们分别是由七种六类标准缓冲物质组成。这七种六类标准缓冲物质分别是:四草酸钾、酒石酸氢钾、邻苯二甲酸氢钾、磷酸氢二钠-磷酸二氢钾、四硼酸钠和氢氧化钙。这些标准缓冲物质按 GB11076—1989pH《测量用缓冲溶液制备方法》配制出的标准缓冲溶液的 pH 均匀地分布在 0~13 的 pH 范围内。标准缓冲溶液的 pH 随温度变化而改变,表 9-3-1 列出了六类标准缓冲溶液 10~35 ℃时相应的 pH,以便查阅。

表 9-3-1 pH 标准缓冲溶液在通常温度下的 pH

试剂	浓度 c/(mol/L)	pH					
		10 ℃	15 ℃	20 ℃	25 ℃	30 ℃	35 ℃
四草酸钾	0.05	1.67	1.67	1.68	1.68	1.68	1.69
酒石酸氢钾	饱和	–	–	–	3.56	3.55	3.55
邻苯二甲酸氢钾	0.05	4.00	4.00	4.00	4.00	4.01	4.02
磷酸氢二钠 磷酸二氢钾	0.025 0.025	6.92	6.90	6.88	6.86	6.86	6.84
四硼酸钠	0.01	9.33	9.28	9.23	9.18	9.14	9.11
氢氧化钙	饱和	13.01	12.82	12.64	12.46	12.29	12.13

注:表中数据引自国家标准 GB11076—1989

一般实验室常用的标准缓冲物质是邻苯二甲酸氢钾、混合磷酸盐(Na_2HPO_4-KH_2PO_4)及四硼酸钠。目前市场上销售的“成套 pH 缓冲剂”就是上述 3 种物质的小包装产品,使用很方便。配制时不需要干燥和称量,直接将袋装内试剂全部溶解稀释至一定体积(250 mL)即可使用。

配制标准缓冲溶液的实验用水应符合国家标准中三级水的规格。配好的 pH 标准缓冲溶液应贮存在玻璃试剂瓶或聚乙烯试剂瓶中，硼酸盐和氢氧化钙标准缓冲溶液存放时应防止空气中 CO_2 进入。标准缓冲溶液一般可保存 2~3 个月。若发现溶液中出现浑浊等现象，不能再使用，应重新配制。

任务实施

活动 1 配制溶液

(1)pH=4.00 的标准缓冲液。称取在 110 ℃下干燥过 1 h 的邻苯二甲酸氢钾 5.11 g，用无 CO_2 的水溶解并稀释至 500 mL。贮存于用所配溶液淌洗过的聚乙烯试剂瓶中，贴上标签。

(2)pH=6.86 的标准缓冲液。称取已于(120±10) ℃下干燥过 2 h 的磷酸二氢钾 1.70 g 和磷酸氢二钠 1.78 g，用无 CO_2 水溶解并稀释至 500 mL。贮存于用所配溶液淌洗过的聚乙烯试剂瓶中，贴上标签。

(3)pH=9.18 标准缓冲液。称取 1.91 g 四硼酸钠，用无 CO_2 水溶解并稀释至 500 mL。贮存于用所配溶液淌洗过的聚乙烯试剂瓶中，贴上标签。

(4)广泛 pH 试纸。

表 9-3-2 试剂准备

试剂				
编号	名称	级别	数量	配制方法
备注				

活动 2 pH 的测定

1.酸度计使用前准备

(1)接通电源，预热 20 min。

(2)置选择按键开关于“mV”位置(注意：此时暂时不要把玻璃电极插入插座内)，若仪器显示不为“000”，可调节仪器“调零”电位器，使其显示为正或负“000”，然后锁紧电位器。

2.连接 pH 复合电极

3.校正酸度计(二点校正法)

(1)将选择按键置于“pH”位置。取一洁净塑料杯(或 100 mL 烧杯)用 pH=6.86(25 ℃)的标准缓冲溶液淌洗 3 次，倒入 50 mL 左右该标准缓冲溶液。用温度计测量标准缓冲溶液的温度，调节“温度”调节器，使指示的温度为所测得的温度。

(2)将电极插入标准缓冲溶液中，小心轻摇几下试杯，以促使电极平衡。

(3)将“斜率”调节器顺时针旋到底，调节“定位”调节器，使仪器显示值为此温度下该标准缓冲溶液的 pH。随后将电极从标准缓冲溶液中取出，移去试杯，用蒸馏水清洗两电极，并用滤纸吸干电极外壁水分。

(4)另取一洁净试杯(或 100 mL 小烧杯)，用另一种与待测试液(A)pH 相接近的标准缓冲溶液淌洗 3 次后，倒入 50 mL 左右该标准缓冲溶液。将电极插入溶液中，小心轻摇几下试杯，使电极平衡。调节“斜率”调节器，使仪器显示值为此温度下该标准缓冲溶液的 pH。

4.测量待测试液的 pH

(1)移去标准缓冲溶液，清洗电极，并用滤纸吸干电极外壁水分。取一洁净试杯(或 100 mL 小烧杯)用待测试液(A)淌洗三次后倒入 50 mL 左右试液。用温度计测量试液的温度，并将温度调节器置于此温度位置上。

(2)将电极插入被测试液中，轻摇试杯以促使电极平衡。待数字显示稳定后读取并记录被测试液的 pH。平行测定两次，并记录。

(3)若还有其他样品测定，另取一洁净试杯(或 100 mL 小烧杯)，用另一种与待测试液(A)pH 相接近的标准缓冲溶液淌洗 3 次后，倒入 50 mL 左右该标准缓冲溶液。将电极插入溶液中，小心轻摇几下试杯，使电极平衡。调节“斜率”调节器，使仪器显示值为此温度下该标准缓冲溶液的 pH。

注意事项

(1)电极不要触及杯底，插入深度以溶液浸没玻璃球泡为限。

(2)校正后的仪器即可用于测量待测溶液的 pH，但测量过程中不应再动“定位”调节器，若不小心碰动“定位”或“斜率”调节器，应重复 3 中步骤(1)~(4)，重新校正。

(3)待测试液温度应与标准缓冲溶液的温度相同或接近。若温度差别大，则应待温度相近时再测量。

(4)酸度计的输入端(即测量电极插座)必须保持干燥清洁。在环境湿度较高的场所使用时，应将电极插座和电极引线柱用干净纱布擦干。读数时电极引入导线和溶液应保持静止，否则会引起仪器读数不稳定。

(5)标准缓冲溶液的配制要准确无误，否则将导致测量结果不准确。

(6)若要测定某固体样品水溶液的pH，除特殊说明外，一般应称取5 g样品(称准至0.01 g)用无CO_2的水溶解并稀释至100 mL，配成试样溶液，然后再进行测量。由于待测试样的pH常随空气中CO_2等因素的变化而改变，因此，采集试样后应立即测定，不宜久置。

(7)注意用电安全，合理处理、排放实验废液。

活动3 关机结束工作

关闭酸度计电源开关，拔出电源插头。取出玻璃电极用蒸馏水清洗干净后浸泡在蒸馏水中。取出甘汞电极用蒸馏水清洗，再用滤纸吸干外壁水分，套上小帽存放在盒内。清洗试杯，晾干后妥善保存。用干净抹布擦净工作台，罩上仪器防尘罩，填写仪器使用记录。

活动4 数据记录与处理

表9-3-3 饮用水pH的检测原始记录

记录编号				
样品名称			样品编号	
检测项目			检验日期	
检验依据			判定依据	
温度			相对湿度	
检验设备(标准物质)编号				
测定次数		1	2	平均值
质控样pH				
试样pH				
检验人			复核人	

任务评价

表 9-3-4 任务评价表

日期

评价指标	评价要素	等级评定	
		自评	教师评
pH 实用意义	能说出测量法原理		
直接电位法测定溶液 pH	会根据标准处理样品 会选择恰当的校准缓冲溶液 能根据操作规程校准酸度计（二点法） 能说出直接电位法测定溶液 pH 的工作电池组成及电池电动势表达式		
会填写原始记录表格	能正确填写原始记录		
"7S"管理在任务实施过程中的应用	能说出酸度计的使用方法及注意事项 根据所学的"7S"知识，完成电化学实训室整理、整顿与清扫工作		
自评反馈	按时按质完成工作任务 掌握专业知识点		
经验和建议			
总成绩			

课后自测

(1)酸度计是由一个指示电极和一个参比电极与试液组成的(　　)。

A.滴定池　　B.电解池　　C.原电池　　D.电导池

(2)pHS-3F 型酸度计是由(　　)电极组成的工作电池。

A.甘汞电极-玻璃电极　　B.银 氯化银-玻璃电极

C.甘汞电极-银 氯化银　　D.甘汞电极-单晶膜电极

(3)实验室用酸度计结构一般由(　　)组成。

A.电极系统和高阻抗毫伏计　　B.pH 玻璃电极和饱和甘汞电极

C.显示器和高阻抗毫伏计　　D.显示器和电极系统

(4)测定 pH 的指示电极为(　　)。

A.标准氢电极　　B.玻璃电极　　C.甘汞电极　　D.银-氯化银电极

(5)电位法对溶液 pH 值的测定是采用(　　)。

A.1 次测量　　B.2 次测量　　C.3 次测量　　D.4 次测量

(6)电位法测定溶液 pH 的原理是什么?

(7)用酸度计测量溶液 pH 时,为什么要用标准缓冲溶液校正仪器?应如何进行?

(8)酸度计一般由哪两部分组成?

任务四 撰写检测报告

任务目标

(1)会根据质量标准判断数据的有效性,确定样品是否合格。

(2)会撰写检测报告。

任务分析

1.明晰任务流程

数据处理 → 判定 → 撰写检测报告

2.任务难点分析

(1)正确的数据处理。

(2)检测有效性判断。

3.任务前准备

计算器、检验报告书。

任务实施

活动 1 数据处理

(1)判断获得的原始数据是否符合国家标准要求,若符合,则运用归一化法计算出待测样品的质量分数。

(2)将结果填入表 9-4-1 中。

表 9-4-1 检验报告内页

<table>
<tr><td>抽样地点</td><td colspan="2"></td><td>样品编号</td><td></td></tr>
<tr><td>检测项目</td><td>限值</td><td>检测结果</td><td>本项结论</td><td>备注</td></tr>
<tr><td></td><td></td><td></td><td></td><td></td></tr>
<tr><td colspan="5">以下空白</td></tr>
</table>

活动 2 检测结果判定

(1)若检测结果符合国家标准要求,则将数据记录于表格中。

(2)若检测结果不符合国家标准要求,进行纠偏处理。

(3)根据检测结果,出具检测报告。

任务评价

表 9-4-2 任务评价表

日期

评价指标	评价要素	等级评定	
		自评	教师评
撰写检测报告	能按检测标准正确撰写检测报告		
检测报告内容	说出检测报告所包括的内容		
自评反馈	按时按质完成工作任务 掌握专业知识点		
经验和建议			
总成绩			

课后自测

(1)pH 玻璃电极和饱和甘汞电极组成工作电池,25 ℃时测定 pH=9.18 的硼酸钠标准溶液时,电池电动势是 0.220 V;而测定一未知 pH 试液时,电池电动势是 0.180 V。求未知试液的 pH。

(2)当下列电池中的溶液是 pH=4.00 的缓冲溶液时,在 25 ℃时测得电池电动势为 0.209 V。玻璃电极 | $H^+(a=x)$ ‖ SCE;当缓冲溶液由未知溶液代替时,测得电动势为:①0.312 V;②0.088 V;③−0.017 V。求每种溶液的 pH。

参考答案

项目十 直接电位法测定生活饮用水中的氟

项目导入

直接电位法广泛应用于环境监测、生化分析、医学临床检验及工业生产流程中的自动在线分析等。

氟是自然界中广泛分布的元素之一。氟元素在正常成年人体中含 2~3 g，主要分布在骨骼、牙齿中，在这两者中积存了约 90%的氟，血液中每毫升含氟 0.04~0.4 μg。人体每日摄入量 4 mg 以上会造成中毒，损害健康。痕量的氟有利于预防龋齿，少量的氟(150 mg 以内)就能引发一系列的病痛，大量氟化物进入体内会引起急性中毒。经常接触氟化物，容易导致骨骼变硬、脆化，牙齿脆裂断落等症状，部分地区饮水中含氟量过大也容易导致氟中毒。人体所需的氟主要来自饮用水，但如果饮用水中含氟量超过 1 mg/kg，牙齿就会逐渐产生斑点并变脆。饮用水中氟含量超过 4 mg/kg 时，人易患氟骨病，导致骨髓畸形，准确测量生活饮用水中氟化物含量对"增进民生福祉，提高人民生活品质"具有重要意义。氟化物是我国生活饮用水的常规检验指标。

本项目采用直接电位法测定生活饮用水中的氟，包括以下工作任务：

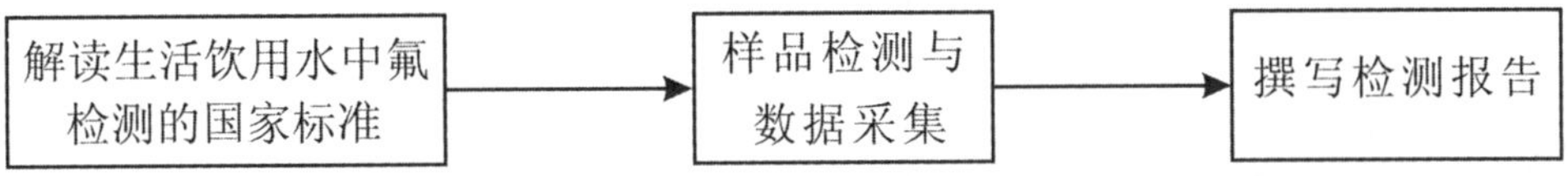

任务一　解读生活饮用水中氟检测的国家标准

任务目标

(1)会查找分析相应检测项目的国家标准。

(2)会确认所需的仪器和配制所需试剂。

(3)会规范填写原始记录。

任务分析

1.明晰任务流程

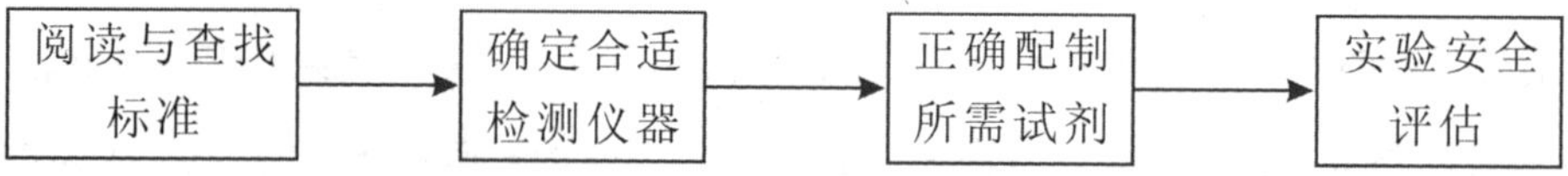

2.任务难点分析

解读国家标准,拟订实验方案,全面准确评估实验安全性。

3.任务前准备

(1)GB/T 5750.5—2006《生活饮用水标准检验方法　无机非金属指标》、GB 5749—2006《生活饮用水卫生标准》。

(2)仪器:酸度计或离子活度计、饱和甘汞电极、氟离子选择电极、电磁搅拌器、塑料烧杯。

(3)试剂:盐酸、冰醋酸、氢氧化钠、氯化钠、氟化钠、柠檬酸三钠、饮用水。

相关知识

一、直接电位法测定溶液离子活(浓)度

与电位分析测定 pH 相似,离子活(浓)度的电位法测定也是将对待测离子有响应的离子选择性电极与参比电极浸入待测溶液组成工作电池, 并用仪器测量其电池电动势, 如图 10-1-1 所示。

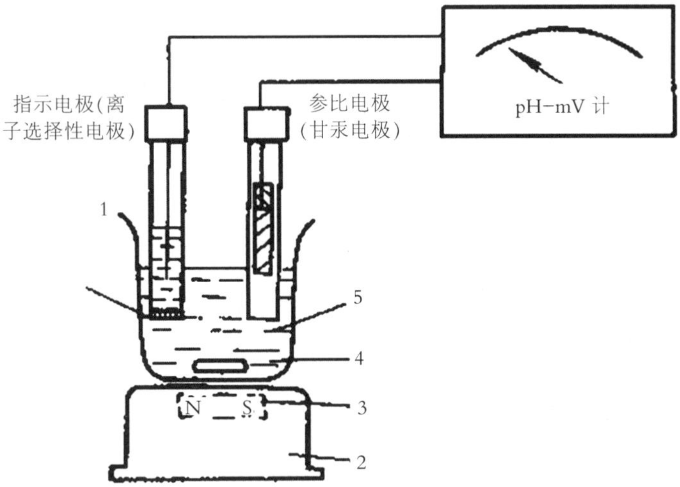

1-容器;2-电磁搅拌器;3-旋转磁铁;4-玻璃封闭铁搅拌棒;5-待测离子试液

图 10-1-1 离子活(浓)度的电位法测定装置

例如,用氟离子选择性电极测定 F^-的活(浓)度,其工作电池为:

$$(-)SCE \parallel 试液(a_{F^-}=x) \mid 氟离子选择性电极(+)$$

则 25 ℃时,电池电动势与 a_{F^-}或 pF($pF=-\lg a_{F^-}$)的关系为:

$$E=K'-0.0592\lg a_{F^-} \qquad (式\ 10-1)$$

或

$$E=K'+0.0592pFa_{F^-} \qquad (式\ 10-2)$$

式中,K'在一定实验条件下为一常数。

用各种离子选择性电极测定与其响应的相应离子的活度时可用下列通式:

$$E=K'\pm\frac{2.303RT}{nF}\cdot\lg a_i \qquad (式\ 10-3)$$

当离子选择性电极作正极时,对阳离子响应的电极,式 10-3 中 K'后面一项取正值;对阴离子响应的电极,K'后面一项取负值。

与测定 pH 同样原理,K'的数值也取决于离子选择性电极的薄膜、内参比溶液及内外参比电极的电位,它同样是一项很复杂的项目,也需要用一个已知离子活度的标准溶液为基准,比较包含待测溶液和包含标准溶液的两个工作电池的电动势来确定待测试液的离子活度。但目前能提供离子选择性电极校正用的标准活度溶液,除用于校正 Cl^-、Na^+、Ca^{2+}、F^-电极用的标准参比溶液 NaCl、KF、$CaCl_2$ 外,其他离子活度标准溶液尚无标准。通常在要求不高并保证离子活度系数不变的情况下,用浓度代替活度进行测定。

二、离子选择性电极

离子选择性电极是一种电化学传感器，它是由对溶液中某种特定离子具有选择性响应的敏感膜及其他辅助部分组成。前面所讨论的 pH 玻璃电极就是对 H^+有响应的离子选择性电极,其敏感膜就是玻璃膜。与 pH 玻璃电极相似,其他各类离子选择性电极在其敏感膜上同样也不发生电子转移,而只是在膜表面上发生离子交换而形成膜电位。因此,这类电极与金属基电极在原理上有本质区别。由于离子选择性电极都具有一个传感膜,所以又称为膜电极,常用符号“SIE”表示。

1.离子选择性电极的基本构造

离子选择性电极的种类繁多,各种电极的形状、结构也不尽相同,但其基本构造大致相似。如图 10-1-2 所示,离子选择性电极由电极管、内参比电极、内参比溶液和敏感膜构成。电极管一般由玻璃或高分子聚合材料制成。

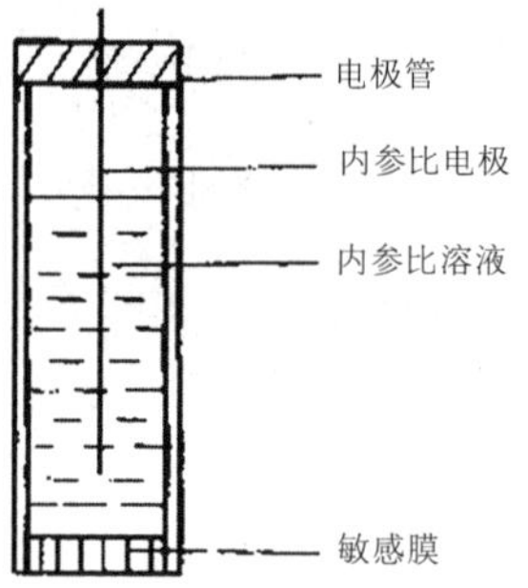

图 10-1-2 离子选择性电极的基本结构

内参比电极常用银-氯化银电极。内参比溶液一般由响应离子的强电解质及氯化物溶液组成。敏感膜由不同敏感材料做成,它是离子选择性电极的关键部件。敏感膜用胶黏剂或机械方法固定于电极管端部。由于敏感膜内阻很高,故需要良好的绝缘,以免发生旁路漏电而影响测定。

2.离子选择性电极膜电位

将某一合适的离子选择性电极浸入含有一定活度的待测离子溶液中时，在敏感膜的内外两个相界面处会产生电位差,这个电位差就是膜电位($\varphi_{膜}$)。膜电位产生的根本原因是离子交换和扩散。

离子选择性电极的膜电位与溶液中待测离子活度的关系符合能斯特方程,即 25 ℃时

$$\varphi_{膜}=K\pm\frac{0.0592}{n_i}\cdot\lg a_i \qquad (式 10-4)$$

式中，K 为离子选择性电极常数，在一定实验条件下为一常数，它与电极的敏感膜、内参比电极、内参比溶液及温度等有关。a_i 为 i 离子的活度；n_i 为 i 离子的电荷数。当 i 为阳离子时，式中第二项取正值；当 i 为阴离子时，该项取负值。

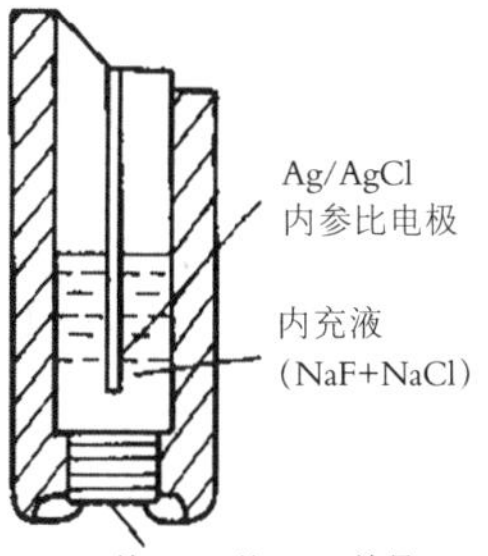

图 10-1-3 氟离子选择性电极

3.常用的离子选择性电极的结构和应用

(1)氟离子选择性电极。氟离子选择性电极是晶体膜电极中典型的单晶膜电极，其电极膜为 LaF_3 单晶。为了改善导电性，晶体中还掺入少量的 EuF_2 和 CaF_2。单晶膜封在硬塑料管的一端，管内装有 0.1 mol/L NaF−0.1 mol/L NaCl 溶液作内参比溶液，以 Ag−AgCl 电极作内参比电极，如图 10−1−3 所示。

当氟电极插入含氟溶液中时，F^-在膜表面交换，所产生的膜电位与溶液中 F^-活度的关系在 F^-活度为 10^{-1}~10^{-6} mol/L 范围内遵守能斯特方程式。25 ℃时膜电位为：

$$\varphi_{膜}=K+0.0592\text{pF} \qquad (式\ 10-5)$$

式中，$\text{pF}=-\lg a_{F^-}$，氟离子选择性电极对 F^-有很好的选择性，阴离子中除 OH^-外，均无明显干扰。为了避免 OH^-的干扰，测定时需要控制 pH 在 5~6 之间。当被测溶液中存在能与 F^-生成稳定配合物或难溶化合物的阳离子(如 Al^{3+},Ca^{2+})时会造成干扰，需加入掩蔽剂消除。但切不可使用能与 La^{3+}形成稳定配合物的配位剂，以免溶解 LaF_3 而使电极灵敏度降低。

(2)硫离子及卤素离子(X^-)电极。硫离子及卤素离子(X^-)电极属多晶膜电极，它是用 Ag_2S 及 AgX(AgCl、AgBr、AgI)的难溶盐粉末在高压下压制而成的。一般有 3 种类型，一是以单一 Ag_2S 粉末压片制成电极，可以测定 Ag^+或 S^{2-}的活(浓)度；二是由卤化银 AgX(AgCl、AgBr、AgI)沉淀分散在 Ag_2S 骨架中制成卤化银−硫化银电极，可用来测定 Cl^-、Br^-、I^-、CN^-、SCN^-等；三是将 Ag_2S 与另一金属硫化物(如 CaS、CdS、PbS 等)混合加工成膜，制成测定相应金属离子(如 Cu^{2+}、Cd^{2+}、Pb^{2+})的晶体膜电极。目前以 Ag_2S 为基质的电极多不使用内参比溶液，而是在电极内填入环氧树脂填充剂，使电极成为全固态结构，以银丝直接与 Ag_2S 膜片相连。这种电极可以在任意方向倒置使用，且消除了压力和温度对含有内部溶液的电极所加的限制，特别适宜于对生产过程的监控检测。

任务实施

活动 1 阅读与查找质量标准

查找并阅读 GB/T 5750.5—2006《生活饮用水标准检验方法 无机非金属指标》、GB 5749—2006《生活饮用水卫生标准》，拟订实验方案，找出本法适用范围、方法原理、精密度、准确度等内容。将查得的内容填入表 10-1-1 中。

活动 2 仪器、试剂确认

根据拟订的实验方案，确认仪器、试剂是否符合质量标准的要求，将确认结果填入表 10-1-1 中。

活动 3 试剂确认及安全防护

按国家标准要求确定所需试剂种类、纯度、数量是否满足要求。将确认结果填入表10-1-1 中。分析本项目实施过程中可能存在的安全隐患，并提出预防及防护措施。将结果填入表 10-1-1 中。

活动 4 数据记录与处理

表 10-1-1 解读检测方法的原始记录

<table>
<tr><td>记录编号</td><td colspan="3"></td></tr>
<tr><td colspan="4">一、阅读与查找标准</td></tr>
<tr><td>方法原理</td><td colspan="3"></td></tr>
<tr><td>相关标准</td><td colspan="3"></td></tr>
<tr><td>检出限</td><td colspan="3"></td></tr>
<tr><td>准确度</td><td></td><td>精密度</td><td></td></tr>
<tr><td colspan="4">二、标准内容</td></tr>
<tr><td>适用范围</td><td></td><td>限值</td><td></td></tr>
<tr><td>定量公式</td><td></td><td>性状</td><td></td></tr>
<tr><td>样品处理</td><td colspan="3"></td></tr>
<tr><td>操作步骤</td><td colspan="3"></td></tr>
<tr><td colspan="4">三、仪器确认</td></tr>
<tr><td colspan="3">所需仪器</td><td>检定有效日期</td></tr>
<tr><td colspan="3"></td><td></td></tr>
<tr><td colspan="4">四、试剂确认</td></tr>
<tr><td>试剂名称</td><td>纯度</td><td>库存量</td><td>有效期</td></tr>
<tr><td></td><td></td><td></td><td></td></tr>
<tr><td></td><td></td><td></td><td></td></tr>
<tr><td></td><td></td><td></td><td></td></tr>
</table>

续表

五、安全防护			
确认人		复核人	

任务评价

表 10-1-2 任务评价表

日期

评价指标	评价要素	等级评定	
		自评	教师评
阅读与查找标准	标准名称 相关标准的完整性 适用范围 检验方法 方法原理 试验条件 检测主要步骤 检出限 准确度 精密度		
仪器确认	仪器种类 仪器规格 仪器精度		
试剂确认	试剂种类 试剂纯度 试剂数量		
安全	设备安全 人身安全		
总成绩			

课后自测

(1)在直接电位法的装置中,将待测离子活度转换为其对应的电极电位的组件是(　　)。

A.离子计　　B.参比电极　　C.电磁搅拌器　　D.离子选择性电极

(2)测定水中微量氟,最为合适的方法是(　　)。

A.沉淀滴定法　　B.离子选择电极法　　C.火焰光度法　　D.发射光谱法

(3)设有 5 种电极,它们分别是(A)pH 玻璃电极、(B)银电极、(C)铂电极、(D)Ag_2S 电极和(E)氟电极。下列滴定体系应分别选用何种电极作指示电极?

①用 S^{2-}标准溶液滴定 Ag^+(　　);　　②用 Ag^+标准溶液滴定 I^-(　　);

③用 NaOH 标准溶液滴定 $H_2C_2O_4$ 溶液(　　);

④用 F^-标准溶液滴定 Al^{3+}(　　);　　⑤用 Ce^{4+}标准溶液滴定 Fe^{2+}(　　)。

任务二　样品检测与数据采集

任务目标

(1)会正确连接并操作 pH 计。

(2)会配制标准中规定的溶液。

(3)会正确处理样品。

(4)能测定样品并正确处理获得的数据。

任务分析

1.明晰任务流程

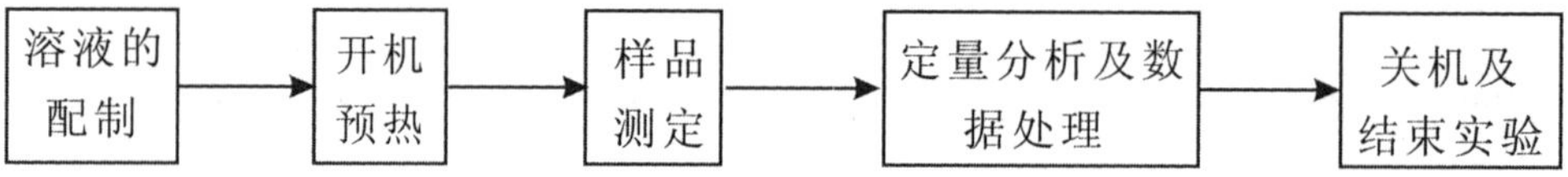

2.任务难点分析

(1)溶液的配制。

(2)数据处理。

3.任务前准备

(1)GB/T 5750.5—2006《生活饮用水标准检验方法 无机非金属指标》、GB 5749—2006《生活饮用水卫生标准》。

(2)仪器:酸度计或离子活度计、饱和甘汞电极、氟离子选择电极、电磁搅拌器、塑料烧杯。

(3)试剂:盐酸、冰醋酸、氢氧化钠、氯化钠、氟化钠、柠檬酸三钠、饮用水。

相关知识

定量分析方法

1.离子选择性电极测定离子浓度的条件

离子选择性电极响应的是离子的活度,活度与浓度的关系是:

$$a_i=\lambda_i c_i \qquad (式\ 10-6)$$

式 10−6 中,λ_i 为 i 离子的活度系数;c_i 为 i 离子的浓度。

因此,要用离子选择性电极测定溶液中被测离子浓度的条件是:在使用标准溶液校正电极和用此电极测定试液这两个步骤中,必须保持溶液中离子活度系数不变。由于活度系数是离子强度的函数,因此也就要求保持溶液的离子强度不变。要达到这一目的,常用方法是:在试液和标准溶液中加入相同量的惰性电解质,称为离子强度调节剂。有时将离子强度调节剂、pH 缓冲溶液和消除干扰的掩蔽剂等事先混合在一起,这种混合液称为总离子强度调节缓冲剂,其英文缩写为“TISAB”。TISAB 的作用主要有:第一,维持试液和标准溶液恒定的离子强度;第二,保持试液在离子选择性电极适合的 pH 范围内,避免 H^+或 OH^-的干扰;第三,消除测离子干扰。例如用氟离子选择电极测定水中的 F^-时,所加入 TISAB 的组成为 NaCl(1 mol/L)、HAc(0.25 mol/L)、NaAc(0.75 mol/L)及柠檬酸钠(0.001 mol/L)。其中 NaCl 溶液用于调节离子强度;HAc−NaAc 组成缓冲体系,使溶液的 pH 保持在氟离子选择性电极适合的 pH(5~5.5)范围内;柠檬酸钠作为掩蔽剂消除 Fe^{3+}、Al^{3+}的干扰。

值得注意的是,所加入的 TISAB 中不能含有能被所用的离子选择性电极所响应的离子。

2.浓度直读法

与使用酸度计测量试液 pH 相似,测定溶液中待测离子的活(浓)度,也可以由经过标准溶液校正后的测量仪器上直接读出待测溶液 pX 值或 X 的浓度值,这就是浓度直读法。这种方法简便快速,所用的仪器称离子计。

3.标准曲线法

标准曲线法是在所配制的一系列已知浓度的含待测离子的标准溶液中,依次加入相同量 TISAB, 并插入离子选择性电极和参比电极,在同一条件下,测出各溶液的电动势 E,然后以所测得电动势 E 为纵坐标,以浓度 c 的对

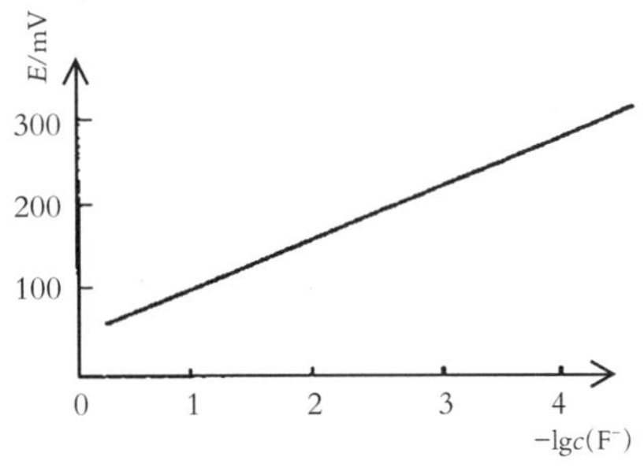

图 10-2-1 F^-的标准曲线

数(或负对数)为横坐标,绘制 $E-\lg c_i$ 或 $E-(-\lg c_i)$ 的关系曲线。图 10-2-1 是 F^- 的标准曲线。

在待测溶液中加入与绘制标准曲线同样量的同一 TISAB 溶液,并用同一对电极测定其电池电动势 E_x,再从所绘制的标准曲线上查出 E_x 所对应的 $\lg c_x$,换算为 c_x。

由于 K' 值容易受温度、搅拌速度及液接电位等的影响,标准曲线不是很稳定,容易发生平移。实际工作中,每次使用标准曲线都必须先选定 1~2 种标准溶液测出 E 值,确定曲线平移的位置,再供分析试液。若试剂等更换,应重做标准曲线,采用标准曲线法进行测量时,实验条件必须保持恒定,否则将影响其线性。

标准曲线法主要适用于大批同种试样的测定。对于要求不高的少数试样,也可用一个浓度与试液相近的标准溶液,在相同条件下,分别测出 E_x 与 E_s,然后用与 pH 实用定义相似的公式计算出。即

$$\lg c_x=\lg c_s+\frac{E_x-E_s}{S} \qquad (式\ 10\text{-}7)$$

式中,c_x、c_s 分别为待测试液和标准溶液的浓度;E_x、E_s 为相同条件下测得待测溶液与标准溶液的电动势;S 为电极的斜率,其值可通过两份不同浓度标准溶液在相同条件下测量出的 E 值用 $S=\frac{E_1-E_2}{\lg c_1-\lg c_2}$ 求得。

任务实施

活动 1 溶液的配制

(1)冰醋酸(ρ_{20}=1.06 g/mL)。

(2)氢氧化钠溶液(400 g/L):称取 40 g 氢氧化钠,溶于纯水中并稀释至 100 mL。

(3)盐酸溶液(1+1):将盐酸(ρ_{20}=1.19 g/mL)与纯水等体积混合。

(4)离子强度缓冲液Ⅰ:称取 348.2 g 柠檬酸三钠($Na_3C_6H_5O_7·5H_2O$),溶于纯水中。用盐酸溶液(1+1)调节 pH 为 6 后,用纯水稀释至 1000 mL。

(5)离子强度缓冲液Ⅱ:称取 59 g 氯化钠(NaCl),称取 3.48 g 柠檬酸三钠($Na_3C_6H_5O_7·5H_2O$)和 57 mL 冰醋酸溶液溶于纯水中,用氢氧化钠溶液(400 g/L)调节 pH 为 5.0~5.5 后,用纯水稀释至 1000 mL。

(6)氟化物标准储备溶液 [$\rho(F^-)$=1 mg/mL]:称取经 105 ℃干燥 2 h 的氟化钠(NaF)

0.2210 g，溶解于纯水中，并稀释定容至 100 mL。储存于聚乙烯瓶中。

（7）氟化物标准使用溶液[$\rho(F^-)=10\ \mu g/mL$]：吸取氟化物标准储备溶液 5.00 mL，于 500 mL 容量瓶中用纯水稀释至标线。

活动 2 开机预热

1.电极准备

（1）氟电极的准备。氟电极在使用前，宜在 1×10^{-3} mol/L 的 NaF 溶液中浸泡活化 1~2 h，然后用蒸馏水清洗电极数次，直至测得的电位值（氟电极在蒸馏水中的电位值又称氟电极的空白电位值）约为−300 mV（此值各支电极不同）。

（2）检查和预处理饱和甘汞电极。

2.仪器的准备和电极的安装

按仪器说明书，接通电源，预热 20 min。接入饱和甘汞电极和氟离子选择性电极。

活动 3 定量分析

1.绘制标准曲线

（1）分别吸取氟化物标准使用溶液 0.00 mL，0.20 mL，0.40 mL，0.60 mL，1.00 mL，2.00 mL，3.00 mL 于50 mL 烧杯中，各加纯水至 10 mL，加入与水样相同的离子强度缓冲液Ⅰ或离子强度缓冲液Ⅱ，此标准系列浓度分别为 0 mg/L，0.20 mg/L，0.40 mg/L，0.60 mg/L，1.00 mg/L，2.00 mg/L，3.00 mg/L（以 F^-计）。

（2）加 10 mL 离子强度缓冲液（水样中干扰物质较多时，用离子强度缓冲液Ⅰ，水样较清洁时用离子强度缓冲液Ⅱ）。放入搅拌子于电磁搅拌器上搅拌水样溶液，插入氟离子电极和甘汞电极，在搅拌状态下读取平衡电位值（指每分钟电位值改变小于 0.5 mV，当氟化物的浓度甚低时，约需 5 min 以上）。

（3）以电位值（mV）为纵坐标，氟化物活度[$\rho(F^-)=-\lg a_{F^-}$]为横坐标，在半对数纸上绘制标准曲线。在标准曲线上查得水样中氟化物的质量浓度。

2.水样中氟的测定（标准曲线法）

准确移取自来水水样 50 mL 于 100 mL 容量瓶中，加入 10 mL TISAB，用蒸馏水稀释至标线，摇匀，然后倒入一干燥的塑料烧杯中，插入电极。在搅拌条件下待电位稳定后读出电位值 E（此溶液保留，待下步实验用）。重复测定两次，取平均值。

注意事项

(1)电极晶片勿与坚硬物碰撞(晶片上如有油污,用脱脂棉依次以酒精、丙酮轻拭,再用蒸馏水洗净。为防止晶片内侧附着气泡,测量前,让晶片朝下,轻击电极杆,以排除晶片上可能附着的气泡。

(2)读数时应停止搅拌。每测完一次均要用去离子水清洗至空白电位值。

(3)测量时浓度应由稀至浓。每次测定前要用被测试液清洗电极、烧杯及搅拌子。

(4)绘制标准曲线时,测定一系列标准溶液后,应将电极清洗至原空白电位值,然后再测定未知液的电位值。

(5)测定过程中更换溶液时,"测量"键必须处于断开位置,以免损坏离子计。

(6)测定过程中搅拌溶液的速度应恒定。

活动 4 关机及结束

注意事项

(1)电极暂时不使用时宜干放;若在连续使用期间的间隙内,可浸泡在水中。

(2)关闭仪器电源开关。清洗试杯,晾干后放回原处。整理工作台,罩上仪器防尘罩,填写仪器使用记录。

活动 5 数据记录与处理

以所测出的 F^-标准溶液的电位值 E,对所对应的标准溶液 F^-的浓度的对数作图($E-\lg c_{F^-}$)。从标准曲线的线性部分求出该离子选择性电极的实际斜率,并由 E_x 值求试样中 F^-的浓度,以"mg/L"表示。

表 10-2-1 生活饮用水中氟的检测原始记录

记录编号			
样品名称		样品编号	
检验项目		检验日期	
检验依据		判定依据	
温度/℃		相对湿度/%	
检验设备(标准物质)及编号			

续表

顺序号								
浓度								
电位值								
测定水样电位值 E								
回归方程								
相关系数	$r=$							
质控样 F^-的浓度								
计算公式								
水样 F^-的浓度								
检验人			复核人					

任务评价

表 10-2-2 任务评价表

日期

评价指标	评价要素	等级评定	
		自评	教师评
根据标准配制相关溶液	规范配制总离子强度调节缓冲溶液 F^-标准系列溶液 规范处理样品		
直接电位法测定溶液电动势	会连接氟离子选择电极和离子计 会离子选择电极法测定溶液电动势 说出标准曲线法定量依据 能说出影响离子选择电极法测定溶液离子浓度准确度的因素		
会填写原始记录表格	能正确填写原始记录		
“7S”管理在任务实施过程中的应用	能运用所学的“7S”管理知识，维护和保养离子选择电极、离子计；完成电化学实训室整理、整顿与清扫工作		
自评反馈	按时按质完成工作任务 掌握专业知识点		
经验和建议			
总成绩			

课后自测

(1)用氟离子选择性电极测定水中(含有微量的 Fe^{3+}、Al^{3+}、Ca^{2+}、Cl^{-})的 F^{-}时，应选用的离子强度调节缓冲液为(　　)。

A.0.1 mol/L KNO_3　　　　B.0.1 mol/L NaOH

C.0.05 mol/L 柠檬酸钠(pH 调至 5~6)　　D.0.1 mol/L NaAc(pH 调至 5~6)

(2)用离子选择性电极以标准曲线法进行定量分析时，应要求(　　)。

A.试液与标准系列溶液的离子强度相一致

B.试液与标准系列溶液的离子强度大于 1

C.试液与标准系列溶液中待测离子活度相一致

D.试液与标准系列溶液中待测离子强度相一致

(3)在用离子选择性电极法测量离子浓度时，加入 TISAB 的作用是什么？

(4)用离子选择性电极以标准加入法进行定量分析时，应对加入的标准溶液的体积和浓度有什么要求？为什么？

任务三 撰写检测报告

任务目标

(1)会运用标准曲线法处理数据。

(2)会根据质量标准判断数据的有效性,确定样品是否合格。

(3)会撰写检测报告。

任务分析

1.明晰任务流程

数据处理 → 判定 → 撰写检测报告

2.任务难点分析

(1)正确的数据处理。

(2)检测有效性判断。

3.任务前准备

计算器、检验报告书。

任务实施

活动 1 数据处理

(1)判断获得的原始数据是否符合国标要求,若符合,则运用内标法计算出待测样品的质量分数。

(2)将结果填入表 10-3-1 中。

表 10-3-1 检验报告内页

抽样地点			样品编号	
检测项目	限值	检测结果	本项结论	备注
以下空白				

活动 2 检测结果判定

(1)若检测结果符合国家标准要求,则将质量分数记录在表格中。

(2)若检测结果不符合国家标准要求,进行纠偏处理。

(3)根据检测结果,出具检测报告。

任务评价

表 10-3-2 任务评价表

日期

评价指标	评价要素	等级评定	
		自评	教师评
撰写检测报告	说出数据有效性判断方法 说出回归方程的计算过程 会确认相关系数 正确判断标准曲线线性 能按标准正确撰写检测报告		
检测报告内容	说出检测报告所包括的内容		
自评反馈	按时按质完成工作任务 掌握专业知识点		
经验和建议			
总成绩			

拓展提高

影响离子活(浓)度测定准确度的因素

在直接电位法中影响离子活(浓)度测定的因素主要有以下几种。

一、温度

温度的变化会引起直线斜率和截距的变化,而 K' 值所包括的参比电极电位、膜电位、液接电位等均与温度有关。因此,在整个测量过程中应保持温度恒定,以提高测量的准确度。

二、电动势的测量

电动势测量的准确度直接影响测定结果的准确度。因此,测量电动势所用的仪器必须具有较高的精度，通常要求电动势测量的误差小于 0.01 mV。

三、干扰离子

干扰离子能直接为电极响应的，则其干扰效应为正误差；干扰离子与被测离子反应生成一种在电极上不发生响应的物质，则其干扰效应为负误差。例如 Al^{3+}对氟离子选择性电极无直接影响，但它能与待测离子 F^-生成不为电极所响应的稳定的配离子 AlF_6^{3-}，因而造成负误差。消除共存干扰离子的简便方法是加入适当的掩蔽剂掩蔽干扰离子，必要时需要做预分离。

四、溶液的酸度

溶液测量的酸度范围与电极类型和被测溶液的浓度有关，在测定过程中必须保持恒定的 pH 范围，必要时应使用缓冲溶液来维持。例如氟离子选择性电极测 F^-时，pH 应控制在 5~6 范围内。

五、待测离子浓度

离子选择性电极可测定的浓度范围为 10^{-1}~10^{-6} mol/L。检测下限主要取决于组成电极膜活性物质的性质，除此之外还与共存离子的干扰、溶液 pH 等因素有关。

六、迟滞效应

迟滞效应是指对同一活度值的离子试液测出的电位值与电极在测定前接触的试液成分有关的现象，也称为电极存储效应，它是直接电位法出现误差的主要原因之一。如果每次测量前都用去离子水将电极电位清洗至一定的值，则可有效地减免此类误差。

课后自测

(1)影响直接电位法测定准确度的因素有哪些?

(2)以 Pb^{2+}选择性电极测定 Pb^{2+}标准溶液,得如下数据:

$c(Pb^{2+})/(mol/L)$	1.00×10^{-5}	1.00×10^{-4}	1.00×10^{-3}	1.00×10^{-2}
E/mV	−208.0	−181.6	−158.0	−132.2

求:①绘制标准曲线;

②若对未知试液测定得 E=−154.0 mV,求未知试液 Pb^{2+}的浓度。

(3)以氟离子选择性电极用标准加入法测定试样中 F^- 浓度时,原试样是 5.00 mL,测定时是 100 mV,在加入 1.00 mL 0.0100 mol/L NaF 标准溶液后测得电池电动势改变了18.0 mV。求试样溶液中 F^-的含量。

参考答案

项目十一 电位滴定法测定工业硫酸中氯含量

项目导入

硫酸生产中,氯化物主要是随原料而被带入硫酸产品中的。气态氯化氢会使钒触媒中五价钒挥发,而且腐蚀管道与泵;硫酸中氯化物的存在会削弱甚至破坏金属表面钝态膜,加速硫酸对金属的腐蚀作用。因此,氯化物含量是硫酸质量的重要技术指标之一。

电位滴定法是根据滴定过程中指示电极电位的突跃来确定滴定终点的一种滴定分析方法。电位滴定法与化学分析法中的滴定法相似,都是根据标准滴定溶液的浓度和消耗的体积来计算被测物的含量,不同之处是判断滴定终点的方法不同。普通的滴定法是利用指示剂颜色的变化来指示滴定终点,而电位滴定法则是利用电池电动势的突跃来指示终点。因此,电位滴定法虽然不像用指示剂确定终点那样方便,但可以用在浑浊、有色溶液以及找不到合适指示剂的滴定分析中。另外,电位滴定具有连续滴定和自动滴定的特点。

本项目采用电位滴定法测定工业硫酸中氯含量,分为以下工作任务。

解读测定工业硫酸中氯含量的国家标准 → 样品检测与数据采集 → 撰写检测报告

任务一 解读测定工业硫酸中氯含量的国家标准

任务目标

(1)会查找、分析国家标准。

(2)会确认所需的仪器和配制所需试剂。

(3)会规范填写原始记录。

任务分析

1.明晰任务流程

阅读与查找质量标准 → 确定合适检测仪器 → 正确配制所需试剂 → 实验安全评估

2.任务难点分析

查找并解读国家标准，拟订实验方案，全面准确评估实验安全。

3.任务前准备

(1)GB/T 11198.13—1989《工业硫酸氯量的测定 电位滴定法》《ZDJ−4A 型自动电位滴定仪使用说明书》

(2)仪器。

氯电极、饱和甘汞电极、自动电位滴定仪。

(3)试剂。

硫酸(A.R)、硝酸银(A.R)、氯化钾(A.R)、去离子水。

相关知识

电位滴定法

进行电位滴定时，在待测溶液中插入一支对待测离子或滴定剂有电位响应的指示电极，并与参比电极组成工作电池。随着滴定剂的加入，由于待测离子与滴定剂之间发生化学反应,待测离子浓度不断变化,使指示电极电位相应地发生变化。在化学计量点附近,待测离子活度发生突变,指示电极的电位也相应发生突变。因此,测量电池电动势的变化,可以确定滴定终点。最后根据滴定剂浓度和终点时滴定剂消耗的体积计算试液中待测组分含量。如图 11-1-1 所示为 ZDJ-4A 型自动电位滴定仪。

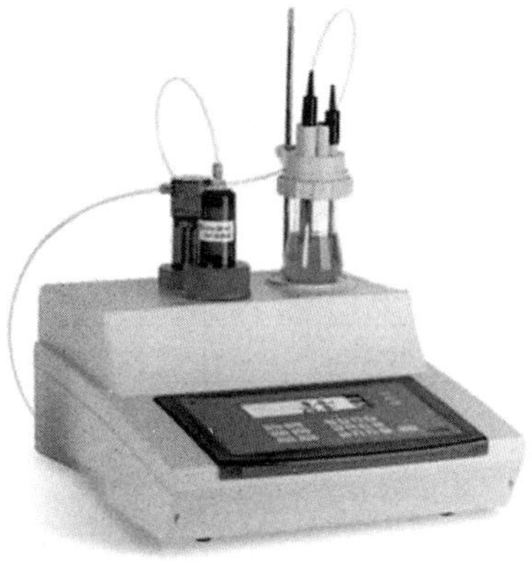

图 11-1-1 ZDJ-4A 型自动电位滴定仪

电位滴定法不同于直接电位法,直接电位法是以所测得的电池电动势(或其变化量)作为定量参数,因此其测量值的准确与否直接影响定量分析结果。电位滴定法测量的是电池电动势的变化情况,它不以某一电动势的变化量作为定量参数,只根据电动势变化情况确定滴定终点,其定量参数是滴定剂的体积,因此在直接电位法中影响测定的一些因素如不对称电位、液接电位、电动势测量误差等在电位滴定中可得以抵消。

任务实施

活动 1 阅读与查找质量标准

查找并阅读 GB/T 11198.13—1989《工业硫酸氯含量的测定 电位滴定法》《ZDJ-4A 型自动电位滴定仪使用说明书》,拟订实验方案,找出本法适用范围、方法原理、精密度、准确度等内容。将查得的内容填入原始记录表 11-1-1 中。

活动 2 仪器、试剂确认

根据拟订的实验方案,确认仪器、试剂是否符合质量标准要求,将确认结果填入表 11-1-1 中。

活动 3 安全防护

查找本项目实验过程中可能存在的安全隐患,并提出防护措施,将结果填入表 11-1-1 中。

活动 4 数据记录与处理

表 11-1-1 解读检测方法的原始记录

记录编号			
一、阅读与查找标准			
方法原理			
相关标准			
检出限			
准确度		精密度	
二、标准内容			
适用范围		限值	
定量公式		性状	
样品处理			
操作步骤			
三、仪器确认			
所需仪器			检定有效日期
四、试剂确认			
试剂名称	纯度	库存量	有效期
五、安全防护			
确认人		复核人	

任务评价

表 11-1-2 任务评价表

日期

评价指标	评价要素	等级评定	
		自评	教师评
阅读与查找标准	标准名称 相关标准的完整性 适用范围 检验方法 方法原理 试验条件 检测主要步骤 检出限 准确度 精密度		

续表

评价指标	评价要素	等级评定	
		自评	教师评
仪器确认	仪器种类 仪器规格 仪器精度		
试剂确认	试剂种类 试剂纯度 试剂数量		
安全	设备安全 人身安全		
总成绩			

任务二 样品检测与数据采集

任务目标

(1)会正确操作自动电位滴定仪。

(2)会正确配制国家标准要求的溶液。

(3)能运用电位滴定法对待测样品进行定量分析。

任务分析

1.明晰任务流程

溶液的配制 → 开机预热 → 样品测定 → 定量分析及数据处理 → 关机及结束实验

2.任务难点分析

(1)正确配制所需溶液。

(2)自动电位滴定仪的熟练操作。

3.任务前准备

(1)GB/T 11198.13—1989《工业硫酸氯含量的测定 电位滴定法》《ZDJ-4A 型自动电位滴定仪使用说明书》

(2)仪器。

①电位计:灵敏度±2%。

②甘汞电极:217 型双盐桥甘汞电极,内盐桥充以饱和氯化钾溶液,外盐桥充以 60%(质量比)硫酸。

③指示电极:氯电极($AgCl-Ag_2S$)。

④磁力搅拌器。

⑤滴定管:刻度精度 0.05 mL。

(3)试剂。

硫酸(A.R)、硝酸银(A.R)、氯化钾(A.R)、去离子水。

相关知识

一、电位滴定电极的选择

电位滴定法在滴定分析中应用广泛，可用于酸碱滴定、沉淀滴定、氧化还原滴定及配位滴定。不同类型的滴定需要选用不同的指示电极，表 11-2-1 中列出了各类滴定常用的电极和电极预处理方法，以供参考。

表 11-2-1 各类滴定常用电极

序号	滴定类型	电极系统		预处理
		指示电极	参比电极	
1	酸碱滴定 （水溶液中）	玻璃电极 锑电极	饱和甘汞电极 饱和甘汞电极	(1)玻璃电极：使用前须在水中浸泡 24 h 以上，使用后立即清洗并浸于水中保存 (2)锑电极：使用前用砂纸将表面擦亮，使用后应冲洗并擦干
2	氧化还原滴定	铂电极	饱和甘汞电极	铂电极：使用前应注意电极表面不能有油污物质，必要时可在丙酮或硝酸溶液中浸洗，再用水洗涤干净
3	银量法	银电极	饱和甘汞电极 （双盐桥型）	(1)银电极：使用前应用细砂纸将表面擦亮然后浸入含少量硝酸钠的稀硝酸(1+1)溶液中，直到有气体放出为止，取出用水洗干净 (2)双盐桥型饱和甘汞电极：盐桥套管内装饱和硝酸钠或硝酸钾溶液，其他注意事项与饱和甘汞电极相同
4	EDTA 配位滴定	金属基电极 离子 选择性电极 Hg/Hg-EDTA	饱和甘汞电极 饱和甘汞电极 饱和甘汞电极	

二、电位滴定仪器装置

1.电位滴定的基本仪器装置

电位滴定的基本仪器装置，如图 11-2-1 所示。

(1)滴定管。根据被测物质含量的高低，可选用常量滴定管或微量滴定管。

(2)电极。

①指示电极。根据滴定反应的性质可以选 pH 玻璃电极、铂电极或其他离子选择性电极等。

②参比电极。电位滴定通常使用饱和甘汞电极作为参比电极。

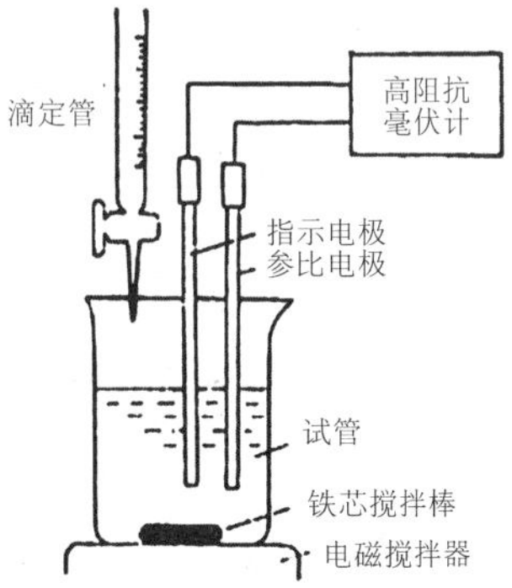

图 11-2-1 电位滴定仪

(3)高阻抗毫伏计。可用酸度计或离子计代替。

(4)电磁搅拌器。

2.自动电位滴定仪

自动电位滴定仪是专门为电位滴定设计的成套仪器，其操作比手动滴定方便，自动化程度高，分析速度快，分析结果准确度好。如ZD−2型自动电位滴定仪、MIA−3−DAB−B全自动电位滴定仪等，目前使用较普遍的是ZD−2型自动电位滴定仪。ZD−2型自动电位滴定仪是由ZD−2型滴定计和ZD−1型滴定装置通过双头连接插塞线组合而成。它是根据“终点电位补偿”的原理设计的。仪器能自动控制滴定速度，终点时会自动停止滴定。

近年来，电位滴定仪随电子技术和计算机技术的发展，向小型化、自动化方向发展。电位滴定法从仪器到方法都日趋成熟。

二、电位滴定终点的确定方法

1.电位滴定实验方法

进行电位滴定时，先要称取一定量试样并将其制备成试液。然后选择一对合适的电极，经适当预处理后，浸入待测试液中，并按图11−2−1所示连接好装置。开动电动磁搅拌器和毫伏计，先读取滴定前试液的电位值(读数前要关闭搅拌器)，然后开始滴定。滴定过程中，每加一次一定量的滴定溶液就应测量一次电动势(或pH)，滴定刚开始时测量间隔可大些(如可每次滴入5 mL标准溶液测量一次)，当标准滴定溶液滴入约为所需滴定体积的90%时，测量间隔要小些。滴定进行至化学计量点前后时，应每滴加0.1 mL标准滴定溶液测量一次电池电动势(或pH)，直至电动势变化不大为止。记录每次滴加标准滴定溶液后滴定管读数及测得的电位(或pH)。根据所测得的系列电动势(或pH)以及滴定消耗标准溶液的体积确定滴定终点。以银电极为指示电极，饱和甘汞电极为参比电极，用0.1000 mol/L $AgNO_3$溶液滴定NaCl溶液的数据见表11−2−2。

2.终点的确定方法

电位滴定终点的确定方法通常有三种，即$E-V$曲线法，$\Delta E/\Delta V-V$曲线法和二阶微商法。

(1)$E-V$曲线法。以加入滴定剂的体积V(mL)为横坐标，以相应的电动势E(mV)为纵坐标，绘制$E-V$曲线。$E-V$曲线上的拐点(曲线斜率最大处)所对应的滴定体积即为终点时滴定剂所消耗体积(V_{ep})。曲线拐点的位置可用下面的方法来确定：做两条与横坐标成45°的$E-V$曲线的平行切线，并在两条切线间做一条与两条切线等距离的平行线3，如图11−2−2

表 11-2-2 以 0.1000 mol/L $AgNO_3$ 溶液滴定含 Cl^-的溶液

加入 $AgNO_3$ 的体积 V/mL	工作电池电动势 E/V	$(\Delta E/\Delta V)/(V/mL)$	$\Delta^2E/\Delta V^2$
5.0	0.062		
		0.002	
15.0	0.085		
		0.004	
20.0	0.107		
		0.008	
22.0	0.123		
		0.015	
23.0	0.138		
		0.016	
23.50	0.146		
		0.050	
23.80	0.161		
		0.065	
24.00	0.174		
		0.09	
24.10	0.183		
		0.11	
24.20	0.194		2.8
		0.39	
24.30	0.233		4.4
		0.83	
24.40	0.316		−5.9
		0.24	
24.50	0.340		−1.3
		0.11	
24.60	0.351		−0.4
		0.07	
24.70	0.358		
		0.050	
25.00	0.373		
		0.024	
25.50	0.385		
		0.022	
26.00	0.396		

所示，该线与 $E-V$ 曲线 4 交点即为拐点。

$E-V$ 曲线法适于滴定曲线对称的情况，而对滴定突跃不十分明显的体系误差大。

(2)$\Delta E/\Delta V-V$ 曲线法，又称一阶微商法。$\Delta E/\Delta V-V$ 是 E 的变化值与相应的加入标准滴定溶液体积的增量的比。如表 11-2-2 所示，在加入 $AgNO_3$ 体积为 24.10 和 24.20 之间，相应地

$$\frac{\Delta E}{\Delta V}=\frac{0.194-0.183}{24.20-24.10}=0.11$$

其对应的体积 $V=\frac{24.20-24.10}{2}=21.15$(毫升)

将 V 对 $\Delta E/\Delta V$ 作图，可得到一呈峰状曲线，如图 11-2-3 所示，曲线最高点由实验点连线外推提到。其对应的体积为滴定终点时标准滴定溶液所消耗的体积(即 V_{ep})。用此法作图确定终点比较准确，但手续较烦杂。

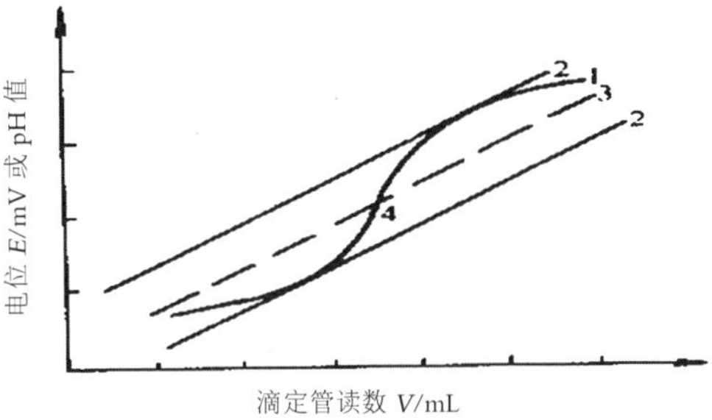

1-滴定曲线；2-切线；3-平行等距离线；4-滴定终点

图 11-2-2 $E-V$ 曲线

(3)二阶微商法。此法依据是一阶微商曲线的极大点对应的是终点体积，则二阶微商($\Delta^2E/\Delta V^2$)等于零处对应的体积也是终点体积。二阶微商法有作图法和计算法两种。

① 计算法。如表 11–2–2 中，加入 $AgNO_3$ 的体积为 24.30 mL 时，

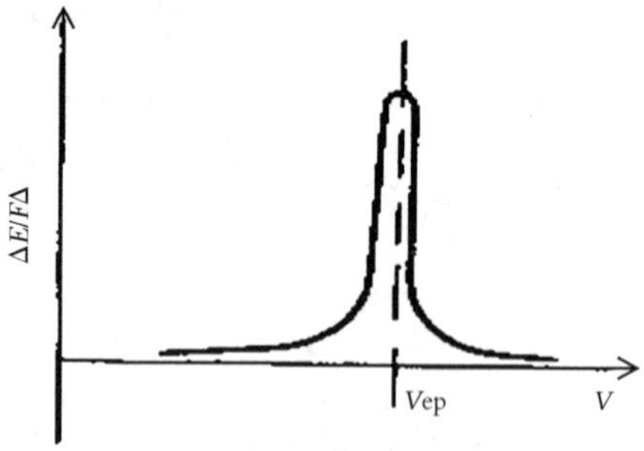

图 11–2–3 ΔE/ΔV–V 曲线
(一阶微商法)

$$\frac{\Delta^2 E}{\Delta V^2}=\frac{(\frac{\Delta E}{\Delta V})_{24.35}-(\frac{\Delta E}{\Delta V})_{24.25}}{V_{24.35}-V_{24.25}}=\frac{0.830-0.390}{24.35-24.25}=4.4$$

同理，加入 $AgNO_3$ 体积为 24.40 mL 时，

$$\frac{\Delta^2 E}{\Delta V^2}=\frac{0.24-0.83}{24.45-24.35}=-5.9$$

则终点体积必然在 $\Delta^2E/\Delta V^2$ 为4.4 和−5.9 所对应的体积之间，即在 24.30~24.40 mL 之间。具体数字可以用内插法计算，即

滴定体积	24.30	V_{ep}	24.40
$\Delta^2E/\Delta V^2$	+4.4	0	-5.9

$$\frac{24.40-24.30}{-5.9-4.4}=\frac{V_{ep}-24.30}{0-4.4}$$

$$V_{ep}=24.30+\frac{0-4.4}{-5.9-4.4}\times 0.10=24.34(\text{毫升})$$

①$\Delta^2E/\Delta V^2-V$ 曲线法。以 $\Delta^2E/\Delta V^2$ 对 V 作图，得如图 11–2–4 所示曲线，曲线最高点与最低点连线与横坐标的交点即滴定终点体积。

GB/T 9725—2007《化学试剂 电位滴定法通则》规定确定滴定终点可以采用二阶微商计算法，也可以用作图法，但实际工作中一般多采用二阶微商计算法求得。

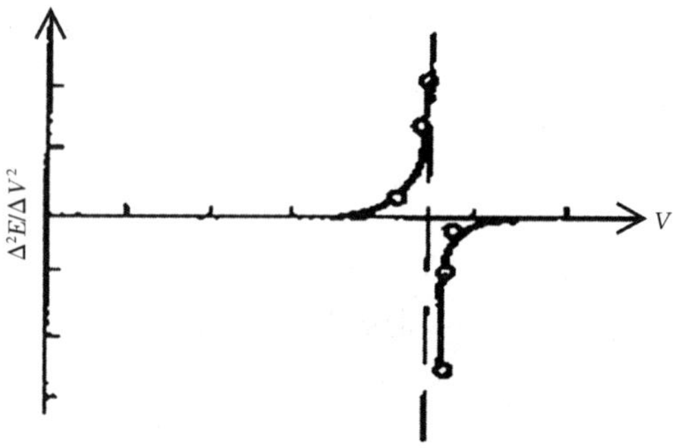

图 11–2–4 $\Delta^2E/\Delta V^2$–V 曲线
(二阶微商法)

任务实施

活动 1 溶液的配制

根据 GB/T 11198.13—1989《工业硫酸氯含量的测定 电位滴定法》的相关规定，配制相关浓度的各溶液。

（1）硫酸 GB/T 625—2007《化学试剂 硫酸》溶液：40%，小心地将 290 mL 浓硫酸加于 700 mL 水中，冷却后，加水稀释至 1000 mL。

（2）硝酸银 GB/T 670—2007《化学试剂 硝酸银》溶液：$c(AgNO_3)=0.1$ mol/L，按 GB/T 601—2016《化学试剂 标准滴定溶液的制备》配制，贮于棕色瓶中。

（3）硝酸银溶液：$c(AgNO_3)=0.005$ mol/L，$c(AgNO_3)=0.001$ mol/L，用硝酸银溶液（4.2）稀释制得，均于使用时配制。

（4）氯标准溶液：$c(KCl)=0.1$ mol/L，称取经 500 ℃干燥 1 h 的氯化钾（优级纯）3.7276 g，用水溶解，移至 500 mL 容量瓶中，用水稀释至 1000 mL，摇匀。

（5）氯标准溶液：$c(KCl)=0.005$ mol/L，$c(KCl)=0.001$ mol/L。

注意事项

（1）如无特殊说明，均使用分析纯试剂和去离子水。

（2）氯标准溶液经稀释制得，均于使用时配制。

活动 2 开机预热

1.电极准备

（1）将电极头部的保护帽去除。注意：不要用手指碰到敏感部位。

（2）单电极：将参比溶液加到与之配套的参比电极中。

（3）可加液式复合电极：将参比液加入参比腔体内，并保证测试过程中加液孔开放。

①向下滑动电极加液帽的套筒，打开加液孔。

②在参比腔内加入已提供的参比液。

③向下甩动电极（向甩温度计一样），去除内部气泡。

④参比溶液的顶部必须高于内芯焊接点，距电极前端约 7.6 cm。

⑤不可充复合电极参比液为凝胶且密封，不需要填充液。

⑥用去离子水清洗电极，吸干水分，不要擦干。

⑦把电极放到电极支架上。使用前，将电极前端浸在去离子水中 10 min，然后浸在稀释的氯离子溶液中 2 h。

2.仪器的准备和电极的安装

按仪器说明书，接通电源，预热 20 min，校正仪器，调仪器零点。氯电极接仪器负接线柱，饱和甘汞电极接仪器正接线柱。将电极插入蒸馏水中，测定之前，需用去离子水洗电极至空白电位。

活动 3 硝酸银标准溶液的标定

量取两份(50±2)mL 40%的硫酸于 100 mL 烧杯中，分别加入 5.0 mL 和 10.0 mL 氯标准溶液，冷却至 30 ℃以下，放入磁棒，插入指示电极与甘汞电极，连接电极与电位计，校正仪器零点后，记录起始电位值，由滴定管加入与氯标准溶液相同浓度的硝酸银溶液，开始每次加入 1 mL，待电位稳定后读数，当临近终点时，每次加入 $c(AgNO_3)$=0.005 mol/L 的硝酸银溶液 0.1 mL[或 $c(AgNO_3)$=0.001 mol/L 硝酸银溶液 0.2 mL]，记录加入体积与相应电位值，按下式计算出消耗硝酸银溶液的真实体积(V)与滴定度(T)，计算公式参见示例。

$$V=V_0+V_1\times\frac{b}{B} \qquad (式 11-1)$$

$$T=\frac{g}{V_2-V_3} \qquad (式 11-2)$$

式中：V_0——电位增量 ΔE1 达到最大值前所耗用硝酸银的体积，单位为“mL”；

V_1——临近终点时，每次加入的硝酸银溶液的体积，单位为“mL”；

b——ΔE_2 的最后一正值；

B——ΔE_2 最后一正值与第一个负值的绝对值之和；

g——标定用的两种氯标准溶液体积之差，换算成氯质量，单位为“g”；

V_2——滴定 10.0 mL 氯标准溶液所需硝酸银溶液的准确体积，单位为“mL”；

V_3——滴定 5.0 mL 氯标准溶液所需硝酸银溶液的准确体积，单位为“mL”。

计算示例见下表：

表 11-2-3 消耗硝酸银溶液的真实体积计算实例

<table>
<tr><th>硝酸银体积/mL</th><th>电位值 E/mV</th><th>ΔE_1</th><th>ΔE_2</th></tr>
<tr><td>4.8</td><td>125</td><td rowspan="2">9</td><td rowspan="2">+16</td></tr>
<tr><td>4.9</td><td>134</td></tr>
<tr><td>5.0</td><td>159</td><td>25</td><td>+91</td></tr>
<tr><td>5.1</td><td>275</td><td>116</td><td>−67</td></tr>
<tr><td>5.2</td><td>324</td><td>49</td><td>−</td></tr>
</table>

V=5.0+0.1×91/(91+67)=5.058(毫升)

活动 4 定量分析

在盛有试液的烧杯中，放入磁棒，插入指示电极与甘汞电极，连接电极与电位计。以下按活动 3 硝酸银标准溶液的标定“校正仪器零点后……”步骤进行。滴定过程中，试液温度必须保持在 30 ℃以下，若高于 30 ℃，需用冰冷却。当 Cl^-浓度太低时，可用标准加入法进行测定。

活动 5 关机及结束

(1)清洗仪器、电极。

(2)关闭自动电位滴定仪。

(3)清洗实验器皿，整理实验室，填写仪器使用记录表。

活动 6 数据记录与处理

表 11-2-4 电位滴定法测定工业硫酸中氯的原始记录

检验依据		判定依据	
温度/℃		相对湿度/%	
检验设备(标准物质)编号			
一、标液配制			
溶液名称	浓度/(mg/mL)	配制方法	
硝酸银标准溶液			
二、滴定溶液的标定			
$V_{吸收}$/mL			
V_S/mL	E/mV	$\Delta E/\Delta V$	$\Delta^2 E/\Delta V^2$
滴定终点/mL		滴定度/(mg/L)	
三、试样滴定			
$V_{吸收}$/mL			
V_S/mL	E/mV	$\Delta E/\Delta V$	$\Delta^2 E/\Delta V^2$
滴定终点/mL		滴定度/(mg/L)	
四、质控样滴定			
$V_{吸收}$/mL			
V_S/mL	E/mV	$\Delta E/\Delta V$	$\Delta^2 E/\Delta V^2$
滴定终点/mL		滴定度/(mg/L)	

续表

五、空白滴定			
$V_{吸收}$/mL			
V_S/mL	E/mV	$\Delta E/\Delta V$	$\Delta^2E/\Delta V^2$
检验人		复核人	

任务评价

表 11-2-5 任务评价表

日期

评价指标	评价要素	等级评定	
		自评	教师评
标液配制	计算思路 计算结果		
样品移取	吸量管使用		
电极准备	电极准备 仪器预热		
数据测量	滴定速度 空白试验		
结束工作	关闭仪器 清洗电极 填写仪器实验记录卡		
学习方法	预习报告书写规范		
工作过程	遵守管理规程 操作过程符合现场管理要求 出勤情况		
思维状态	能发现问题、提出问题、 分析问题、解决问题		
自我反馈	按时按质完成工作任务 掌握专业知识点		
经验和建议			
总成绩			

任务三 撰写检测报告

任务目标

(1)会运用电位滴定法处理数据。

(2)会根据质量标准判断数据的有效性,确定样品是否合格。

(3)会撰写检测报告。

任务分析

1.明晰任务流程

数据处理 → 判定 → 撰写检测报告

2.任务难点分析

(1)正确的数据处理。

(2)检测有效性判断。

3.任务前准备

计算器、检验报告书。

任务实施

活动 1 数据处理

(1)判断获得的原始数据是否符合国标要求,若符合,则运用电位滴定法计算出待测样品的质量分数。

氯的质量百分数含量 x 按式 11-3 计算:

$$x=\frac{T(V_5-V_6)}{m_0} \qquad (式 11-3)$$

式 11-1 中:T——硝酸银溶液对氯的滴定度,单位为“g/mL”;

V_5——测定时耗用硝酸银的体积,单位为“mL”;

V_6——试剂空白消耗用硝酸银的体积(由标定 5 mL 氯标准溶液时所耗用硝酸银的 2 倍体积减去 10 mL 所耗用硝酸银的体积而得),单位为“mL”;

m_0——试样质量单位为“g”。

(2)将结果填入表中。

活动 2 检测结果判定

(1)若检测结果符合国标要求,则将质量分数记录表格中。测定结果以算术平均值报出。平均测定允许相对偏差:

氯含量,%　　0.001~0.0003

允许相对偏差,%　10

(2)若检测结果不符合国标要求,进行纠偏处理。

(3)根据检测结果,出具检测报告。

表 11-3-1 检验报告内页

抽样地点			样品编号	
检测项目	限值	检测结果	本项结论	备注
以下空白				

任务评价

表 11-3-2 任务评价表

日期

评价指标	评价要素	等级评定	
		自评	教师评
样品计算	稀释倍数		
质控判断	质控浓度计算 检测有效性判断		
撰写报告	无空项 有效数字符合标准规定		
学习方法	预习报告书写规范		
工作过程	遵守管理规程 操作过程符合现场管理要求 出勤情况		
思维状态	能发现问题、提出问题、 分析问题、解决问题		

续表

评价指标	评价要素	等级评定	
		自评	教师评
自我反馈	按时按质完成工作任务 掌握专业知识点		
经验和建议			
总成绩			

课后自测

(1)在电位滴定中，以 $E-V$ 作图绘制滴定曲线，滴定终点为(　　)。

A.曲线的最大斜率点　　　　B.曲线的最小斜率点

C.E 为最正值点　　　　D.E 为最负值的点

(2)在电位滴定中，以 $\Delta E/\Delta V-V$ 作图绘制曲线，滴定终点为(　　)。

A.曲线突跃的转折点　　　　B.曲线的最大斜率点

C.曲线的最小斜率点　　　　D.曲线斜率为零时的点

(3)在电位滴定中，以 $\Delta^2E/\Delta V^2-V$ 作图绘制曲线，滴定终点为(　　)。

A.$\Delta^2E/\Delta V^2$ 为最正值点　　　　B.$\Delta^2E/\Delta V^2$ 为最负值点

C.$\Delta^2E/\Delta V^2$ 为零时的点　　　　D.曲线的斜率为零时的点

(4)电位滴定法与用指示剂指示滴定终点的滴定分析法及直接电位法有什么区别?

(5)用 0.1052 mol/L NaOH 标准溶液滴定 25.00 mL HCl 溶液，以玻璃电极作指示电极，饱和甘汞电极作参比电极，测得以下数据：

V(NaOH)/mL	0.55	24.50	25.50	25.60	25.70	25.80	25.90	26.00
pH	1.70	3.00	3.37	3.41	3.45	3.50	3.75	7.50
V(NaOH)/mL	26.10	26.20	26.30	26.40	26.50	27.00	27.50	
pH	10.20	10.35	10.47	10.52	10.56	10.74	10.92	

①用二阶微商计算法确定滴定终点体积。

②计算 HCl 溶液的浓度。

(6)测定海带中 I^- 的含量时，称取 10.56 g 海带，经化学处理制成溶液，稀释到约 200 mL，用银电极-双盐桥饱和甘汞电极，以 0.1026 mol/L $AgNO_3$ 标准溶液进行滴定，测得如下数据：

$V(AgNO_3)$/mL	0.00	5.00	10.00	15.00	16.00	16.50	16.60	16.70
E/mV	253	234	210	175	166	160	153	142
$V(AgNO_3)$/mL	16.80	16.90	17.00	17.10	17.20	18.00	20.00	
E/mV	123	+224	+312	+332	+338	+363	+375	

①用二阶微商法确定终点体积。

②海带试样中 KI 的含量[已知 M(KI)=166.0 g/mol]。

(7)用银电极作指示电极，双盐桥饱和甘汞电极作参比电极，以 0.1000 mol/L $AgNO_3$ 标准滴定溶液滴定 10.00 mL Cl^-和 I^-的混合液，测得以下数据：

$V(AgNO_3)$/mL	0.00	0.50	1.50	2.00	2.10	2.20	2.30	2.40	2.50	2.60	3.00	3.50
E/mV	−218	−214	−194	−173	−163	−148	−108	83	108	116	125	133
$V(AgNO_3)$/ml	4.50	5.00	5.50	5.60	5.70	5.80	5.90	6.00	6.10	6.20	7.00	7.50
E/mV	148	158	177	183	190	201	219	285	315	328	365	377

①根据 $E-V(AgNO_3)$曲线，从曲线拐点确定终点。

②绘制 $\Delta E/\Delta V-V$ 曲线，确定终点。

③用二阶微商计算法，确定滴定终点时滴定剂消耗的体积。

④根据③中计算出的滴定剂消耗体积，计算 Cl^-及 I^-的含量(以“mg/mL”表示)。

参考答案

项目十二 气相色谱法测定丙酮中水、甲醇、乙醇含量

项目导入

色谱分析法是近40多年来迅速发展起来的一种新型的分离、分析技术。气相色谱法能解决那些物理常数相近、化学性质相似的同系物、异构体等复杂组分混合物的分离、分析问题，目前已成为有机合成、天然产物、生物化学、石油化工、医药工业及环境监测等各个领域中不可缺少的一种重要分析手段。

丙酮（acetone，CH_3COCH_3），又名二甲基酮，为最简单的饱和酮。易溶于水和甲醇、乙醇、乙醚、氯仿、吡啶等有机溶剂，易燃、易挥发，化学性质较活泼。目前世界上丙酮的工业生产以异丙苯法为主。丙酮在工业上主要作为溶剂用于炸药、塑料、橡胶、纤维、制革、油脂、喷漆等行业中，也可作为合成烯酮、醋酐、碘仿、聚异戊二烯橡胶、甲基丙烯酸甲酯、氯仿、环氧树脂等物质的重要原料。

本项目采用归一化法测定丙酮中水、甲醇、乙醇的含量，包括以下工作任务：

解读化学试剂丙酮测定的国家标准 → 安装色谱柱 → 测定柱效能 → 色谱条件的选择 → 样品检测与数据采集 → 撰写检测报告

任务一 解读化学试剂丙酮测定的国家标准

任务目标

(1)会查找分析相应检测项目的国家标准。

(2)会确认所需的仪器和配制所需试剂。

(3)会规范填写原始记录。

任务分析

1.明晰任务流程

阅读与查找质量标准 → 确定合适检测仪器 → 正确配制所需试剂 → 实验安全评估

2.任务难点分析

解读国家标准,拟订实验方案,全面准确评估实验安全。

3.任务前准备

(1)GB/T 686—2008《化学试剂 丙酮》、GB/T 9722—2006《化学试剂 气相色谱法通则》。

(2)仪器。

①气相色谱仪(TCD)。

②填充柱:GDX-104[0.180~0.154 mm(80~100 目)]或选用 Porapak Q[0.180~0.154 mm(80~100 目)],柱长 2 m、内径 3 mm 的不锈钢管或玻璃管。

(3)试剂。

丙酮、甲醇、乙醇、纯水。

相关知识

一、气相色谱仪

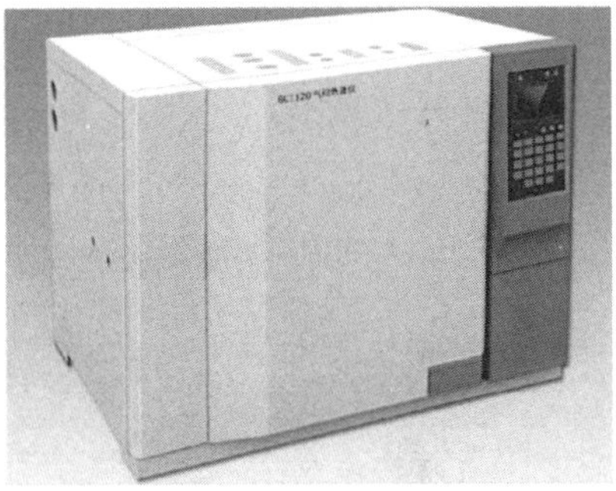

图 12-1-1 普析通用 GC1120 气相色谱仪

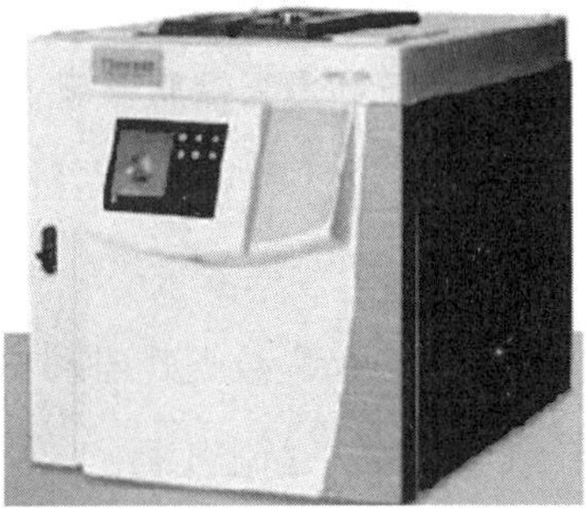

图 12-1-2 塞默菲 Trace1310 气相色谱仪

气相色谱仪的型号种类繁多，但它们的基本组成是一致的。它们都由气路系统、进样系统、分离系统、检测系统、温度控制系统、数据处理系统等 6 大部分组成，如图 12-1-3 所示。

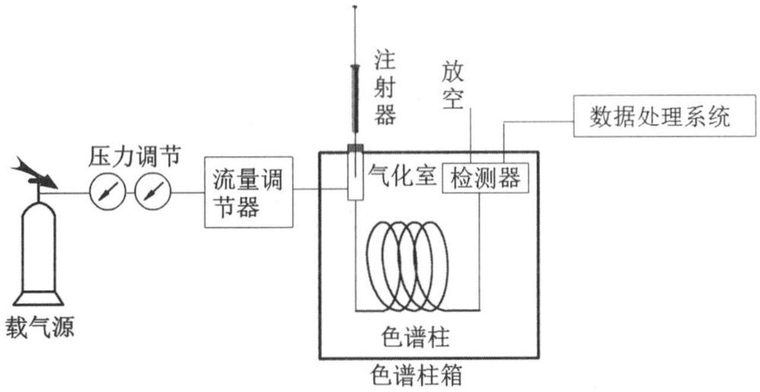

图 12-1-3 气相色谱仪基本组成

1.气路系统

气相色谱仪中的气路系统是一个载气连续运行的密闭管路系统。整个气路系统要求载气纯净、密闭性好、流速稳定及流速测量准确。

2.进样系统

要想获得良好的气相色谱分析结果，首先要将样品定量引入色谱系统，并使样品有效地气化，然后用载气将样品快速“扫入”色谱柱。气相色谱仪的进样系统包括进样器和气化室。

3.分离系统

分离系统主要由柱箱和色谱柱组成，其中色谱柱是核心，它的主要作用是将多组分样品分离为单一组分的样品。

4.检测系统

气相色谱仪检测器的作用是将经色谱柱分离后顺序流出的化学组分的信息转变为便于记录的电信号,然后对被分离物质的组成和含量进行鉴定和测量。检测器是色谱仪的“眼睛”。

5.数据处理系统和温度控制系统

(1)数据处理系统。数据处理系统是气相色谱分析必不可少的一部分,虽然对分离和检测没有直接的贡献,但分离效果的好坏,检测器性能的好坏,都要通过数据处理系统收集显示的数据反映出来,所以数据处理系统最基本的功能便是将检测器输出的模拟信号随时间的变化曲线(即色谱图)绘制出来。

(2)温度控制系统。在气相色谱测定中,温度的控制是重要指标,它直接影响柱的分离效能、检测器的灵敏度和稳定性。控制温度主要指对色谱柱、气化室、检测器三处的温度控制,尤其是对色谱柱的控温精度要求很高。

任务实施

活动 1 查找并阅读质量标准

查找并阅读 GB/T 686—2008《化学试剂 丙酮》和 GB/T 9722—2006《化学试剂 气相色谱法通则》,拟订实验方案,找出本法适用范围、方法原理、精密度、准确度等内容。将查得的内容填入原始记录表 12-1-1 中。

活动 2 仪器确认

根据拟订的实验方案,确认仪器是否符合质量标准的要求,将确认结果填入原始记录表 12-1-1 中。

活动 3 数据记录与处理

表 12-1-1 国家标准解读原始记录

记录编号			
一、阅读与查找标准			
方法原理			
相关标准			
检出限			
准确度		精密度	
二、标准内容			
适用范围		限值	
定量公式		性状	
样品处理			
操作步骤			
三、仪器确认			
所需仪器			检定有效日期
四、试剂确认			
试剂名称	纯度	库存量	有效期
五、安全防护			
确认人		复核人	

任务评价

表 12-1-2 任务评价表

日期

评价指标	评价要素	等级评定	
		自评	教师评
阅读与查找标准	标准名称 相关标准的完整性 适用范围 检验方法 方法原理 试验条件 检测主要步骤 检出限 准确度 精密度		

续表

评价指标	评价要素	等级评定	
		自评	教师评
仪器确认	仪器种类 仪器规格 仪器精度		
试剂确认	试剂种类 试剂纯度 试剂数量		
安全	设备安全 人身安全		
总成绩			

任务二 安装色谱柱

任务目标

(1)能认识气相色谱仪基本结构。

(2)会安装毛细管柱。

(3)会安装填充柱。

(4)会检漏。

(5)会老化色谱柱。

任务分析

1.明晰任务流程

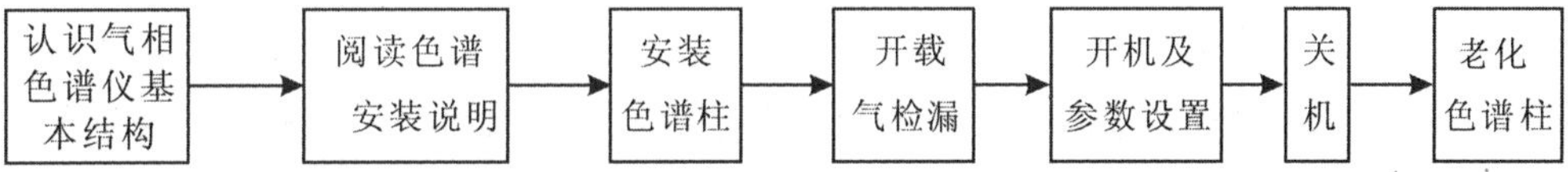

2.任务难点分析

(1)色谱柱的安装:安装色谱柱时把握好色谱柱与气化室和检测器的距离。

(2)色谱柱的检漏:分段逐一检漏。

(3)色谱柱的老化:掌握色谱柱老化的时间和温度。

3.任务前准备

(1)仪器。

①气相色谱仪。

②色谱柱:填充柱(GDX-104)、毛细管柱。

③工具:切管器、直尺、扳手、衬管、密封垫圈。

(2)试剂:异丙醇(1+1)、色谱柱测试样品(参考色谱柱说明书)。

相关知识

色谱柱的分类

色谱柱一般可分为填充柱和毛细管柱。

1.填充柱

填充柱是指在柱内均匀、紧密填充固定相颗粒的色谱柱。柱长一般在 1~5 m，内径一般为 2~4 mm。依据内径大小的不同，填充柱又可分为经典型填充柱、微型填充柱和制备型填充柱。填充柱的柱材料多为不锈钢和玻璃，其形状有 U 形和螺旋形，U 形柱柱效率较高。

2.毛细管柱

毛细管柱又称空心柱，其分离效率比填充柱高，可解决复杂的、填充柱难于解决的分析问题。常用的毛细管柱为涂壁空心柱(WCOT)，其内壁直接涂渍固定液，柱材料大多用熔融石英，即所谓弹性石英柱。柱长一般在 25~100 m，内径一般为 0.1~0.5 mm。按柱内径的不同，WCOT 可进一步分为微径柱、常规柱和大口径柱。涂壁空心柱的缺点是柱内固定液的涂渍量较小，且固定液容易流失。为了尽可能地增加柱的内表面，以增加固定液的涂渍量，人们又发明了涂载体空心柱(SCOT，即内壁上沉积载体后再涂渍固定液的空心柱)和属于气-固色谱柱的多孔性空心柱[PLOT，即内壁上有多孔层(吸附剂)的空心柱]。其中 SCOT 由于制备技术比较复杂，应用不太普遍，PLOT 则主要用于永久性气体和低相对分子质量有机化合物的分离分析。表 12-2-1 列出常用色谱柱的特点及用途。

表 12-2-1 常用色谱柱的特点及用途

参数		柱长/m	内径/mm	柱效 N/m	进样量/ng	液膜厚度/μm	相对压力	主要用途
填充柱	经典	1~5	2~4	500~1000	$10 \sim 10^6$	10	高	分析样品
	微型		≤1					分析样品
	制备		>4					制备纯化合物
WCOT	微径柱	1~10	≤0.1	4000~8000	10~1000	0.1~1	低	快速 GC
	常规柱	10~60	0.2~0.32	3000~5000				常规分析
	大口径柱	10~50	0.53~0.75	1000~2000				定量分析

任务实施

活动1 色谱柱的安装

1.安装前的准备工作

(1)载气净化。对于气相分析,使用纯净、无氧的载气是非常重要的。一方面在较高温度下,气相柱易于氧化,特别是具有极性的;另一方面会导致分析结果的偏差和不确定性。最好在分析中使用脱水脱氧净化器。同样,对所有火焰离子化检测器(FID)中的空气及尾吹气管路,建议采用净化器,电子捕获检测器(ECD)的尾吹气管路要设置水分捕集器,上述气体的污染都会引起基线噪声。

(2)进样口检查。进样口通常是易受污染的部位,衬套的洁净和良好的惰性对于色谱柱性能有着十分重要的作用。在安装色谱柱之前,请仔细检查上述衬套是否有样品残留物及隔垫和密封圈的颗粒物。另外, 衬套还必须进行脱活处理,以减少对敏感化合物的吸附与分解。隔垫处可能是另一个污染和泄漏源,用久的隔垫往往会“去心”或在中心处可能出现孔洞而造成泄漏,应注意经常更换隔垫,最好选用耐高温和低流失的隔垫,可在使用前置于色谱仪炉膛中 300 ℃老化一晚,这可以避免色谱柱使用过程中因为进样的流失而导致鬼峰。

(3)检测器的检查。必须确认检测器处于良好的工作状态,尤其是 FID,请经常清洗火焰喷嘴。检查检测器的气体流速,不适当的载气流速都会降低灵敏度和柱效 。

2.色谱柱的安装

(1)填充柱的安装。填充柱的进样器一端应留出足够的一段空柱(至少进样器端留 50 mm,如图 12-2-1 所示),以防插入的进样器触到填在柱端的玻璃纤维或柱填充物;在检测器一端,也应留出足够的一段空柱(至少 40 mm),以防喷嘴底端触到填在柱端的玻璃纤维或柱填充物。另外,由于玻璃的刚性,玻璃填充柱两边必须同时在进样器和检测器两端安装。

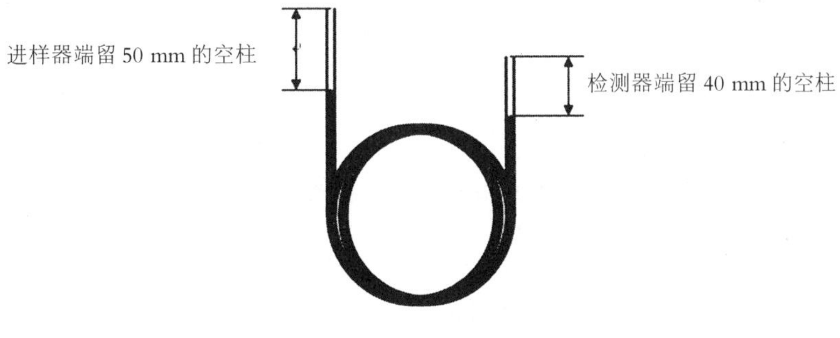

图 12-2-1 填充柱进样器空柱

(2)毛细管柱(如图 12-2-2 所示)的安装。

图 12-2-2 毛细管柱

①切割毛细管,使毛细管无毛口,边缘齐整。

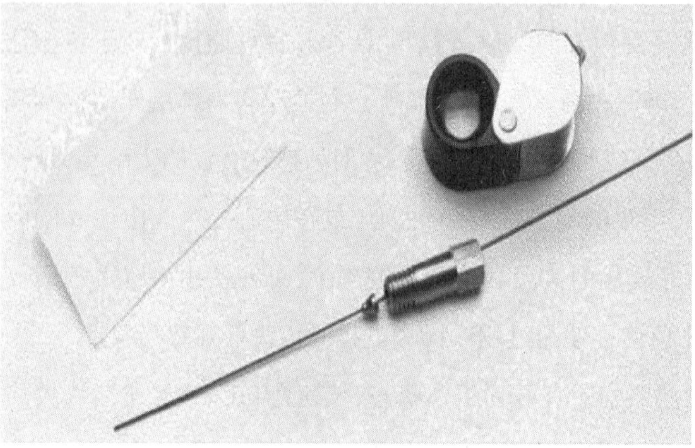

图 12-2-3 切割工具(陶瓷片、目镜)

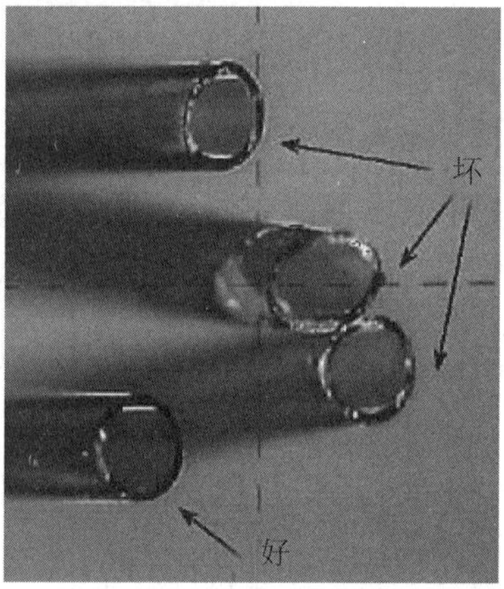

图 12-2-4 切割效果对比

②确定正确的安装距离(如图 12-2-5 所示)。参照仪器说明书,确定毛细管伸出固定螺母的距离,各厂商的仪器不同,提供的数据不同,不可混用。

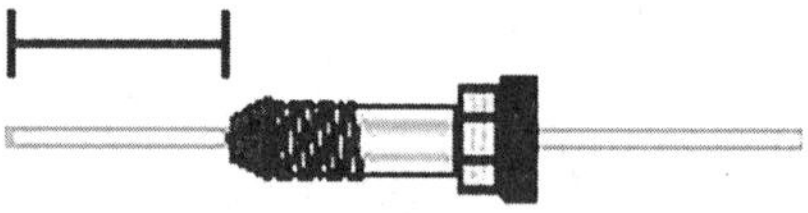

图 12-2-5 确定正确的安装距离

③将色谱柱连于进样口上。插入柱子进样端到进样口,并按仪器说明书要求安装到适当位置。用手拧紧螺帽,直到柱子刚好不上下滑动,再用扳手多拧紧四分之一圈。

④调节合适的载气流速。接通载气并调节载气压力得到合适的流速,将色谱柱出口端浸入无毒试剂中观察是否冒泡以检查是否有载气通过。检查过后将毛细管端口擦拭干净,保证柱端无溶剂残留。

⑤将色谱柱连于检测器上。安装色谱柱出口端到检测器位置,安装注意事项与进样口连接大致相同。

注意事项

(1)切割毛细管柱应在聚酰亚胺涂层上轻轻地划出一道划痕，不要尝试割开毛细管玻璃。

(2)毛细管柱安装插入的长度根据仪器说明书而定，不同仪器的气化室结构不同，所以插入的长度也不同。

活动2 气体检漏

气相色谱仪的气路要认真仔细地进行检漏，气路不密封将会使以后的实验出现异常现象，造成数据不准确。用氢气作载气时，氢气若从柱接口漏进恒温箱，可能会发生爆炸事故。气路检漏常用的方法有两种：一种是皂膜检漏法，即用毛笔蘸上肥皂水涂在各接头上检漏，若接口处有气泡溢出，则表明该处漏气，应重新拧紧，直到不漏气为止。检漏完毕应使用干布将皂液擦净。另一种叫作堵气观察法，即用橡皮塞堵住出口，转子流量计流量为0，同时关闭稳压阀，压力表压力不下降，则表明不漏气；反之，若转子流量计流量指示不为0或压力表压力缓慢下降(在半小时内，仪器上压力表指示的压力下降大于0.005 MPa)，则表明该处漏气，应重新拧紧各接头以至不漏气为止。

活动3 色谱柱的老化

新填充的柱子应在低流速的载气流下处理(确保载气流过毛细管柱15~30 min)，以除去色谱柱中残留的微量溶剂及挥发性杂质，使固定液在载体表面有一个再分布过程，使涂布更加均匀牢固。

缓慢程序升温(5 ℃/min)到老化温度，最初老化温度≥4 h，温度应略高于实验使用温度，但低于最高使用温度。如果柱子受到污染，可在比推荐的最高色谱柱温度低20 ℃的条件下老化柱子。最好过夜处理，但常常几个小时就可使基线平直。

老化温度为：

$T_{cond}=T_{max}/2+T_{app}/2$

T_{cond}：老化温度

T_{max}：色谱柱推荐采用的最高温度

T_{app}：应用中使用的最高温度

注意事项

在老化柱子时，一定不要将毛细管接在检测器上，应将那一端放空，同时将检测器用闷头堵上。如果是FID，容许接在上面，但应该将检测器温度升上去。色谱柱升至一恒定温度，通常为其温度上限。特殊情况下，可加热至高于最高使用温度10~20 ℃，但是一定不能超过色谱柱的温度上限，那样极易损坏色谱柱。当到达老化温度后，记录并观察基线。

活动4 数据记录与处理

表12-2-2 安装色谱柱原始记录

记录编号			
检测项目		检验日期	
检验依据		判定依据	
温度/℃		相对湿度/%	
检验设备(标准物质)编号			
一、色谱柱安装及检漏			
气路系统是否通畅			
检漏方法			
二、色谱柱老化及检测			
柱温：________℃ 检测器名称：________ 载气流速：________mL/min		气化室温度：________℃ 检测器温度：________℃ 进样量：________μL	
柱流失检测情况			
实验混合样品检测情况			
结论			
检验人		复核人	

任务评价

表 12-2-3 任务评价表

日期

评价指标	评价要素	等级评定	
		自评	教师评
安装结果	是否正确		
检漏结果	是否有漏气现象		
开机、关机	参数设置 操作顺序		
测试	仪器正常工作 老化结果 基线平直		
结束工作	电源关闭、工作台整洁、填写仪器实验记录卡		
学习方法	预习报告书写规范		
工作过程	遵守管理规程 操作过程符合现场管理要求 出勤情况		
思维状态	能发现问题、提出问题、分析问题、解决问题		
自我反馈	按时按质完成工作任务 掌握专业知识点		
经验和建议			
总成绩			

拓展提高

色谱法

一、色谱法的由来

1906 年，俄国植物学家茨维特(M.S. Tswett)在研究植物色素的过程中，做了一个经典的实验，他在一根类似滴定管的玻璃柱的狭小一端塞上小团棉花，管中填充细颗粒的碳酸钙固体，形成一根吸附柱，如图 12-2-6 所示。然后将其与吸滤瓶连接，使绿色植物叶子的石油醚抽取液自柱中通过，再用石油醚去淋洗。结

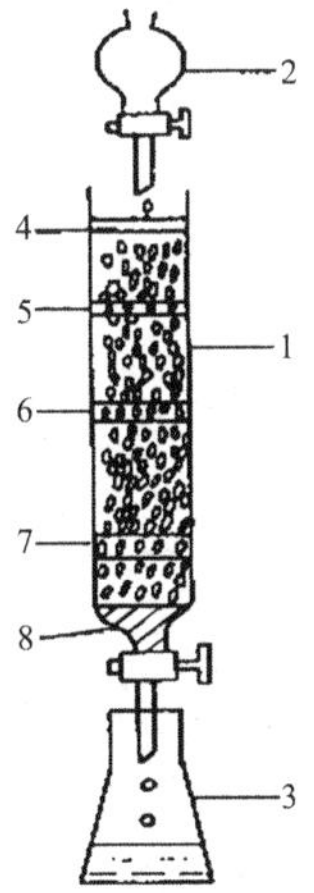

1-装有 $CaCO_3$ 的色谱柱；2-装有石油醚的分液漏斗；3-接收洗脱液的锥形瓶；4-色谱柱顶端石油醚；5-绿色叶绿素；6-黄色叶黄素；7-黄色胡萝卜素；8-色谱柱出口填充的棉花

图 12-2-6 茨维特吸附色谱分离实验示意图

果管柱中出现了不同颜色的色带，留在最上面的是叶绿素 b；下面接着的是叶绿素 a 和叶黄素；随着溶剂到吸附层最下层的是黄色的胡萝卜素，实验证明这个玻璃柱有分离不同色素的功能。茨维特在他的原始论文中，把上述分离方法叫作色谱法，把填充 $CaCO_3$ 的玻璃柱管叫作色谱柱，把其中具有大表面积的$CaCO_3$ 固体颗粒称为固定相，把推动被分离的组分（色素）流过固定相的惰性流体（本实验用的是石油醚）称为流动相，柱中出现的有颜色的色带叫作色谱图。现在的色谱分析已经失去颜色的含义，只是沿用“色谱”这个名词。色谱分析法实质上是一种物理化学分离方法，即利用不同物质在两相（固定相和流动相）中具有不同的分配系数（或吸附系数，当两相做相对运动时，这些物质在两相中反复多次分配，即组分在两相之间进行反复多次的吸附、脱附或溶解、挥发过程）而使各物质得到完全分离，并可进行定性、定量分析。

色谱法有多种类型，以不同角度可以有不同的分类方法。通常有下述三种分类方法。

(1)按固定相和流动相所处的状态分类（表 12-2-4）。

表 12-2-4 按两相所处状态分类

流动相	总　称	固定相	色谱名称
气体	气相色谱(GC)	固体	气-固色谱(GSC)
		液体	气-液色谱(GLC)
液体	液相色谱(LC)	固体	液-固色谱(LSC)
		液体	液-液色谱(LLC)

(2)按固定相性质和操作方式分类（表 12-2-5）。

表 12-2-5 按固定相性质和操作方式分类

固定相形式	柱		纸	薄层板
	填充柱	开口管柱		
固定相性质	在玻璃或不锈钢柱管内填充固体吸附剂或涂渍在惰性载体上的固定液	在弹性石英玻璃或玻璃毛细管内壁附有吸附剂薄层或涂渍固定液等	具有多孔和强渗透能力的滤纸或纤维素薄层	在玻璃板上涂有硅胶 G 薄层
操作方式	液体或气体流动相从柱头向柱尾连续不断地冲洗		液体流动相从滤纸一端向另一端扩散	液体流动相从薄层板一端向另一端扩散
名称	柱色谱		纸色谱	薄层色谱

(3)按色谱分离过程的物理化学原理分类(表 12-2-6)。

表 12-2-6 按分离过程的物理化学原理分类

名称	吸附色谱	分配色谱	离子交换色谱	凝胶色谱
原理	利用吸附剂对不同组分吸附性能的差别	利用固定液对不同组分分配性能的差别	利用离子交换剂对不同离子亲和力的差别	利用凝胶对不同组分分子阻滞作用的差别
平衡常数	吸附系数 K_A	分配系数 K_P	选择性系数 K_S	渗透系数 K_{PF}
流动相为液体	液-固吸附色谱	液-液分配色谱	液相离子交换色谱	液相凝胶色谱
流动相为气体	气-固吸附色谱	气-液分配色谱		

二、气相色谱法的特点和应用范围

气相色谱法是基于色谱柱能分离样品中各组分,检测器能连续响应,能同时对各组分进行定性、定量的一种分离分析方法,所以气相色谱法具有分离效率高、灵敏度高、分析速度快、应用范围广等优点。

分离效率高是指它对性质极为相似的烃类异构体、同位素等有很强的分离能力,能分析沸点十分接近的复杂混合物。例如用毛细管柱可分析汽油中 50~100 多个组分。

灵敏度高是指使用高灵敏度检测器可检测出 10^{-11}~10^{-13} g 的痕量物质。

分析速度快是相对于化学分析法而言的。一般情况下,气相色谱完成一个样品的分析仅需几分钟。目前气相色谱仪普遍配有色谱数据处理机(或色谱工作站),能自动绘出色谱峰,打印出保留时间和分析结果,分析速度更快,更方便。另外,进行气相色谱分析所用样品很少,通常气体样品仅需要 1 mL,液体样品仅需要 1 μL。

气相色谱法的上述特点,扩展了它在工业生产中的应用。它不仅可以分析气体,还可分析液体和固体。只要样品在-190~450 ℃温度范围内,可以提供 26~1330 Pa 蒸气都可以用气相色谱法进行分析。

气相色谱法的不足之处:首先是由于色谱峰不能直接给出定性的结果,它不能用来直接分析未知物,必须用已知物质的色谱图和它对照;其次是分析无机物和高沸点有机物时比较困难,需要采用其他的色谱分析方法来完成。

课后自测

(1)在毛细管色谱中,应用范围最广的柱是(　　)。

A.玻璃柱　　B.石英玻璃柱　　C.不锈钢柱　　D.聚四氟乙烯管柱

(2)下列哪些情况发生后,应对色谱柱进行老化?(　　)

A.每次安装了新的色谱柱后　　B.色谱柱使用一段时间后

C.分析完一个样品后,准备分析其他样品之前　　D.更换了载气或燃气

(3)对气相色谱做出杰出贡献,因而在 1952 年获得诺贝尔奖的科学家是(　　)。

A.茨维特　　B.马丁　　C.海洛夫斯基　　D.罗马金-赛柏

(4)试简述气路检漏的两种常用方法。

任务三 测定柱效能

任务目标

(1)会正确使用气相色谱仪。

(2)会正确运用色谱工作站。

(3)会熟练操作微量进样器进样。

(4)会记录实验相关数据,并计算分离度、理论塔板数等。

任务分析

1.明晰任务流程

阅读气相色谱仪说明书 → 开机设置 → 测定柱效能 → 关机 → 数据处理

2.任务难点分析

(1)色谱工作站的正确使用。

(2)微量注射器的熟练操作。

3.任务前准备

(1)《GC1120 型气相色谱仪说明书》和《色谱工作站说明书》。

(2)仪器。

①GC1120 型气相色谱仪(TCD)。

②填充柱:GDX-104[0.180~0.154 mm(80~100 目)]或选用 Porapak Q[0.180~0.154 mm(80~100 目)],柱长 2 m、内径 3 mm 的不锈钢管或玻璃管。

(3)试剂:丙酮、甲醇、乙醇、纯水。

相关知识

一、色谱图及色谱常用术语

1.色谱图与色谱流出曲线

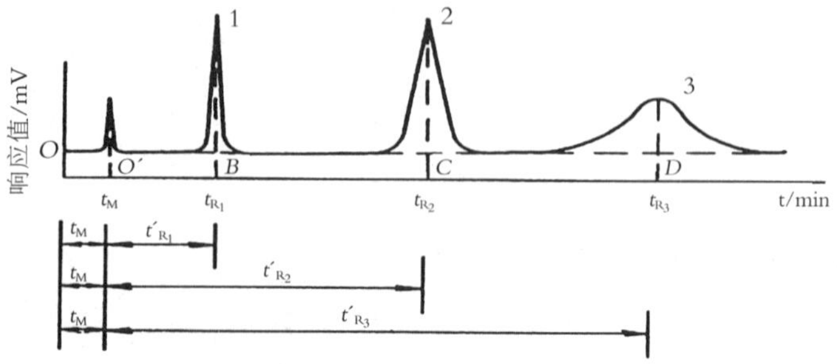

图 12-3-1 色谱图

色谱图是指色谱柱流出物通过检测器系统时所产生的响应信号对时间或流动相流出体积的曲线图(如图 12-3-1 所示)。

色谱流出曲线是指色谱图中随时间或载气流出体积变化的响应信号曲线，也就是以组分流出色谱柱的时间(t)或载气流出的体积(V)为横坐标,以检测器对各组分的电信号响应值(mV)为纵坐标的一条曲线。由图 12-3-1 可以看到,色谱图上有一组色谱峰,每个峰代表样品中的一个组分。

2.色谱有关名词术语

(1)基线。当没有组分进入检测器时,色谱流出曲线是一条只反映仪器噪声随时间变化的曲线(即在正常操作下,仅有载气通过检测器系统所产生的响应信号曲线),称为基线。操作条件变化不大时，常可得到一条呈直线的稳定基线。图 12-3-1 中 OQ 即为流出曲线的基线。

① 基线噪声：指由各种因素引起的基线起伏,如图 12-3-2(a)(b)(c)所示。

② 基线漂移:指基线随时间定向的缓慢变化,如图 12-3-2(d)所示。

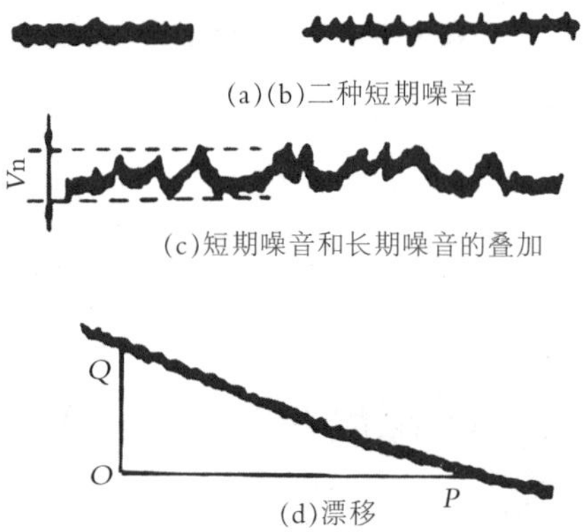

图 12-3-2 噪声和漂移图

(2)色谱峰。当有组分进入检测器时,色谱流出曲线就会偏离基线，这时检测器输出的信号随检测器中组分浓度的改变而改变，直至组分全部离开检测器，此时绘出的曲线(即色谱柱流出组分通过检测系统时所产生的响应信号的微分曲线)，称为色谱峰(如图 12-3-3 所示)。理论上讲色谱峰应该是对称的，符合高斯正态分布，实际上一般情况下的色谱峰都是非对称的(如图 12-3-4 所示)。

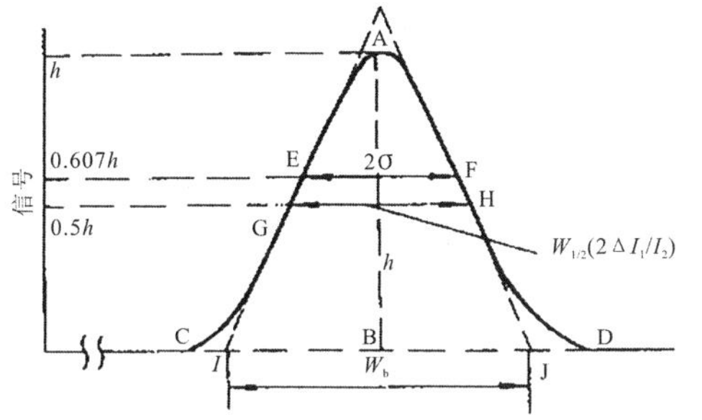

图 12-3-3 色谱峰图

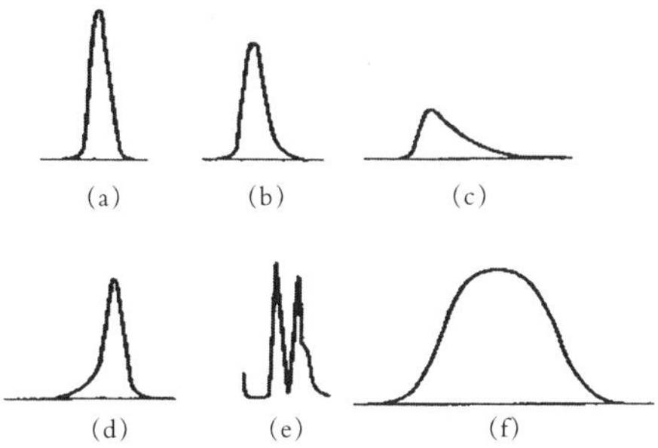

图 12-3-4 非高斯峰

① 前伸峰：前沿平缓后部陡起的不对称色谱峰。

② 拖尾峰：前沿陡起后部平缓的不对称色谱峰。

③ 分叉峰：两种组分没有完全分开而重叠在一起的色谱峰。

④ 馒头峰：峰形比较矮而胖的色谱峰。

(3)峰高和峰面积。

峰高是指峰顶到基线的距离(如图 12-3-3 中 AB 所示)，以 h 表示。峰面积(A)是指每个组分的流出曲线与基线所包围的面积。峰高或峰面积的大小与每个组分在样品中的含量相关，因此，色谱峰的峰高或峰面积是气相色谱进行定量分析的主要依据。

(4)峰拐点。在组分流出曲线上二阶导数等于零的点，称为峰拐点，如图 12-3-3 中的 E 点与 F 点。

(5)峰宽与半峰宽。色谱峰两侧拐点所作的切线与峰底相交两点之间的距离，称为峰宽，如图 12-3-3 的 IJ，常用符号 W_b 表示。在峰高为 $h/2$ 处的峰宽 GH，称为半峰宽，常用符号 $W_{b1/2}$ 表示。

(6)保留值。保留值是用来描述各组分色谱峰在色谱图中的位置，在一定实验条件下，组分的保留值具有特征性，是气相色谱定性的参数。保留值通常用时间或用将组分带出色谱柱所需载气的体积来表示。

①死时间(t_M)：指从进样开始到惰性组分(指不被固定相吸附或溶解的空气或甲烷)从柱中流出，呈现浓度极大值时所需要的时间(如图 12-3-1 中 OO' 所示的距离)，t_M 反映了色

谱柱中未被固定相填充的柱内死体积和检测器死体积的大小，与被测组分的性质无关。

②保留时间(t_R)：指从进样到色谱柱后出现待测组分信号极大值所需要的时间(如图12-3-1 中 OB 所示的距离)，以 t_R 表示。t_R 可作为色谱峰位置的标志。

③调整保留时间(t_R')：指扣除死时间后的保留时间(如图 12-3-1 中 $O'B$ 所示的距离)，以 t_R'表示：

$$t_R'=t_R-t_M \quad \text{(式 12-1)}$$

t_R'反映了被分析组分与色谱柱中固定相发生的相互作用，而在色谱柱中滞留的时间更确切地表达了被分析组分的保留特性，是气相色谱定性分析的基本参数。

④死体积(V_M)、保留体积(V_R)和调整保留体积(V_R')：保留时间受载气流速的影响，为了消除这一影响，保留值也可以用从进样开始到出现峰极大值所流过的载气体积来表示，即用保留时间乘以载气平均流速。

死体积　$V_M=t_M \cdot F_0$

保留体积　$V_R=t_R \cdot F_0$　（式 12-2）

调整保留体积　$V_R'=t_R' \cdot F_0$

式中，F_0 是用皂膜流量计所测得的柱后流速。

⑤相对保留值(γ_{is})：指一定的实验条件下组分 i 与另一标准组分 S 的调整保留时间之比：

$$\gamma_{is}=\frac{t'_{R_i}}{t'_{R_s}}=\frac{V'_{R_i}}{V'_{R_s}} \quad \text{(式 12-3)}$$

γ_{is} 仅与柱温及固定相性质有关，而与其他操作条件如柱长、柱内填充情况及载气的流速等无关。

⑥选择性因子(α)：指相邻两组分调整保留值之比，以 α 表示：

$$\alpha=\frac{t'_{R_1}}{t'_{R_2}}=\frac{V'_{R_1}}{V'_{R_2}} \quad \text{(式 12-4)}$$

α 的大小反映了色谱柱对难分离物质的分离选择性，α 值越大，相邻两组分色谱峰相距越远，色谱柱的分离选择性越高。当 α 接近于 1 或等于 1 时，说明相邻两组分色谱峰重叠未能分开。

(7)相比率(β)。色谱柱内气相与吸附剂或固定液体积之比。它能反映各种类型色谱柱不同的特点，常用符号 β 表示。

对于气-固色谱：　$\beta=\frac{V_G}{V_S}$

对于气–液色谱：　　$\beta=\frac{V_G}{V_L}$　　（式 12–5）

式中，V_G 是色谱柱内气相体积(mL)，V_S 是色谱柱内吸附剂所占体积(mL)，而 V_L 是色谱柱内固定液所占体积(mL)。

(8)分配系数(K)。平衡状态时，组分在固定相与流动相中的浓度比。如在给定柱温下组分在流动相与固定相间的分配达到平衡时，对于气–固色谱，组分的分配系数为：

$$K=\frac{\text{每平方米吸附剂表面所吸附的组分量}}{\text{柱温及柱平均压力下每毫升载气所含组分量}}$$

对于气–液色谱，组分分配系数为：

$$K=\frac{\text{每毫升固定液中所溶解的组分量}}{\text{柱温及柱平均压力下每毫升载气所含组分量}}=\frac{c_L}{c_G} \qquad \text{（式 12–6）}$$

式中，c_L 与 c_G 分别是组分在固定液与载气中的浓度。

(9)容量因子(k)。又称分配比，容量比或指组分在固定相和流动相中的分配量(质量、体积、物质的量)之比。

$$k=\frac{\text{组分在固定相中的质量}}{\text{组分在流动相中的质量}} \qquad \text{（式 12–7）}$$

k 与其他色谱参数有以下一些关系：

$$k=K\frac{V_L}{V_G}=\frac{K}{\beta}=\frac{t_R-t_M}{t_M}=\frac{t'_R}{t_M} \qquad \text{（式 12–8）}$$

二、气相色谱常用检测器

目前可用于气相色谱分析法的检测器已有几十种，其中最常用的是热导检测器(TCD)、氢火焰离子化检测器(FID)。普及型的仪器大都配有这两种检测器。此外，电子捕获检测器(ECD)、氮磷检测器(NPD)及火焰光度检测器(FPD)等也用得比较多。表 12–3–1 总结了几种常用检测器的特点和技术指标(以商品检测器的最好性能为例)。

表 12–3–1　常用气相色谱仪检测器的特点和技术指标

检测器	类型	最高操作温度/℃	最低检出限	线性范围	主要用途
氢火焰离子化检测器(FID)	质量型 准通用型	450	丙烷：<5 pg/s 碳	10^7 (±10%)	各种有机化合物的分析，对碳氢化合物的灵敏度高
热导检测器(TCD)	浓度型 通用型	400	丙烷：<400 pg /mL 壬烷：20000(mV·mL)/mg	10^5 (±5%)	适用于各种无机气体和有机物的分析，多用于永久气体的分析

续表

检测器	类型	最高操作温度/℃	最低检出限	线性范围	主要用途
电子捕获检测器(ECD)	浓度型 选择型	400	六氯苯:<0.04 pg/s	>10^4	适合分析含电负性元素或基团的有机化合物，多用于分析含卤素化合物
微型 ECD	质量型 选择型	400	六氯苯:<0.008 pg/s	>5×10^4	同 ECD
氮磷检测器(NPD)	质量型 选择型	400	用偶氮苯和马拉硫磷的混合物测定:<0.04 pg/s 氮;<0.02 pg/s 磷	>10^5	适合于含氮和含磷化合物的分析
火焰光度检测器(FPD)	浓度型 选择型	250	用十二烷硫醇和三丁基膦酸酯混合物测定:<20 pg/s 硫;<0.9 pg/s 磷	硫:>10^5 磷:>10^6	适合于含磷、含硫和含氮化合物的分析

三、热导检测器(TCD)

热导检测器是利用被测组分和载气的导热系数不同而响应的浓度型检测器，有的亦称为热导池。

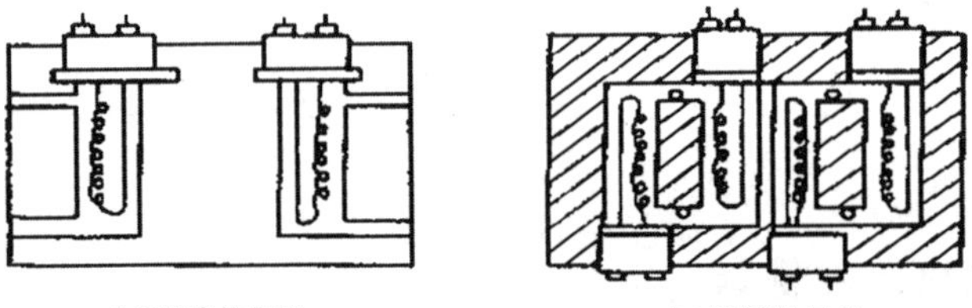

(a)双臂热导池　(b)四臂热导池

图 12-3-5 热导池

1.TCD 结构和工作原理

(1)结构。热导池由池体和热敏元件构成,有双臂和四臂热导池两种,如图 12-3-5 所示。双臂热导池体如图 12-3-5(a)所示是用不锈钢或铜制成,具有两个大小、形状完全对称的孔道,每孔道装有一根热敏铼钨丝(其电阻值随本身温度的变化而变化),其形状、电阻值在相同的温度下基本相同。四臂热导池具有四根相同的铼钨丝,灵敏度比双臂热导池约高一倍。目前大多采用四臂热导池。

热导池气路形式有三种,即直通式、扩散式和半扩散式,如图 12-3-6 所示。直通式热导池响应快,但对气流波动较敏感;扩散式具有稳定的特点,但响应慢、灵敏度低;半扩散式介于二者之间。

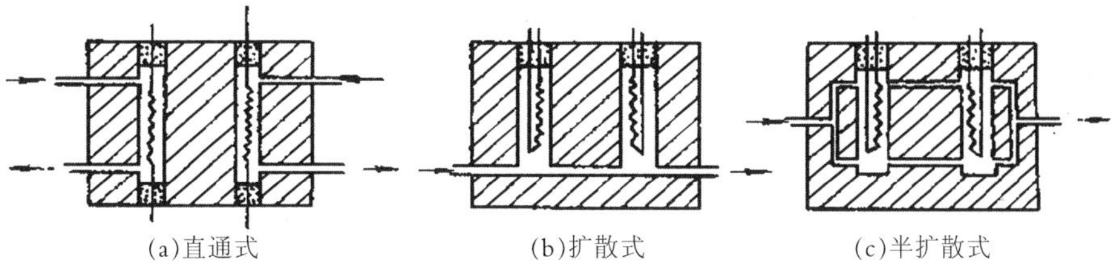

(a)直通式　　(b)扩散式　　(c)半扩散式

图 12-3-6 热导池气路形式

热导池池体中，只通纯载气的孔道称为参比池，通载气与样品的孔道称为测量池。双臂热导池是一个参比池，一个测量池；四臂热导池中，有两臂为参比池，另两个为测量池。

(2)测量电桥。热导池检测器中，热敏元件电阻值的变化可以通过惠斯通电桥来测量。如图 12-3-7 所示为四臂热导池的基本原理电路示意图。将四臂热导池的四根热丝分别作为电桥的四个臂，四根热丝阻值分别为 R_1、R_2、R_3、R_4。在同一温度下，四根热丝阻值相等，即 $R_1=R_2=R_3=R_4$；其中 R_1 和 R_4 为测量池中的热丝，作为电桥测量臂；R_2 和 R_3 为参比池中的热丝，作为电桥的参考臂。W_1、W_2、W_3 分别为三个电位器，可用于调节电桥平衡和电桥工作电流的大小。

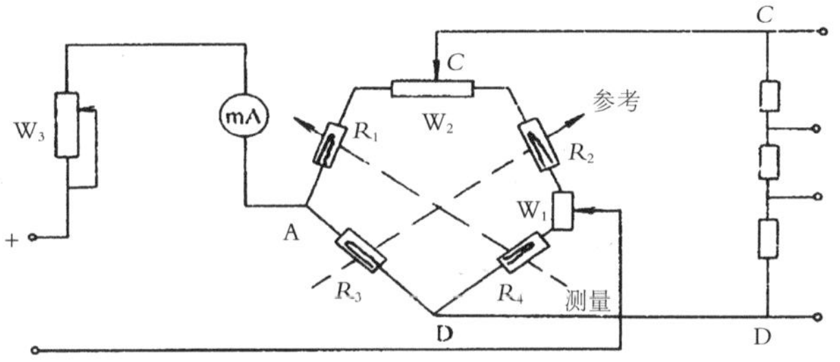

图 12-3-7 四臂热导池测量电桥

(3)工作原理。热导池检测器的工作原理是基于不同气体具有不同的热导系数。热丝具有电阻随温度变化的特性。当有一恒定直流电通过导热池热丝时(此时池内已预先通有一定流速的纯载气)，热丝被加热。由于载气的热传导作用使热丝的一部分热量被载气带走，一部分传给池体。当热丝产生的热量与散失的热量达到平衡时，热丝温度就稳定在一定数值。此时，热丝阻值也稳定在一定数值。由于参比池和测量池通入的都是纯载气，同一种载气有相同的热导系数，因此两臂的电阻值相同，电桥平衡，无信号输出，记录系统记录的是一条直线。当有试样进入检测器时，纯载气流经参比池，载气携带着组分气流经测量池，由于载气和待测组分二元混合气体的热导系数和纯载气的热导系数不同，因而测量池中散热情况发生变化，使参比池和测量池中热丝电阻值之间产生了差异，电桥失去平衡，检测器有电压信号输出,记录仪画出相应组分的色谱峰。载气中待测组分的浓度越大,测量池中气体热导系数改变就越显著,温度和电阻值改变也就越显著,电压信号就越强。此时输出的电压信号(色谱峰面积或峰高)与样品的浓度成正比,这正是热导检测器的定量基础。

2.TCD 性能特征

TCD 无论对单质、无机物或有机物均有响应,且其相对响应值与使用的TCD 的类型、结构以及操作条件等无关,因而通用性好。TCD 的线性范围为 10^5,定量准确,操作维护简单、价廉。不足之处是灵敏度较低。不过,近年来 TCD 的灵敏度又有了提高,如 HP-5890A 型气相色谱仪,其 TCD 的灵敏度可达 4×10^{-10} g/mL。

3.检测条件的选择

影响热导池灵敏度的因素主要有桥电流、载气性质、池体温度和热敏元件材料及性质。对于给定的仪器,热敏元件已固定,因而需要选择的操作条件就只有载气、桥电流和检测器温度。

(1)载气种类、纯度和流量。

①载气种类。载气与样品的导热能力相差越大,检测器灵敏度越高。由于相对分子质量小的 H_2、He 等导热能力强,而一般气体和蒸气导热能力较小,所以 TCD 通常用 H_2 或 He 作载气。用 H_2 或 He 作载气的 TCD,其灵敏度高,且峰形正常,易于定量,线性范围宽。通常不使用 N_2 或 Ar 作载气,因其灵敏度低,线性范围窄。但若分析 He 或 H_2 时,则宜用 H_2 或 Ar 作载气。用 N_2 或 Ar 作载气时要注意,因其相对热导率小,热丝达到相同温度所需桥流值,比 He 或 H_2 载气要小得多。毛细管柱接 TCD 时,最好都加尾吹气(尾吹气是从色谱柱出口直接进入检测器的一路气体,又叫补充气或辅助气。其作用一是保证检测器在最佳载气流量条件下工作,二是消除检测器死体积的柱外效应),尾吹气的种类同载气。

②载气的纯度。载气的纯度影响 TCD 的灵敏度。实验表明:在桥流 160~200 mA 范围内,用 99.999%的超纯 H_2 比用 99%的普通 H_2 灵敏度高 6%~13%。载气纯度对峰形亦有影响,用 TCD 作高纯气中杂质检测时,载气纯度应比被测气体高 10 倍以上,否则将出倒峰。

③载气流速。TCD 为浓度型检测器,色谱峰的峰面积响应值反比于载气流速。因此,在检测过程中,载气流速必须保持恒定。在柱分离许可的情况下,载气应尽量选用低流速,流速波动可能导致基线噪声和漂移增大。对微 TCD,为了有效地消除柱外峰形扩张,同时保持高灵敏度,通常载气加尾吹气的总流量在 10~20 mL/min。参考池的气体流速通常与测量池相等,但程序升温时,可调整参考池之流速至基线波动和漂移最小为佳。

(2)桥电流。一般认为灵敏度 S 值与桥电流的三次方成正比。所以，用增大桥电流来提高灵敏度是最通用的方法。但是，桥流偏大，噪声也由逐渐增大变成急剧增大，结果是信噪比下降，检出限变大。而且，桥流越高，热丝越易被氧化，因此使用寿命也越短，过高的桥流甚至可能使热丝被烧断。所以，在满足分析灵敏度要求的前提下，应尽量选取低的桥电流，这时噪声小，热丝寿命长。但是 TCD 若长期在低桥电流下工作，可能造成池污染，此时可用溶剂清洗热导池。一般商品 TCD 使用说明书中，均有不同检测器温度推荐使用的桥电流值，实际工作时通常可参考此值来设定桥电流的具体数值。

(3)检测器温度。TCD 的灵敏度与热丝和池体间的温差成正比。实际工作中，增大其温差有两个途径：一是提高桥电流，以提高热丝温度；二是降低检测器池体温度，这决定于被分析样品的沸点。检测器池体温度不能低于样品的沸点，以免样品在检测器内冷凝而造成污染或堵塞。因此，对具有较高沸点样品的分析而言，采用降低检测器池体温度来提高灵敏度是有限的，而对那些永久性气体的分析而言，用此法则可大大提高灵敏度。

(4)应用。热导检测器是一种通用的非破坏性浓度型检测器，一直是实际工作中应用最多的气相色谱检测器之一。TCD 特别适用于气体混合物的分析，对于那些氢火焰离子化检测器不能直接检测的无机气体的分析，TCD 更是显示出独到之处。TCD 在检测过程中不破坏被检测的组分，有利于样品的收集，或与其他仪器联用。TCD 能满足工业分析中峰高定量的要求，很适于工厂控制分析。

四、进样量与进样操作

1.进样量

在进行气相色谱分析时，进样量要适当。若进样量过大，所得到的色谱峰峰形不对称程度增加，峰变宽，分离度变小，保留值发生变化，峰高、峰面积与进样量不成线性关系，无法定量。若进样量太小，又会因检测器灵敏度不够，不能检出。色谱柱最大允许进样量可以通过实验确定。方法是：其他实验条件不变，仅逐渐加大进样量，直到所出峰的半峰宽变宽或保留值改变时，此进样量就是最大允许进样量。对于内径 3~4 mm，柱长 2 m，固定液用量为 15%~20% 的色谱柱，液体进样量为 0.1~10 μL；检测器为 FID 时进样量应小于 1 μL。

2.进样操作

进样时，要求速度快，这样可以使样品在气化室汽化后随载气以浓缩状态进入柱内，而不被载气所稀释，因而峰的原始宽度就窄，有利于分离。反之若进样缓慢，样品汽化后被载气稀释，使峰形变宽，并且不对称，既不利于分离也不利于定量。

为保证好的分离结果，为了使分析结果有较好的重现性，在直接进样时要注意以下操作要点。

(1)用注射器取样时，应先用丙酮或乙醚抽洗5~6次后，再用被测试液抽洗5~6次，然后缓缓抽取一定量试液(稍多于需要量)。此时若有空气带入注射器内，应先排除气泡后，再排去过量的试液，并用滤纸或擦镜纸吸去针杆处所沾的试液(千万勿吸去针头内的试液)。

(2)取样后就立即进样，进样时要求注射器垂直于进样口，左手扶着针头防弯曲，右手拿注射器(如图12-3-8所示)，迅速刺穿硅橡胶垫，平稳、敏捷地推进针筒(针头尖尽可能刺深一些，且深度一定，针头不能碰着气化室内壁)，用右手食指平稳、轻巧、迅速地将样品注入，完成后立即拔出。

(3)进样时要求操作稳当、连贯、迅速。进针位置及速度、针尖停留和拔出速度都会影响进样的重复性。一般进样相对误差为2%~5%。

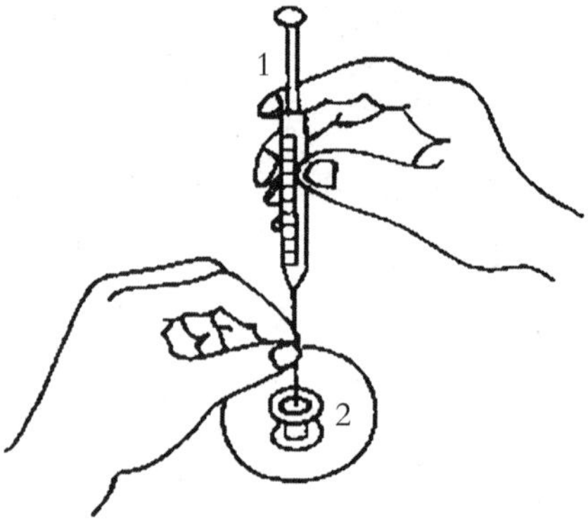

1-微量注射器；2-进样

图12-3-8 微量注射器进样姿势

任务实施

活动1 阅读气相色谱仪及色谱工作站说明书

(1)阅读气相色谱仪及色谱工作站说明书，填写基本信息。

(2)参照色谱工作站，认识菜单栏、工具栏中各图标的功能和作用，学习利用工作站采集数据及数据处理的方法。

活动2 气相色谱仪开机

1.开机前准备

(1)准备工作。

①根据所用气体选择减压阀,使用氢气钢瓶选择氢气减压阀(氢气减压阀与钢瓶连接的螺母为左旋螺纹);使用氮气(N_2)、空气等气体钢瓶,选择氧气减压阀(氧气减压阀与钢瓶连接的螺母为右旋螺纹)。

②准备净化器。清洗气体净化管并烘干,分别装入分子筛、硅胶,在气体出口处,塞一段脱脂棉(防止将净化剂的粉尘吹入色谱仪中)。

③准备一定长度(视具体需要而定)的不锈钢管(或尼龙管、聚四氟乙烯管)。

(2)连接气路。

①连接钢瓶与减压阀接口。

②连接减压阀与净化器。

③连接净化器与仪器载气接口。

④连接色谱柱(柱一头接气化室,另一头接检测器)。

(3)气路检漏。

①钢瓶至减压阀间的检漏。关闭钢瓶减压阀上的气体输出节流阀,打开钢瓶总阀门(操作者不能面对压力表,而应位于压力表右侧),用皂液(洗涤剂饱和溶液)涂在各接头处(钢瓶总阀门开关、减压阀接头、减压阀本身),如有气泡不断涌出,则说明这些接口处有漏气现象。

②气化密封垫圈的检查,气化密封垫圈是否完好,如有问题应更换新垫圈。

③气源至色谱柱间的检漏(此步在连接色谱柱之前进行)。用垫有橡胶垫的螺帽封死气化室的出口,打开减压阀输出节流阀并调节至输出表压在 0.025 MPa;打开仪器的载气稳压阀(逆时针方向打开,旋至压力表呈一定值);用皂液涂各个接头处,观察是否漏气,若有漏气,须重新仔细连接。关闭气源,待 30 min 后,仪器上压力表指示的压力下降小于 0.005 MPa,则说明气化室前的气路不漏气,否则,应仔细检查找出漏气处,重新连接,再行试漏。

④气化室至检测器出口的检漏。接好色谱柱,开启载气,输出压力调在 0.2~0.4 MPa。将转子流量计的流速调至最大,再堵死仪器主机左侧载气出口,若浮子能下降至底,表明该段不漏气。否则再用皂液逐点检查各接头,并排除漏气(或关载气稳压阀,30 min 后,仪器上压力表指示的压力下降小于 0.005 MPa,说明此段不漏气,反之则漏气)。

(4)转子流量计的校正。

①将皂膜流量计接在仪器的载气排出口(柱出口或检测器出口)。

②用载气稳压阀调节转子流量计中的转子至某一高度，如0、5、15、20、25、30、35、40等示值处。

③轻捏一下胶头，使皂液上升封住支管，产生一个皂膜。

④用秒表测量皂膜上升至一定体积所需要的时间。

⑤计算与转子流量计转子高度相应的柱后皂膜流量计流量 $F_{皂}$，并记录在下表。

表 12-3-2 柱后皂膜流量计流量

转子高度	0	5	10	15	20	25	30	35	40
$F_{皂}$									

2.气相色谱仪开机

(1)开载气。逆时针打开载气钢瓶总阀，顺时针打开加压阀，调分压表压力为0.2~0.5 MPa。打开色谱仪气体净化器的载气开关转到“开”的位置。注意观察色谱仪载气柱前压上升并稳定大约5 min后，打开色谱仪的电源开关。

(2)开主机。合上主机电源开关(开关位置在主机右侧下方)。约经1 min微机进行自检及初始化。其中第3项为检测后开门机构，出现“×”仪器会自动关闭后开门。自检通过后发出两声蜂鸣声，屏幕会跳到主菜单界面。

(3)温度设置。GC1120微机温控最高限制温度为420 ℃。例如：填充柱进样器温度200 ℃，柱箱温度100 ℃，FID检测器温度180 ℃。

(4) 检测器操作。GC1120型气相色谱仪目前能与六种类型的检测器相连接，即FID、TCD、ECD、PID、NPD和FPD检测器，并最多可同时安装3种检测器在仪器中。当设置温度稳定后，开燃气、助燃气，选择点火开关，按右键完成点火。用明亮的金属片靠近检测器出口，当火点着时在金属片上会看到有明显的水汽。如果氢气没有被点燃，重新点火。

(5)联机。打开电脑及工作站联机，观察基线在氢火焰点着后的电压值。

(6)数据采集。待基线平直后，用微量注射器(注射器应先用丙酮抽洗过)吸取样品，进样。通过色谱工作站采集数据，记录峰面积、保留时间等相关数据。

注意事项

(1)注意开机顺序：先开载气，再开主机电源，达到设置温度后，最后开检测器桥电流。

(2)注意检查气路是否通畅，是否漏气。

(3)TCD 使用注意事项。

①尽量采用高纯气源,载气与样品气中应无腐蚀性物质、机械性杂质或其他污染物。

②载气至少通入 0.5 h,保证将气路中的空气赶走后,方可通电,以防热丝元件的氧化。未通载气严禁加载桥电流。

③根据载气的性质,桥电流不允许超过额定值。如载气用 N_2 时,桥电流应低于 150 mA;用 H_2 时,则应低于 270 mA。

④检测器不允许有剧烈振动。

⑤使用热导池进行高温分析时如果停机,除首先切断桥电流外,最好等检测室温度低于 50 ℃时,再关闭气源,这样可以延长热丝元件的使用寿命。

⑥热导池检测器的清洗。当热导池使用时间长或被玷污后,必须进行清洗。方法是将丙酮、乙醚、十氢萘等溶剂装满检测器的测量池,浸泡一段时间(20 min 左右)后倾出,如此反复进行多次,直至所倾出的溶液比较干净为止。当选用一种溶剂不能洗净时,可根据污染物的性质先选用高沸点溶剂进行浸泡清洗,然后再用低沸点溶剂反复清洗。洗净后加热使溶剂挥发,冷却至室温后,装到仪器上,然后加热检测器,通载气数小时后即可使用。

活动 3 测定柱效能

(1)按仪器操作规程开机运行至基线平直。

(2)用微量注射器进 0.5 μL 空气,采集数据,记录空气峰保留时间。平行操作 3 次,将测量结果填入表 13-3-3 中。

(3)用微量注射器分别吸取甲醇、乙醇、丙酮各 0.2 μL,同时进 0.5 μL 空气,采集数据,待所有组分流出,停止采集,记录各组分的保留时间,平行测定 3 次,将测量结果填入表中。

(4)用同样的操作取混合样 0.3 μL,同时进 0.5 μL 空气,采集数据,待所有组分流出,停止采集,记录各组分的保留时间,平行测定 3 次,将测量结果填入表 12-3-3 中。

活动 4 柱效能的计算

1.理论塔板数(n)

在塔板理论中,把每一块塔板的高度,即组分在柱内达成一次分配平衡所需要的柱长称为理论塔板高度,简称板高,用 H 表示。假设整个色谱柱是直的,则当色谱柱长为 L 时,所得理论塔板数为:

$$n=\frac{L}{H} \qquad \text{(式 12-9)}$$

计算理论塔板数 n 的经验式为：

$$n=5.54\left(\frac{t_R}{W_{1/2}}\right)^2=16\left(\frac{t_R}{W_b}\right) \qquad \text{(式 12-10)}$$

式中，n 是理论塔板数；t_R 是组分的保留时间；$W_{1/2}$ 是以时间为单位的半峰宽；W_b 是以时间为单位的峰底宽。

2.有效理论塔板数

在实际应用中，常常出现计算出的 n 值很大，但色谱柱的实际分离效能并不高的现象。这是由于保留时间 t_R 中包括了死时间 t_M，而 t_M 不参加柱内的分配，即理论塔板数还未能真实地反映色谱柱的实际分离效能。为此，提出了以 t_R' 代替 t_R 计算所得到的有效理论塔板数 $n_{有效}$ 来衡量色谱柱的柱效能。计算公式为：

$$n_{有效}=\frac{L}{H_{有效}}=5.54\left(\frac{t'_R}{W_{1/2}}\right)^2=16\left(\frac{t'_R}{W_b}\right) \qquad \text{(式 12-11)}$$

式中，$H_{有效}$ 是有效理论塔板高度，t_R' 是组分调整保留时间；$W_{1/2}$ 是以时间为单位的半峰宽，W_b 是以时间为单位的峰底宽。

活动 5 关机结束实验

1.关机

首先关闭燃气和助燃气气源，使火焰检测器灭火。在火焰熄灭后再将柱箱的初始温度、检测器温度及进样器温度设置为室温（20~30 ℃），待温度降至设置温度后，关闭色谱仪电源，退出计算机系统，关闭计算机电源。

2.结束工作

(1)关闭气源。

(2)关闭高压钢瓶。关闭钢瓶总阀，等待压力表指针回零后，再将减压阀关闭（T 字阀杆逆时针方向旋松）。

(3)关闭主机上载气稳压阀（顺时针旋松）。

(4)填写仪器使用记录，做好实验室整理和清洁，并进行安全检查后，方可离开实验室。

注意事项

注意关机顺序：先关检测器，再降温，达到设置温度后，最后关载气、计算机、气相色谱仪主机电源。

活动 6 数据记录与处理

表 12-3-3 测定柱效原始记录

记录编号												
样品名称					样品编号							
检测项目					检验日期							
检验依据					判定依据							
温度/℃					相对湿度/%							
检验设备(标准物质)编号												
一、阅读仪器及工作站说明书												
仪器型号					生产厂家							
说明书主要内容												
注意事项												
二、各标准物质的保留值												
组分名 保留值	甲醇				无水乙醇				丙酮			
t_R/min												
t'_R/min												
三、柱效能测定(无水乙醇)												
$V_{吸收}$/mL												
组分测定 测定数据	甲醇				无水乙醇				丙酮			
	1	2	3	平均	1	2	3	平均	1	2	3	平均
t_M/min												
t_R/min												
t'_R/min												
$\gamma_{i,s}$												
$W_{h/2}$/min												
n_{eff}(乙醇)												
R(乙醇)												
柱流失检测情况												
实验混合样品检测情况												
结论												
检验人					复核人							

任务评价

表 12-3-4 任务评价表

日期

评价指标	评价要素	等级评定	
		自评	教师评
试剂配制	计算思路 计算结果		
开机、关机	检查漏气 仪器参数设置		
数据测试	测定柱效能 柱效能计算 分离度计算 理论塔板数计算 采样袋取样 使用工作站 测量顺序		
结束工作	关气顺序 电源关闭 填写仪器实验记录卡		
学习方法	预习报告书写规范		
工作过程	遵守管理规程 操作过程符合现场管理要求 出勤情况		
思维状态	能发现问题、提出问题、 分析问题、解决问题		
自我反馈	按时按质完成工作任务 掌握专业知识点		
经验和建议			
总成绩			

拓展提高

气相色谱的基本理论

一、塔板理论

塔板理论是1941年马丁(Martin)和詹姆斯(James)提出的半经验式理论,他们用塔板数的概念描述色谱柱中的分离过程,以塔板数的多少衡量柱效能高低。

塔板理论的基本假设:

塔板理论把色谱柱比作一个分馏塔,这样色谱柱可由许多假想的塔板组成(即色谱柱可分成许多个小段),在每一小段(塔板)内,一部分空间被涂在载体上的液相占据,另一部分空间充满载气(气相),载气占据的空间称为板体积 ΔV。当待分离的组分随载气进入色谱柱后,就在两相间进行分配。由于流动相在不停地移动,组分就在这些塔板间隔的气液两相间不断地达到分配平衡,塔板理论假设如下。

(1)每一小段间隔内,气相平均组成与液相平均组成可以很快地达到分配平衡。

(2)载气进入色谱柱,不是连续的而是脉动式的,每次进气为一个板体积。

(3)试样开始时都加在 0 号塔板上,且试样沿色谱柱方向的扩散(纵向扩散)可略而不计。

(4)分配系数在各塔板上是常数。

这样,单一组分进入色谱柱,在固定相和流动相之间经过多次分配平衡,流出色谱柱时便可得到一趋于正态分布的色谱峰,色谱峰上组分的最大浓度处所对应的流出时间或载气板体积即为该组分的保留时间或保留体积。若试样为多组分混合物,则经过很多次的平衡后,如果各组分的分配系数有差异,则在柱出口处出现最大浓度时所需的载气板体积数亦将不同。由于色谱柱的塔板数相当多,因此不同组分的分配系数只要有微小差异,就能得到很好的分离。

二、速率理论

由于塔板理论的某些假设是不合理的,如分配平衡是瞬间完成的,溶质在色谱柱内运行是理想的(即不考虑扩散现象)等,以致塔板理论无法说明影响塔板高度的物理因素是什么,也不能解释为什么在不同的流速下测得不同的理论塔板数这一实验事实。但塔板理论提出的“塔板”概念是形象的,“理论塔板高度”的计算简便,所得到的色谱流出曲线方程式也符合实验事实。速率理论是在继承塔板理论的基础上得到发展的。它阐明了影响色谱峰展宽的物理化学因素,并指明了提高改进色谱效率的方向。它为毛细管色谱柱的发展,高效液相色谱的发展起着指导性的作用。

1.速率理论方程式

1956 年荷兰学者范第姆特等提出了色谱过程的动力学理论,他们吸收了塔板理论的概念,并把影响塔板高度的动力学因素结合进去,导出了塔板高度 H 与载气线速度 μ 的关系——速率理论方程式(亦称范第姆特方程式):

$$H=A+\frac{B}{\mu}+C\cdot\mu \qquad (式\ 12-12)$$

式中,μ 为载气的线速度(cm/s),A 为涡流扩散项,B/μ 称为分子扩散项,$C\cdot\mu$ 项为传质阻力项。

2.影响柱效能的因素

(1)涡流扩散项。A 称为涡流扩散项(亦称多路效应项)。由于试样组分分子进入色谱柱碰到柱内填充颗粒时不得不改变流动方向,因而它们在气相中形成紊乱的、类似"涡流"的流动(如图 12-3-9 所示)。组分分子所经过的路径长度不同,达到柱出口的时间也不同,因而引起色谱峰的扩张。$A=2\lambda d_p$,说明涡流扩散项所引起的峰形变宽与固定相颗粒平均直径 d_p 和固定相的填充不均匀因子 λ 有关。显然,使用直径小、粒度均匀的固定相,并尽量填充均匀,可以减小涡流扩散,降低塔板高度,提高柱效。

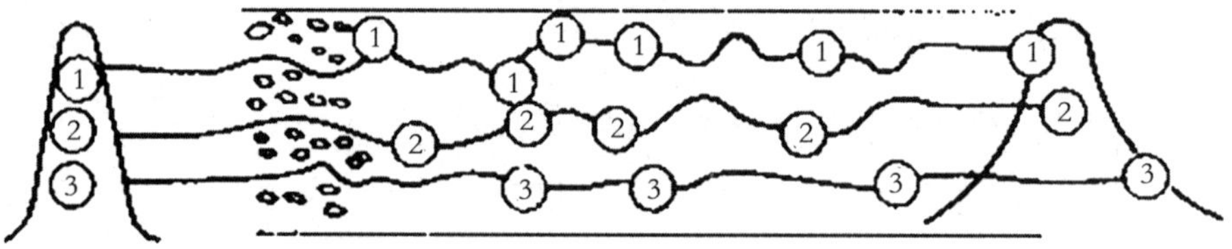

图 12-3-9 涡流扩散项

(2)分子扩散项。B/μ 称为分子扩散项(亦称纵向扩散项)。组分进入色谱柱后,随载气向前移动,由于柱内存在浓度梯度,组分分子必然由高浓度向低浓度扩散(其扩散方向与载气运动方向一致),从而使峰扩张。$B/\mu=2\gamma D_g$,式中 γ 为弯曲因子,它反映了固定相对分子扩散的阻碍程度。填充柱的 $\gamma<1$,空心柱的 $\gamma=1$。D_g 为组分在气相中的扩散系数,随载气和组分的性质、温度、压力而变化。μ 为载气的线速度,μ 越小,组分在气相中停留的时间越长,分子扩散也就越大。所以,实际过程中若加快载气流速,可以减少由于分子扩散而产生的色谱峰扩张。由于组分在气相中的扩散系数 D_g 近似地与载气的摩尔质量的平方根成反比,所以实际过程中使用摩尔质量大的载气可以减小分子扩散。

(3)传质阻力项。$C\cdot\mu$ 项为传质阻力项,它包括气相传质阻力项 $C_g\cdot\mu$ 和液相传质阻力项 $C_L\cdot\mu$ 两项,即

$$C\cdot\mu=(C_g+C_L)\mu \qquad (式 12-13)$$

式中,C_g、C_L 分别为气相传质阻力系数和液相传质阻力系数。气相传质阻力是组分从气相到气液界面间进行质量交换所受到的阻力,这个阻力会使柱横断面上的浓度分配不均匀。阻力越大,所需时间越长,浓度分配就越不均匀,峰扩张就越严重。由于 $C_g\cdot\mu\propto(d_p^2/D_g)\cdot\mu$,所以实际过程中若采用小颗粒的固定相,以 D_g 较大的 H_2 或 He 作载气(当然,合适的载气

种类，还必须根据检测器的类型进行选择)，可以减少传质阻力提高柱效。

液相传质阻力是指试样组分从固定相的气液界面到液相内部进行质量交换达到平衡后，又返回到气液界面时所受到的阻力。显然，这个传质过程需要时间，而且在流动状态下分配平衡不能瞬间达到，其结果是进入液相的组分分子，因其在液相里有一定的停留时间，当它回到气相时，必然落后于原在气相中随载气向柱出口方向运动的分子，这样势必造成色谱峰扩张。由于 $C_L \cdot \mu \propto (d_f^2/D_L) \cdot \mu$ (式中 d_f 为固定相液膜厚度，D_L 为组分在液相中的扩散系数)。所以实际过程中若采用较薄液膜的固定液则有利于液相传质，但不宜过薄，否则会减少样品的容量，降低柱寿命。组分在液相中的扩散系数 D_L 增大，也有利于传质、减少峰扩张。

速率理论指出了影响柱效能的因素，为色谱分离操作条件的选择提供了理论指导。由范第姆特方程可以看出许多影响柱效能的因素彼此以对立关系存在，如流速加大分子扩散项影响减少，传质阻力项影响增大；温度升高有利于传质，但又加剧分子扩散的影响等。如何平衡这些矛盾的影响因素，使柱效能得以提高，必须在色谱分离操作条件的选择上下功夫。

课后自测

一、选择题

(1)装在高压气瓶的出口，用来将高压气体调节到较小的压力的是(　　)。

A.减压阀　　B.稳压阀　　C.针形阀　　D.稳流阀

(2)既可用来调节载气流量，也可用来控制燃气和空气流量的是(　　)。

A.减压阀　　B.稳压阀　　C.针形阀　　D.稳流阀

(3)下列试剂中，一般不用于气体管路清洗的是(　　)。

A.甲醇　　B.丙酮　　C.5%氢氧化钠水溶液　　D.乙醚

(4)评价气相色谱仪检测器性能好坏的指标有(　　)。

A.基线噪声与漂移　　B.灵敏度与检出限

C.检测器的线性范围　　D.检测器体积的大小

(5)下列气相色谱检测器中，属于浓度敏感型检测器的有(　　)。

A.TCD　　B.FID　　C.ECD　　D.FPD

二、填空题

(1)色谱峰越窄,表明理论塔板数就越(　　　　),理论塔板高度就越(　　　　),柱效能越(　　　　)。

(2)有效理论塔板数与理论塔板数之间的区别在于前者(　　　　)的影响。

(3)范第姆特方程式,说明了(　　　　)和(　　　　)关系。

(4)涡流扩散与(　　　　)和(　　　　)有关。

(5)分子扩散又称(　　　　),与(　　　　)及(　　　　)有关。

三、简答题

(1)双柱双气路与单柱单气路相比有什么优点?

(2)怎样清洗气路管路?

(3)试说明六通阀进样器的工作原理。

(4)TCD 的日常维护要注意哪些问题?

(5)试说明氢火焰离子化检测器的日常维护应注意哪些方面?

(6)简述 ECD 的性能特征及使用注意事项。

(7)解释下列名词。

检测器的灵敏度、检测器的噪声与漂移、检测器的线性范围。

(8)试说明塔板理论的四个基本假设。

(9)试写出范第姆特方程式的表达式,并说明其中各个参数的物理意义。

(10)影响涡流扩散的因素有哪些?它们是怎样影响理论塔板高度的?

(11)试说明温度对传质阻力项的影响。

(12)速率理论考虑了影响色谱动力学过程的哪些因素?

(13)解释下列名词。

理论塔板高度、有效理论塔板数、分子扩散项。

任务四 色谱条件的选择

任务目标

(1)熟悉流速对色谱分离的影响,会选择合适的载气流速。

(2)熟悉柱温对色谱分离的影响,会选择合适的柱温。

(3)会合理调节载气流速、气化室温度、柱温、检测器温度,达到最佳分析效果。

任务分析

1.明晰任务流程

开机 → 色谱参数初步设置 → 试样分析 → 色谱参数调整 → 确定最佳色谱参数 → 关机及结束工作

2.任务难点分析

(1)色谱条件的调整及选择。

(2)色谱工作站的正确使用。

(3)微量注射器的正确熟练使用。

3.任务前准备

(1)《GC1120 型气相色谱仪说明书》和《色谱工作站说明书》。

(2)仪器。

①GC1120 型气相色谱仪(TCD)。

②填充柱:GDX−104[0.180~0.154 mm(80~100 目)]或选 PorapakQ[0.180~0.154 mm(80~100 目)],柱长 2 m、内径 3 mm 的不锈钢管或玻璃管。

(3)试剂:丙酮、甲醇、乙醇、纯水。

相关知识

一、气相色谱温度的选择

1.柱温的选择

柱温是气相色谱的重要操作条件，柱温直接影响色谱柱的使用寿命、柱的选择性、柱效能和分析速度。柱温低有利于分配，有利于组分的分离；但柱温过低时，被测组分可能在柱中冷凝，或者传质阻力增加，使色谱峰扩张，甚至拖尾。柱温高，虽有利于传质，但分配系数变小不利于分离。一般通过实验选择最佳柱温。选择柱温原则是：使物质既分离完全，又不使峰形扩张、拖尾。柱温一般选各组分沸点平均温度或稍低些。表 12-4-1 列出了各类组分适宜的柱温和固定液配比，以供选择参考。

表 12-4-1 柱温和固定液配比选择

样品沸点/℃	固定液配比	柱温/℃
气体、气态烃、低沸点化合物	15%~25%	室温或<50
100~200 的混合物	10%~15%	100~150
200~300 的混合物	5%~10%	150~200
300~400 的混合物	<3%	200~250

当被分析组分的沸点范围很宽时，用同一柱温往往造成低沸点组分分离不好，而高沸点组分峰形扁平，此时采用程序升温的办法就能使高沸点及低沸点组分都能获得满意的分离效果。在选择柱温时还必须注意：柱温不能高于固定液最高使用温度，否则会造成固定液大量挥发流失；同时，柱温至少必须高于固定液的熔点，这样才能使固定液有效地发挥作用。

2.气化室温度选择

合适的气化室温度既能保证样品迅速且完全气化，又不引起样品分解。一般气化室温度比柱温高 20~70 ℃或比样品组分中最高沸点高 30~50 ℃，就可以满足分析要求。温度是否合适，可通过实验来检查。检查方法是：重复进样时，若出峰数目变化，重现性差，则说明气化室温度过高；若峰形不规则，出现平头峰或宽峰，则说明气化室温度太低；若峰形正常，峰数不变，峰形重现性好，则说明气化室温度合适。

3.检测器温度选择

为了使色谱柱的流出物不在检测器中冷凝而污染检测器，检测器温度须高于柱温，一般可高于柱温 30~50 ℃或等于气化室温度，但热导池的灵敏度会因检测器温度太高而降低。

二、气相色谱定性分析

气相色谱定性分析的目的是确定试样的组成,即确定每个色谱峰代表何种组分。定性分析的理论依据是:在一定固定相和一定操作条件下,每种物质都有各自确定的保留值或确定的色谱数据,并且不受其他组分的影响。也就是说,保留值具有特征性。但在同一色谱条件下,不同物质也可能具有相似或相同的保留值,即保留值并非是专属的。因此,对于一个完全未知的混合样品单靠色谱法定性比较困难,往往需要采用多种方法综合解决,例如与质谱仪、红外光谱仪等联用。实际工作中一般遇到的分析任务,绝大多数其成分大体是已知的,或者可以根据样品来源、生产工艺、用途等信息推测出样品的大致组成和可能存在的杂质。在这种情况下,只需利用简单的气相色谱定性方法便能解决问题。

1.利用保留值定性

(1)用相对保留值定性。相对保留值(γ_{is})是指:在相同色谱操作条件下,组分与参比组分的调整保留值之比。相对保留值只受柱温和固定相性质的影响,而柱长、固定相的填充情况和载气的流速均不影响相对保留值的大小。所以在柱温和固定相一定时,相对保留值为一定值,用它来定性可得到较可靠的结果。

(2)用已知标准物增加峰高法来定性。得到未知样品的色谱图后,在未知样品中加入一定量的已知标准物质,然后在同样的色谱条件下,作加入已知标准物质的未知样品的色谱图。对比这两张色谱图,哪个峰增高了,则说明该峰就是加入的已知物质的色谱峰。这一方法既可避免因载气流速的微小变化对保留时间的影响而影响定性分析的结果,又可避免色谱图图形复杂时准确测定保留时间的困难。本法是确认某一复杂样品中是否含有某一组分的最好方法。

2.利用保留指数定性

在利用已知标准物直接对照定性时,已知标准物质得到的往往是一个很困难的问题,一个实验室也不可能备有各种各样的已知标准物质。因此,人们发展了利用文献值对照定性的方法,即利用已知的标准物质的文献保留值与未知物的测定保留值进行对照定性分析。当然,为了使得这样的定性分析准确可靠,就必须要求从理论上去解决保留值的通用性及它的可重复性。为此,1958 年匈牙利色谱学家柯瓦特(E.Kovats)首先提出用保留指数(I)作为保留值的标准用于定性分析,这是目前使用最广泛并被国际公认的定性指标。

(1)保留指数的定义。保留指数是把物质的保留行为用紧靠它的两个正构烷烃标准物来标定(要使这两个正构烷烃的调整保留时间,一个在被测组分的调整保留时间之前,一个在其之后)。某物质 X 的保留指数 I_x 可用下式计算:

$$I_x=100[Z+n\cdot\frac{\lg t'_{R(x)}-t'_{R(Z)}}{\lg t'_{R(Z+n)}-t'_{R(Z)}}] \qquad (式 12-14)$$

式中,$t'_{R(x)}$、$t'_{R(Z)}$、$t'_{R(Z+n)}$分别代表组分 X 和具有 Z 及 $Z+n$ 个碳原子数的正构烷烃的调整保留时间(也可用调整保留体积)。n 为两个正构烷烃碳原子数的差值,可以为 1、2、3、……但数值不宜过大。

用保留指数定性时,人为规定正构烷烃的保留指数均为其碳原子数乘以 100,如正己烷、正庚烷、正辛烷的保留指数分别为 600、700、800。

(2)保留指数的确定。要测定某一物质的保留指数,只要与相邻两正构烷烃混合在一起(或分别进行),在相同色谱条件下进行分析,测出保留值,按式 12-14 计算出被测组分保留指数 I_x,再将计算出的 I_x 值与文献值对照定性。测定出的保留指数的准确度和重现性都很好,用同一色谱柱测定误差小于 1%,因此只要柱温和固定液相同,就可以用文献上发表的保留指数定性。但在使用文献上的数据时,色谱实验条件要求必须与文献一致,而且要用几个已知组分验证,最好也用双柱法确认。

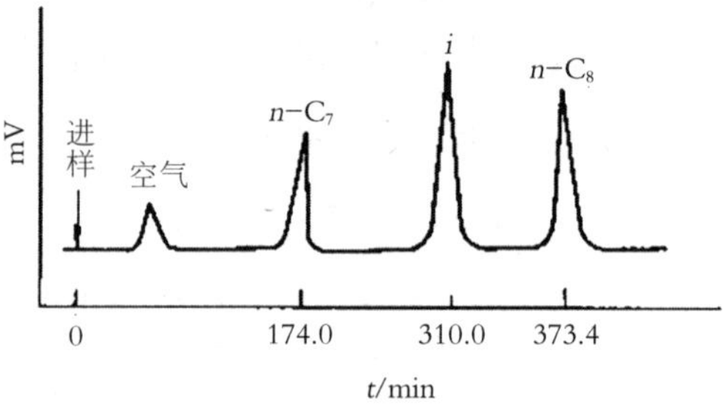

图 12-4-1 保留指数测定示意图

实验测得某组分的调整保留时间以记录纸距离表示为 310.0 mm。又测得正庚烷和正辛烷的保留时间分别为 174.0 mm 和 373.4 mm,如图 12-4-1 所示。计算此组分保留值(测定条件为:阿皮松 L 柱、柱温 100 ℃)。

解:已知:$t'_{R(X)}=310.0$ mm,$t'_{R(Z)}=174.0$ mm,$t'_{R(Z+n)}=373.4$ mm,$Z=7$;$Z+n=8$,$n=8-7=1$

代入式 12-14 得:

$$I_x=100[7+1\times\frac{\lg310.0-\lg174.0}{\lg373.4-\lg174.0}]=775.6$$

从文献中查得,在该色谱条件下,$I_{乙酸乙酯}=775.6$,再用纯乙酸乙酯对照实验,可以确认该组分是乙酸乙酯。

(3)利用保留指数定性的特点。保留指数仅与柱温和固定相性质有关,与色谱操作条件无关。不同的实验室测定的保留指数的重现性较好,精度可达±0.03 个指数单位。所以,使用保留指数定性具有一定的可靠性。又由于很多色谱文献中都可以查到很多纯物质的保留指数,因此,使用保留指数定性也是十分方便的。保留指数定性与用已知标准物直接对照定性相比,虽然避免了寻找已知标准物质的困难,但它也有一定的局限性,对一些多官能团的化合物和结构比较复杂的天然产物是无法采用保留指数进行定性的,主要原因是这些化合物的保留指数很少有文献报道。

3.联机定性

色谱法具有很高的分离效能,但它不能对已分离的每一组分进行直接定性。利用前述两种办法定性,也常因找不到对应的已知标准物质而出现困难。同时,很多物质的保留值十分接近,常影响定性结果的准确性。

通常称“四大谱”的质谱法、红外光谱法、紫外光谱法和核磁共振波谱法对于单一组分(纯物质)的有机化合物具有很强的定性能力。因此,若将色谱分析与这些仪器联用,就能发挥各自方法的长处,很好地解决组成复杂的混合物的定性分析问题。

气相色谱仪与其他仪器联用的方法一般有两种:一种方法是将色谱分离后需要进行定性分析的某些组分分别收集起来,然后再用上述“四大谱”的方法或其他的定性分析方法进行分析。这一方法烦琐、费时且易污染样品,一般只在没有办法的时候(如与某仪器没有合适的连接技术)才采用;另一种方法是将色谱与上述几种仪器通过适当的连接技术——“接口”直接连接起来。将色谱分离后的每一组分,通过“接口”直接送到上述仪器中进行定性分析。这样,色谱和所联用的仪器就成了一个整体——联用仪,可以同时得到样品的定性和定量结果。

除以上介绍的常用定性方法外,还有碳数规律法、沸点规律法、与化学反应结合定性等方法,这里不再做一一介绍,可查阅相关专著。

任务实施

活动1 设置色谱参数

(1)载气及流速设置:H_2, 40 mL/min。

(2)温度设置:气化室温度 170 ℃,柱温 110 ℃,TCD 检测器温度 150 ℃。

(3)进样量:3 μL。

活动2 定性分析

1.仪器的开机

(1)逆时针方向打开氢气钢瓶总阀门(高压表指针指示钢瓶内的气压),顺时针方向打开减压阀,并将输出气压调至 0.2~0.5 MPa(低压表指示输出气压)。

(2)打开载气稳压阀;逆时针方向打开仪器主机中载气稳压阀,并调节至主机上压力表显示选定值(注:此压力对应的载气流速应约为 20 mL/min)。

(3)检查气路气密性。

(4)打开主机电源总开关,进行温度设定:按下柱箱设定开关,调节对应的电位器,使显示值为“100”;按下检测器 1 设定开关,调节对应的电位器,使显示值为“120”;按下气化室设定开关,调节对应的电位器,使显示值为“150”。

(5)调节载气流速:使载气 1 和载气 2 流速都为“60 mL/min”。

(6)启动 TCD 检测器:打开电源开关,调节桥电流,使桥电流为 140 mA。

(7)启动色谱数据工作站,观察基线。

2.试样准备及测量

(1)配制未知样品溶液:分别取 1 mL 丙酮、水、甲醇、乙醇标样于同一个西林瓶中,每个标样都精确称量(精确到 0.1 mg),混合均匀。

(2)根据色谱条件,将色谱仪开启。当基线为一条直线时,可进样检验。

(3)分别吸取以上标准溶液和未知样品溶液 0.6 μL,依次进样,按上述方法重复进样两次,记录色谱图。

(4)在相同的实验条件下,取 0.3~0.5 μL 空气进样,记录色谱图,重复两次。

3.确定物质

确定未知样各峰代表的物质。

注意事项

(1)温度必须在仪器及色谱柱正常使用范围内调整。

(2)改变色谱条件后,必须待仪器稳定、基线平直后再进样。

活动3 柱温的选择

柱温分别设置为 100 ℃、110 ℃、120 ℃、130 ℃、140 ℃,重复测定未知样品,记录保留时间及分离度至记录表中。

活动 4 载气流速的选择

流速分别调为：10 mL/min、20 mL/min、30 mL/min、40 mL/min、50 mL/min、60 mL/min，重复测量未知样品，柱温选择活动 3 中的最佳温度，测定结果记录至表 12-4-2 中。

活动 5 最佳色谱条件的选择

(1)根据以上实验结果，选择最佳载气流速、气化室温度、柱温、检测器温度作为色谱参数。

(2)实验完毕，按开机步骤的反方向关机：

①退出色谱工作站。

②关闭“桥电流”，关闭热导检测器电源。

③先依次将柱温箱、气化室、检测器温度设置为室温。

④等温度降至近于室温时，关闭钢瓶总阀门、减压阀及主机载气稳压器阀（顺时针松开），关闭主机及电脑电源。

⑤清洗进样器，整理实验室，填写仪器使用记录。

活动 6 数据记录与处理

表 12-4-2 选择色谱条件原始记录

<table>
<tr><td>记录编号</td><td colspan="3"></td></tr>
<tr><td>检测项目</td><td></td><td>检验日期</td><td></td></tr>
<tr><td>检验依据</td><td></td><td>判定依据</td><td></td></tr>
<tr><td>温度/℃</td><td></td><td>相对湿度/%</td><td></td></tr>
<tr><td colspan="2">检验设备(标准物质)编号</td><td colspan="2"></td></tr>
<tr><td colspan="4">仪器条件：
检测器：__________ 载气：__________ 流速：__________ mL/min
柱长：__________ m 固定相：__________
检测器温度：__________ ℃ 进样量：__________ μL</td></tr>
<tr><td colspan="4">一、标液配制</td></tr>
<tr><td>溶液名称</td><td>浓度</td><td colspan="2">配制方法</td></tr>
<tr><td></td><td></td><td colspan="2"></td></tr>
<tr><td></td><td></td><td colspan="2"></td></tr>
<tr><td></td><td></td><td colspan="2"></td></tr>
</table>

续表

二、定性分析								
标准物质名称	丙酮		水		甲醇		乙醇	
保留值 t_R/min								
半峰宽								
试样各组分出峰顺序								
三、柱温的选择								
柱温/℃	保留值 t_R/min				分离度 R			
	丙酮	水	甲醇	乙醇	1	2	3	4
110								
120								
130								
140								
150								
四、载气流速的选择(柱温/℃)								
载气流速(mL/min)	保留值 t_R/min				分离度 R			
	丙酮	水	甲醇	乙醇	1	2	3	4
10								
20								
30								
40								
50								
60								
最佳条件								
检验人				复核人				

任务评价

表 12-4-3 任务评价表

日期

评价指标	评价要素	等级评定	
		自评	教师评
标液配制	计算思路 计算结果		
样品称量	天平使用 称量范围		
开机、关机	检查漏气 气体压力设定正确		

续表

评价指标	评价要素	等级评定	
		自评	教师评
数据测量	定性正确 柱温选择合理 载气流速选择合理 调整分离度正确 测量顺序 说出色谱分析条件		
结束工作	关气顺序 电源关闭 填写仪器实验记录卡		
学习方法	预习报告书写规范		
工作过程	遵守管理规程 操作过程符合现场管理要求 出勤情况		
思维状态	能发现问题、提出问题、 分析问题、解决问题		
自我反馈	按时按质完成工作任务 掌握专业知识点		
经验和建议			
总成绩			

课后自测

(1)气–固色谱的固定相是(　　　);气–液色谱的固定相是(　　　)。

(2)固体固定相包括(　　　)、(　　　)、(　　　)、(　　　)和(　　　)等。

(3)气–液色谱填充柱中,通常把惰性的固体支持物称为(　　　),把涂渍的高沸点有机物称为(　　　)。

(4)常用的载体大致可分为无机载体和载体;前者应用最为普遍的主要有(　　　)载体和(　　　)载体;后者主要包括(　　　)载体以及其他各种(　　　)载体。

(5)化学键合固定相,又称(　　　)固定相。这是一种以表面孔径度可人为控制的(　　　)为基质,利用(　　　)方法把固定液键合于载体表面上制成的键合固定相。

(6)试说明高分子多孔小球作为固定相的特点。

(7)适合于做气–液色谱的固定液应具备哪些条件?

(8)与载体涂渍固定液制成的固定相比较,化学键合固定相具有哪些优点?

(9)简要说明载体的预处理方法有哪几种。

任务五 样品检测

任务目标

(1)会正确操作气相色谱仪。

(2)会使用色谱工作站,并设置相关参数。

(3)会对分析样品进行定性、定量分析。

(4)能运用归一化法对待测样品进行定量分析。

任务分析

1.明晰任务流程

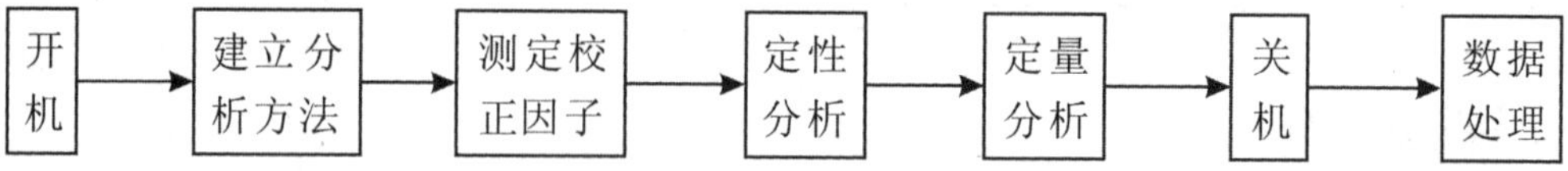

2.任务难点分析

(1)建立调整分析方法。

(2)色谱工作站的熟练操作。

(3)归一化法定量分析。

3.任务前准备

(1)《GC1120 型气相色谱仪说明书》和《色谱工作站说明书》。

(2)仪器。

①GC1120 型气相色谱仪(TCD)。

②填充柱:GDX-104[0.180~0.154 mm(80~100 目)]或选用 Porapak Q[0.180~0.154 mm(80~100 目)],柱长 2 m、内径 3 mm 的不锈钢管或玻璃管。

③微量注射器:1 μL。

(3)试剂:丙酮、甲醇、乙醇、纯水。

相关知识

一、校正因子

气相色谱定量分析的依据是基于待测组分的量与其峰面积成正比的关系。但是峰面积的大小不仅与组分的量有关,而且还与组分的性质及检测器性能有关。用同一检测器测定同一组分,当实验条件一定时,组分量越大,相应的峰面积就越大。但同一检测器测定相同质量的不同组分时,却由于不同组分性质不同,检测器对不同物质的响应值不同,因而产生的峰面积也不同,所以不能直接应用峰面积计算组分含量。为此,需要引入"定量校正因子"来校正峰面积。定量校正因子分为绝对校正因子和相对校正因子。

1.绝对校正因子(f_i)

绝对校正因子是指单位峰面积或单位峰高所代表的组分的量,即

$$f_i=m_i/A_i \quad 或 \quad f_{i(h)}=m_i/h_i \qquad (式 12-15)$$

式中,m_i 为组分质量(或物质的量,或体积),A_i 为峰面积,h_i 为峰高。峰高定量校正因子 $f_{i(h)}$受操作条件影响大,因而在用峰高定量时,一般不直接引用文献值,必须在实际操作条件下用标准纯物质测定。显然,要准确求出组分的绝对校正因子,一方面要准确知道进入检测器的组分的量,另一方面要准确测量出峰面积或峰高,并要求严格控制色谱操作条件,这在实际工作中有一定困难。因此,实际测量中通常不采用绝对校正因子,而采用相对校正因子。

2.相对校正因子(f_i')

相对校正因子是指组分 i 与另一标准物 S 的绝对校正因子之比,即

$$f_i'=\frac{f_i}{f_S}=\frac{m_i\cdot A_s}{m_s\cdot A_i} \quad 或 \quad f_i'=\frac{f_i}{f_S}=\frac{c_i\cdot h_s}{c_s\cdot h_i} \qquad (式 12-16)$$

式中,f_i' 为相对校正因子;f_i 为物质的绝对校正因子;f_S 为基准物质的绝对校正因子;m_i 为 i 物质的质量;c_i 为 i 物质的浓度;A_i 为 i 物质的峰面积;h_i 为 i 物质的峰高;m_s 为基准物质的质量;c_S 为基准物质的浓度;A_S 为基准物质的峰面积;h_S 为基准物质的峰高。

常用的基准物质对不同检测器是不同的,热导检测器常用苯作基准物,氢火焰离子化检测器常用正庚烷作基准物质。

通常将相对校正因子简称为校正因子, 它是一个无因次量, 数值与所用的计量单位有关。根据物质量的表示方法不同,校正因子分类如下。

a.相对质量校正因子。组分的量以质量表示时的相对校正因子,用 f_m' 表示。这是最常用

的校正因子。

$$f_m' = \frac{f_{i(m)}}{f_{S(m)}} = \frac{m_i/A_i}{m_s/A_s} = \frac{A_s \cdot m_i}{A_i \cdot m_s} \quad \text{（式 12-17）}$$

式中，下标 i、S 分别代表被测物和标准物。

b.相对摩尔校正因子。组分的量以物质的量 n 表示时的相对校正因子，用 f_M' 表示。

$$f_M' = \frac{f_{i(M)}}{f_{S(M)}} = f_m' \cdot \frac{M_S}{M_i} \quad \text{（式 12-18）}$$

式中，M_i、M_s 分别为被测物和标准物的摩尔质量。

c.相对体积校正因子。对于气体样品，以体积计量时，对应的相对校正因子称为相对体积校正因子，以 f_V' 表示。当温度和压力一定时，相对体积校正因子等于相对摩尔校正因子，即

$$f_V' = f_M' \quad \text{（式 12-19）}$$

上面所介绍的相对校正因子均是峰面积校正因子，若将各式中的峰面积 A_i、A_S 用峰高 h_i、h_S 表示，则可以得到三种峰高相对校正因子，即 $f'_{m(h)}$、$f'_{M(h)}$、$f'_{V(h)}$。

3.校正因子的实验测定方法

准确称取色谱纯（或已知准确含量）的被测组分和基准物质，配制成已知准确浓度的样品，在已定的色谱实验条件下，取一定体积的样品进样，准确测量所得组分和基准物质的色谱峰峰面积，根据式 12-17、式 12-18 和式 12-19，就可以计算出相对质量校正因子，相对摩尔校正因子和相对体积校正因子。

4.相对响应值 S_i'

相对响应值是物质 i 与标准物质 S 的响应值（灵敏度）之比，单位相同时，与校正因子互为倒数，即

$$S_i' = \frac{1}{f_i'} \quad \text{（式 12-20）}$$

f_i' 和 S_i' 只与试样、标准物质以及检测器类型有关，而与操作条件如柱温、载气流速、固定液性质等无关，是一个能通用的参数。

二、归一化法

色谱中常用的定量方法有归一化法、标准曲线法、内标法和标准加入法。按测量参数，上述四种定量方法又可分为峰面积法和峰高法。这些定量方法各有优缺点和使用范围，因此实际工作中应根据分析的目的、要求以及样品的具体情况选择合适的定量方法。

当试样中所有组分均能流出色谱柱，并都能在检测器上产生信号时，可用归一化法计算组分含量。所谓归一化法，就是以样品中被测组分经校正过的峰面积（或峰高）占样品中各组分经校正过的峰面积（或峰高）的总和的比例来表示样品中各组分含量的定量方法。

设试样中有 n 个组分，各组分的质量分别为 $m_1,m_2,\cdots,m_n$，在一定条件下测得各组分峰面积分别为 $A_1,A_2,\cdots,A_n$，各组分峰高分别为 $h_1,h_2,\cdots,h_n$，则组分 i 的质量分数 w_i 为：

$$w_i=\frac{m_i}{m}\times100\%=\frac{m_i}{m_1+m_2+\cdots+m_n}\times100\%=\frac{f_i'\cdot A_i}{f_1'\cdot A_1+f_2'\cdot A_2+\cdots+f_n'\cdot A_n}\times100\%=\frac{f_i'\cdot A_i}{\sum f_i'\cdot A_i}\times100\%$$

或 $$w_i=\frac{m_i}{m}\times100\%=\frac{m_i}{m_1+m_2+\cdots+m_n}\times100\%=\frac{f_{(h)i}\cdot h_i}{f_{1(h)}'\cdot h_1+f_{2(h)}'\cdot h_2+\cdots+f_{n(h)}'\cdot h_n}\times100\%=\frac{f_{(h)i}\cdot h_i}{\sum f_{i(h)}'\cdot A_i}\times100\%$$

（式 12-20）

式中，f_i' 为 i 组分的相对质量校正因子，A_i 为组分的峰面积。

当 f_i' 为摩尔校正因子或体积校正因子时，所得结果分别为 i组分的摩尔百分含量或体积百分含量。

若试样中各组分的相对校正因子很接近（如同分异构体或同系物），则可以不用校正因子，直接同峰面积归一化法进行定量。这样，式 12-20 可简化为：

$$w_i=\frac{A_i}{\sum A_i}\qquad（式 12-21）$$

采用积分仪或色谱工作站处理数据时，往往采用峰面积直接归一化定量，得出各组分的面积百分比，其结果的相对误差在 10%左右；若是对校正因了比较接近的组分（如同系物）而言，直接峰面积归一化进行定量结果的误差很小，在误差允许范围之内。

归一化法定量的优点是简便，进样量的多少与测定结果无关，操作条件（如流速、柱温）的变化对定量结果的影响较小。

归一化法定量的主要问题是校正因子的测定较为麻烦， 虽然从文献中可以查到一些化合物的校正因子，但要得到准确的校正因子，还是需要用每一组分的基准物质直接测量。如果试样中的组分不能全部出峰，则绝对不能采用归一化法定量。

任务实施

活动1 开机

(1)开载气。逆时针打开载气钢瓶总阀,顺时针打开加压阀,调分压表压力为0.2~0.5 MPa。打开色谱仪气体净化器的载气开关转到“开”的位置。注意观察色谱仪载气柱前压上升并稳定大约5 min后,打开色谱仪的电源开关。

(2)开主机。合上主机电源开关(开关位置在主机右侧下方)。约有1 min微机进行自检及初始化。

(3)参数设置。按任务四中的最佳色谱条件设置载气流速、气化室温度、柱温、检测器温度。待温度稳定后,设置桥电流140 mA。

(4)启动色谱工作站,观察基线。

活动2 定性分析

(1)根据色谱条件,将色谱仪开启。当基线为一条直线时,可进样检验。

(2)分别吸取纯水、甲醇、乙醇、丙酮标准溶液0.5 μL和未知样品溶液1 μL,依次进样,按上述方法重复进样两次,记录保留时间。

(3)通过保留时间定性分析各组分。

活动3 测定相对校正因子

1.配制标准溶液

将具盖的气相色谱样品瓶洗净、烘干。依次称取无水甲醇、无水乙醇、纯水各0.5 mL,丙酮5 mL,精密称量(准确至0.0001 g),混匀。

2.进样

分别吸取1 μL上述配制的标准溶液,进样,记录各组分的峰面积,平行进样3次,将采集的数据记录于表中。

3.计算相对校正因子

计算各组分对于丙酮的相对校正因子:

$$F'_i=\frac{f_i}{f_s}=\frac{m_i\cdot A_s}{m_s\cdot A_i} \qquad (式12-22)$$

活动 4 定量分析——归一化法

(1)色谱仪的开机及参数设置。通入载气(H_2),检查气密性完好后,调节载气流量为20~30 mL/min。打开仪器电源,按任务四中的最佳色谱条件设置载气流速、气化室温度、柱温、检测器温度。待温度稳定后,设置桥电流 140 mA。

(2)待仪器电路和气路系统均达到平衡,基线平直后,用 1 mL 清洗过的微量注射器,吸取试样 1 mL 进样,记录实验条件和分析结果。

按上述方法重复进样两次,记录分析结果于表中。

$$w_i = \frac{m_i}{m} \times 100\% = \frac{m_i}{m_1 + m_2 + \cdots + m_n} \times 100\% = \frac{f_i' \cdot A_i}{f_1' \cdot A_1 + f_2' \cdot A_2 + \cdots + f_n' \cdot A_n} \times 100\% = \frac{f_i' \cdot A_i}{\sum f_i' \cdot A_i} \times 100\% \quad (式 12\text{-}23)$$

注意事项

(1)如果色谱峰信号超出量程以外,样品量可酌情减少,或者增加衰减比。

(2)若峰形过窄,不易测量半峰宽,可适当加快纸速。

(3)如果用 N_2 作载气,桥电流一般选用 100 mA。

活动 5 关机及结束

(1)退出色谱工作站。

(2)关闭"桥电流",关闭热导检测器电源。

(3)先依次将柱温箱、气化室、检测器温度设置为室温。

(4)等温度降至近于室温时,关闭钢瓶总阀门、减压阀及主机载气稳压器阀(顺时针松开),关闭主机及电脑电源。

(5)清洗进样器,整理实验室,填写仪器使用记录。

活动 6 数据记录与处理

表 12-5-1 化学试剂丙酮中水、甲醇、乙醇原始记录

<table>
<tr><td>记录编号</td><td colspan="3"></td></tr>
<tr><td>检测项目</td><td></td><td>检验日期</td><td></td></tr>
<tr><td>检验依据</td><td></td><td>判定依据</td><td></td></tr>
<tr><td>温度/℃</td><td></td><td>相对湿度/%</td><td></td></tr>
<tr><td colspan="2">检验设备(标准物质)编号</td><td colspan="2"></td></tr>
<tr><td colspan="4">仪器条件:
载气流速:__________mL/min　　柱　温:__________℃
气化室:__________℃　　检测器:__________℃</td></tr>
</table>

续表

<table>
<tr><td colspan="10">一、标液及质控液配制</td></tr>
<tr><td colspan="2">溶液名称</td><td colspan="4">浓度/(μg/mL)</td><td colspan="4">配制方法</td></tr>
<tr><td colspan="2">水</td><td colspan="4"></td><td colspan="4"></td></tr>
<tr><td colspan="2">甲醇</td><td colspan="4"></td><td colspan="4"></td></tr>
<tr><td colspan="2">乙醇</td><td colspan="4"></td><td colspan="4"></td></tr>
<tr><td colspan="2">质控液</td><td colspan="4"></td><td colspan="4"></td></tr>
<tr><td colspan="10">二、测定相对校正因子</td></tr>
<tr><td colspan="2">测量次数</td><td>水</td><td>甲醇</td><td>乙醇</td><td>丙酮</td><td colspan="4">校正因子</td></tr>
<tr><td colspan="2">质量/g</td><td></td><td></td><td></td><td></td><td>水</td><td>甲醇</td><td>乙醇</td><td>丙酮</td></tr>
<tr><td rowspan="3">峰面积 A/(μV·s)</td><td>1</td><td></td><td></td><td></td><td></td><td></td><td></td><td></td><td></td></tr>
<tr><td>2</td><td></td><td></td><td></td><td></td><td></td><td></td><td></td><td></td></tr>
<tr><td>3</td><td></td><td></td><td></td><td></td><td></td><td></td><td></td><td></td></tr>
<tr><td colspan="5">平均校正因子</td><td></td><td></td><td></td><td></td><td></td></tr>
<tr><td colspan="10">三、定性分析</td></tr>
<tr><td colspan="2">测定结果</td><td colspan="2">t_{M}/min</td><td colspan="2">t_{R}/min</td><td colspan="2">t'_{R}/min</td><td colspan="2">定性结论</td></tr>
<tr><td rowspan="4">试样</td><td>色谱峰 1</td><td colspan="2"></td><td colspan="2"></td><td colspan="2"></td><td colspan="2"></td></tr>
<tr><td>色谱峰 2</td><td colspan="2"></td><td colspan="2"></td><td colspan="2"></td><td colspan="2"></td></tr>
<tr><td>色谱峰 3</td><td colspan="2"></td><td colspan="2"></td><td colspan="2"></td><td colspan="2"></td></tr>
<tr><td>色谱峰 4</td><td colspan="2"></td><td colspan="2"></td><td colspan="2"></td><td colspan="2"></td></tr>
<tr><td rowspan="4">标准溶液</td><td>水</td><td colspan="2"></td><td colspan="2"></td><td colspan="2"></td><td colspan="2"></td></tr>
<tr><td>甲醇</td><td colspan="2"></td><td colspan="2"></td><td colspan="2"></td><td colspan="2"></td></tr>
<tr><td>乙醇</td><td colspan="2"></td><td colspan="2"></td><td colspan="2"></td><td colspan="2"></td></tr>
<tr><td>丙酮</td><td colspan="2"></td><td colspan="2"></td><td colspan="2"></td><td colspan="2"></td></tr>
<tr><td colspan="10">四、定量分析</td></tr>
<tr><td colspan="2">组分名称</td><td colspan="2">水</td><td colspan="2">甲醇</td><td colspan="2">乙醇</td><td colspan="2">丙酮</td></tr>
<tr><td colspan="2">相对丙酮校正因子</td><td colspan="2"></td><td colspan="2"></td><td colspan="2"></td><td colspan="2"></td></tr>
<tr><td rowspan="3">峰面积 A/(μV·s)</td><td>1</td><td colspan="2"></td><td colspan="2"></td><td colspan="2"></td><td colspan="2"></td></tr>
<tr><td>2</td><td colspan="2"></td><td colspan="2"></td><td colspan="2"></td><td colspan="2"></td></tr>
<tr><td>3</td><td colspan="2"></td><td colspan="2"></td><td colspan="2"></td><td colspan="2"></td></tr>
<tr><td rowspan="3">质量分数/%</td><td>1</td><td colspan="2"></td><td colspan="2"></td><td colspan="2"></td><td colspan="2"></td></tr>
<tr><td>2</td><td colspan="2"></td><td colspan="2"></td><td colspan="2"></td><td colspan="2"></td></tr>
<tr><td>3</td><td colspan="2"></td><td colspan="2"></td><td colspan="2"></td><td colspan="2"></td></tr>
<tr><td colspan="2">平均质量分数/%</td><td colspan="2"></td><td colspan="2"></td><td colspan="2"></td><td colspan="2"></td></tr>
<tr><td colspan="2">相对标准偏差/%</td><td colspan="2"></td><td colspan="2"></td><td colspan="2"></td><td colspan="2"></td></tr>
<tr><td colspan="2">质控液</td><td colspan="2"></td><td colspan="2"></td><td colspan="2"></td><td colspan="2"></td></tr>
<tr><td colspan="2">检验人</td><td colspan="4"></td><td colspan="2">复核人</td><td colspan="2"></td></tr>
</table>

任务评价

表 12-5-2 任务评价表

日期

评价指标	评价要素	等级评定	
		自评	教师评
标液配制	计算思路 计算结果		
样品称量	天平使用 称量范围		
开机、关机	检查漏气 气体压力设定正确		
数据测量	条件设置正确 定性正确 分析方法建立 质控样检测 能说出定量依据 理解归一化法		
结束工作	关气顺序 电源关闭 填写仪器实验记录卡		
学习方法	预习报告书写规范		
工作过程	遵守管理规程 操作过程符合现场管理要求 出勤情况		
思维状态	能发现问题、提出问题、 分析问题、解决问题		
自我反馈	按时按质完成工作任务 掌握专业知识点		
经验和建议			
总成绩			

拓展提高

气相色谱仪维护及保养

一、气路系统的日常维护

1.气体管路的清洗

清洗气路连接金属管时，应首先将该管的两端接头拆下，再将该段管线从色谱仪中取出，这时应先把管外壁灰尘擦洗干净，以免清洗完管内壁时再产生污染。清洗管内壁时应先用无水乙醇进行疏通处理，这可除去管路内大部分颗粒状堵塞物及易被乙醇溶解的有机物和水分。在此疏通步骤中,如发现管路不通,可用洗耳球加压吹洗,加压后仍无效时可考虑用细钢丝捅针疏通管路。如此法还不能使管线畅通,可使用酒精灯加热管路使堵塞物在高温下碳化而达到疏通的目的。

用无水乙醇清洗完气体管路后,应考虑管路内壁是否有不易被乙醇溶解的污染物。如没有,可加热该管线并用干燥气体对其进行吹扫,将管线装回原气路待用。如果由分析样品过程判定气路内壁可能还有其他不易被乙醇溶解的污染物,可针对具体物质溶解特性选择其他清洗液。选择清洗液的顺序应先使用高沸点溶剂,而后再使用低沸点溶剂浸泡和清洗。可供选择的清洗液有萘烷、N,N-二甲基酰胺、甲醇、蒸馏水、丙酮、乙醚、氟利昂、石油醚、乙醇等。

2.阀的维护

稳压阀、针形阀及稳流阀的调节须缓慢进行。稳压阀不工作时,必须放松调节手柄(顺时针转动);针形阀不工作时,阀门应处于“开”的状态(逆时针转动);原因如前所述。对于稳流阀,当气路通气时,必须先打开稳流阀的阀针,流量的调节应从大流量调到所需的流量;稳压阀、针形阀及稳流阀均不可作开关使用;各种阀的进、出气口不能接反。

3.转子流量计和皂膜流量计的维护

使用转子流量计时应注意气源的清洁,若由于对载气中微量水分干燥净化不够,在玻璃管壁吸附一层水雾造成转子跳动或由于灰尘落入管中将转子卡住等现象时,应对转子流量计进行清洗。方法是:旋松上下两只大螺钉,小心地取出两边的小弹簧(防止转子吹入管道内)及转子,用乙醇或乙醚冲洗锥形管(也可将棉花浸透清洗液后塞入管内捅洗)及转子,用电热吹风机把锥形管吹干,重新安装好。安装时应注意转子和锥形管不能放倒,同时要注意锥形管应垂直放置,以免转子和管壁产生不必要的摩擦。

使用皂膜流量计时要注意保持流量计的清洁、湿润,皂水要用澄清的皂水,或其他能起泡的液体(如烷基苯磺酸钠等),使用完毕应洗净、晾干(或吹干)放置。

二、进样系统日常维护

1.气化室进样口维护

由于仪器的长期使用,硅橡胶微粒可能会积聚造成进样口管道阻塞或气源净化不够使进样口玷污,此时应对进样口进行清洗。其方法是首先从进样口处拆下色谱柱,旋下散热片,清除导管和接头部件内的硅橡胶微粒(注意:接头部件千万不能碰弯),接着用丙酮和蒸馏水依次清洗导管和接头部件,并吹干。然后按拆卸的相反程序安装好,最后进行气密性检查。

2.微量注射器的维护

微量注射器使用前要先用丙酮等溶剂洗净，使用后立即清洗处理（一般常用下述溶液依次清洗：5%NaOH 水溶液、蒸馏水、丙酮、氯仿，最后用真空泵抽干），以免芯子被样品中高沸点物质玷污而阻塞；切忌用重碱性溶液洗涤，以免玻璃受腐蚀失重和不锈钢零件受腐蚀而漏水漏气；对于注射器针尖为固定式者，不宜吸取有较粗悬浮物质的溶液；一旦针尖被堵塞，可用 Φ0.1 mm 不锈钢丝串通；高沸点样品在注射器内部分冷凝时，不得强行多次来回抽动拉杆，以免因发生卡住或磨损而造成损坏；如发现注射器内有不锈钢氧化物（发黑现象）影响正常使用时，可在不锈钢芯子上蘸少量皂水塞入注射器内，来回抽拉几次就可去掉，然后洗净即可；注射器的针尖不宜在高温下工作，更不能用火直接烧，以免针尖退火而失去穿刺能力。

3.六通阀的维护

六通阀在使用时应绝对避免带小颗粒固体杂质的气体进入六通阀，否则，在拉动阀杆或转动阀盖时，固体颗粒会擦伤阀体，造成漏气；六通阀使用时间长了，应该按照结构装卸要求卸下进行清洗。

三、色谱柱的日常维护

使用色谱柱时应注意以下几点。

(1)新装色谱柱在使用前必须进行老化。

(2)新购买的色谱柱一定要在分析样品前先测试柱性能是否合格，如不合格可以退货或更换新的色谱柱。色谱柱使用一段时间后，柱性能可能会发生变化，当分析结果有问题时，应该用测试标样测试色谱柱，并将结果与前一次测试结果进行比较。这有助于确定问题是否出在色谱柱上，以便采取相应措施排除故障。每次测试结果都应保存起来作为色谱柱寿命的记录。

(3)色谱柱暂时不用时，应将其从仪器上卸下，在柱两端套上不锈钢螺帽（或者用一块硅橡胶堵上），并放在相应的柱包装盒中，以免柱头被污染。

(4)每次关机前都应将柱箱温度降到 50 ℃以下，然后再关电源和载气。若温度过高时切断载气，则空气（氧气）扩散进入柱管会造成固定液气体氧化和降解。仪器有过温保护功能时，每次新安装了色谱柱都要重新设定保护温度（超过此温度时，仪器会自动停止加热），以确保柱箱温度不超过色谱柱的最高使用温度，对色谱柱造成一定的损伤（如固定液的流失或者固定相颗粒的脱落),降低色谱柱的使用寿命。

(5)对于毛细管柱,如果使用一段时间后柱效有大幅度的降低,往往表明固定液流失太多,有时也可能只是由于一些高沸点极性化合物的吸附而使色谱柱丧失分离能力,这时可以在高温下老化,用载气将污染物冲洗出来。若柱性能仍不能恢复,就得从仪器上卸下柱子,将柱头截去 10 cm 或更长,去除掉最易被污染的柱头后再安装测试,往往能恢复柱性能。如果还是不起作用,可再反复注射溶剂进行清洗,常用的溶剂依次为丙酮、甲苯、乙醇、氯仿和二氯甲烷。每次可进样 5~10 μL,这一办法常能奏效。如果色谱柱性能还不好,就只有卸下柱子,用二氯甲烷或氯仿冲洗(对固定液交联的色谱柱而言),溶剂用量依柱子污染程度而定,一般为 20 mL 左右。如果这一办法仍不起作用,该色谱柱只有报废了。

四、检测系统的日常维护

1.热导池检测器的维护

(1)使用注意事项。

①尽量采用高纯气源,载气与样品气中应无腐蚀性物质、机械性杂质或其他污染物。

②载气至少通入 0.5 h,保证将气路中的空气赶走后,方可通电,以防热丝元件的氧化。未通载气前严禁加载桥电流。

③根据载气的性质,桥电流不允许超过额定值。如载气用 N_2 时,桥电流应低于 150 mA;用 H_2 时,则应低于 270 mA。

④检测器不允许有剧烈振动。

⑤热导池高温分析时如果停机, 除首先切断桥电流外, 最好等检测室温度低于 100 ℃时,再关闭气源,这样可以延长热丝元件的使用寿命。

(2)热导池检测器的清洗。

当热导池使用时间长或被玷污后,必须进行清洗。方法是将丙酮、乙醚、十氢萘等溶剂装满检测器的测量池,浸泡一段时间(20 min 左右)后倾出,如此反复进行多次,直至所倾出的溶液比较干净为止。当选用一种溶剂不能洗净时,可根据污染物的性质先选用高沸点溶剂进行浸泡清洗,然后再用低沸点溶剂反复清洗。洗净后加热使溶剂挥发,冷却至室温后,装到仪器上,然后加热检测器,通载气数小时后即可使用。

课后自测

(1)气相色谱的定性参数有(　　)。

A.保留值　　B.相对保留值　　C.保留指数　　D.峰高或峰面积

(2)气相色谱的定量参数有(　　)。

A.保留值　　B.相对保留值　　C.保留指数　　D.峰高或峰面积

(3)如果样品比较复杂,相邻两峰间距离太近或操作条件不易稳定控制,要准确测量保留值有一定困难时,可采用(　　)。

A.相对保留值进行定性　　B.加入已知物以增加峰高的办法进行定性

C.文献保留值数据进行定性　　D.利用选择性检测器进行定性

(4)气相色谱定性的理论依据是什么?

(5)试说明保留指数定性的优点。

(6)简述定量校正因子的测定方法。

(7)应用归一化法定量应该满足什么条件?

(8)选择内标物的条件是什么?

(9)在一定条件下分析只含有二氯乙烷、二溴乙烷和四乙基铅的样品,得到如下数据:

组分	二氯乙烷	二溴乙烷	四乙基铅
峰面积 A	1.50	1.01	2.82
f_i'	1.00	1.65	1.75

试计算各组分的质量分数。

(10)在一个苯系统混合液中,用气相色谱法分析,测得如下数据,计算各组分的含量。

组分	苯	甲苯	邻二甲苯	对二甲苯	间二甲苯
f_i'	0.780	0.794	0.840	0.812	0.801
h/cm	4.20	3.06	7.50	2.98	1.67
b/cm	0.30	0.32	0.34	0.35	0.38

任务六　撰写检测报告

任务目标

(1)会运用归一化法处理数据。

(2)会根据质量标准判断数据的有效性,确定样品是否合格。

(3)会撰写检测报告。

任务分析

1.明晰任务流程

数据处理 → 判定 → 撰写检测报告

2.任务难点分析

(1)正确的数据处理。

(2)检测有效性判断。

3.任务前准备

计算器、检验报告书。

任务实施

活动 1　数据处理

(1)判断获得的原始数据是否符合国标要求,若符合,则运用归一化法计算出待测样品的质量分数。

(2)将结果填入表 12-6-1 中。

表 12-6-1 检验报告内页

抽样地点			样品编号	
检测项目	检测结果	限值	本项结论	备注
以下空白				

活动 2 检测结果判定

(1)若检测结果符合国标要求,则将质量分数记录在表格中。

(2)若检测结果不符合国标要求,进行纠偏处理。

(3)根据检测结果,出具检测报告。

任务评价

表 12-6-2 任务评价表

日期

评价指标	评价要素	等级评定	
		自评	教师评
出峰效果	峰形 出峰数目		
质控判断	质控浓度计算 检测有效性判断		
样品计算	样品质量分数 计算过程 有效数字		
撰写报告	无空项 有效数字符合标准规定		
学习方法	预习报告书写规范		
工作过程	遵守管理规程 操作过程符合现场管理要求 出勤情况		
思维状态	能发现问题、提出问题、 分析问题、解决问题		
自我反馈	按时按质完成工作任务 掌握专业知识点		
经验和建议			
总成绩			

参考答案

项目十三 气相色谱法测定工业酒精中甲醇含量

项目导入

工业酒精，即工业上使用的酒精，也称变性酒精、工业火酒。为易燃易挥发液体，有酒的气味和刺激性辛辣味，溶于水、甲醇、乙醚和氯仿。能溶解许多有机物和若干无机物。具有吸湿性，能与水形成共沸混合物。工业酒精里往往含有少量甲醇、醛类、有机酸等杂质，这大大增加了它的毒性。饮用工业酒精后会引起中毒，甚至死亡。工业酒精的纯度一般为95%和99%，沸点为78.32 ℃。

甲醇(Methanol，CH_3OH)是结构最简单的饱和一元醇，分子量32.04，沸点64.7 ℃。因在干馏木材中被首次发现，故又称“木醇”或“木精”。甲醇是无色、有酒精气味、易挥发的液体。一般用气相色谱法或气质联用法进行检测。

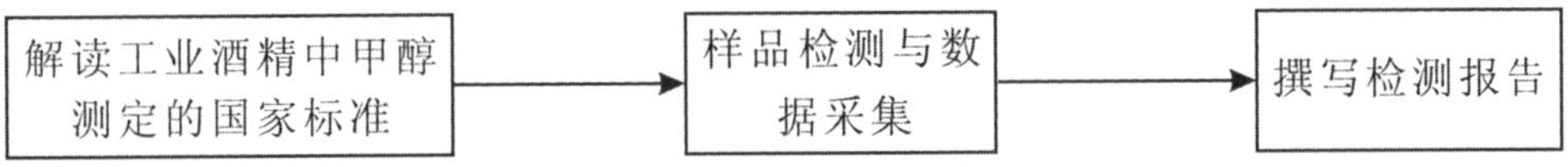

任务一 解读工业酒精中甲醇测定的国家标准

任务目标

(1)会查找分析相应检测项目的国家标准。

(2)会确认所需的仪器和配制所需的试剂。

(3)会规范填写原始记录。

任务分析

1.明晰任务流程

阅读与查找质量标准 → 确定合适检测仪器 → 正确配制所需试剂 → 实验安全评估

2.任务难点分析

解读国家标准,拟订实验方案,全面准确评估实验安全。

3.任务前准备

(1)GB/T 394.2—2008《酒精通用分析方法》、GB/T 9722—2006《化学试剂 气相色谱法通则》。

(2)仪器。

①气相色谱仪。

②毛细管柱:PEG-20M 交联毛细管柱。

(3)试剂:甲醇、正丁醇、工业酒精。

相关知识

一、氢火焰离子化检测器(FID)

氢火焰离子化检测器简称氢焰检测器，是气相色谱仪检测器中使用最广泛的一种质量检测器。

1.FID 结构和工作原理

(1)FID 的结构。FID 的结构如图 13-1-1 所示。氢焰检测器的主要部件是离子室。

离子室一般由不锈钢制成,包括气体入口、气体出口、喷嘴、极化极和收集极以及点火线圈等部件。极化极为铂丝铸成的圆环,安装在喷嘴之上。收集极是金属圆筒,位于极化极上方。两极间距可以用螺丝调节(一般不大于 10 mm)。在收集极和极化极间加一定的直流电压(常用 150~300 V),以收集极作负极、极化极作正极,构成一外加电场。载气一般用氮气、燃气用氢气,分别由入口处通入,调节载气和燃气的流量配比,使它们以一定比例混合后,由喷嘴喷出。助燃空气进入离子室,供给氧气。在喷嘴附近安装有点火装置(一般极化极兼点火极),点火后,在喷嘴上方即产生氢火焰。

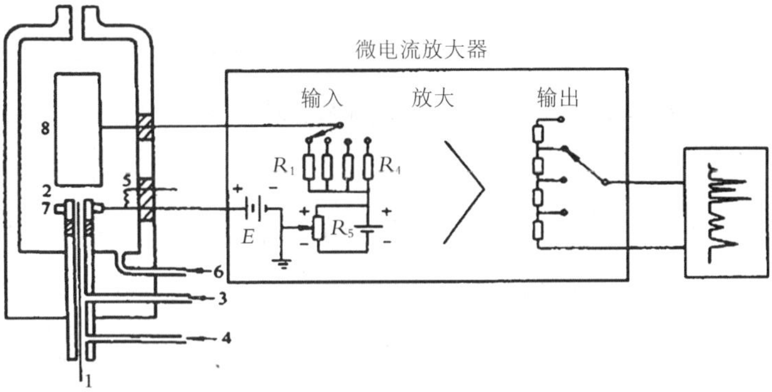

1-填充柱或毛细管柱;2-喷嘴;3-氢气入口;4-尾吹气入口;5-点火线圈;6-空气入口;7-极化极;8-收集极

图 13-1-1 氢焰检测器结构示意图

(2)FID 工作原理。当仅有载气从填充柱或毛细管柱后流出,进入检测器时,载气中的有机杂质和流失的固定液在氢火焰(2100 ℃)中发生化学电离(载气 N_2 本身不会被电离),生成正、负离子和电子。在电场作用下,正离子移向收集极(负极),负离子和电子移向极化极(正极),形成微电流,流经输入电阻 R_1 时,在其两端产生电压降 E。它经微电流放大器放大后,在记录仪上便记录下一信号,称为基流。只要载气流速、柱温等条件不变,该基流亦不变。实际过程中,总是希望基流越小越好。但是,基流总是存在的,因此,通常通过调节 R_5 上的反方向的补差电压来使流经输入电阻的基流降至“零”，这就是所谓的“基流补偿”。一般在进样前均要使用基线补偿，将记录器上的基线调至零。进样后，载气和分离后的组分一起从柱后流出，氢火焰中增加了组分被电离后产生的正、负离子和电子，从而使电路中收集极的微电流显著增大，此即该组分的信号。该信号的大小与进入火焰组分的质量是成正比的，这便是FID的定量依据。

2.性能特征

FID的特点是灵敏度高，比TCD的灵敏度高约10^3倍，检出限低，可达10^{-12} g；线性范围宽；FID结构简单，死体积一般小于1 μL，响应时间仅为1 ms，既可以与填充柱联用，也可以直接与毛细管柱联用；FID对能在火焰中燃烧电离的有机化合物都有响应，可以直接进行定量分析，是目前应用最为广泛的气相色谱检测器之一。FID的主要缺点是不能检测永久性气体、水、一氧化碳、二氧化碳、氮的氧化物、硫化氢等物质。

3.检测条件的选择

FID可供操作者选择的主要参数有：载气种类和载气流速；氢气和空气的流速；色谱柱、气化室和检测室的温度；极化电压；电极形状和距离等。

(1)气体种类、流速和纯度。

①载气。载气将被测组分带入FID，同时又是氢焰的稀释剂。N_2、Ar、H_2、He均可作FID的载气。N_2、Ar作载气时FID灵敏度高、线性范围宽。因N_2价格较Ar低，所以通常用N_2作载气。

载气流速通常根据柱分离的要求进行调节。对FID而言，过大的载气流速会降低检测灵敏度。实际工作中往往通过实验选择适宜的载气流速。

②氮氢比。实验表明，在使用FID时，氮氢比在1:1左右时检测器的响应值最大。如果是常量组分的质量检验，增大氢气流速，使氮氢比下降至0.43~0.72范围内，虽然减小了灵敏度，但可使检测器的线性和线性范围得到改善和提高。

③空气流速。空气是氢火焰的助燃气。它为火焰化学反应和电离反应提供必要的氧，同时也起着把CO_2、H_2O等燃烧产物带走的吹扫作用。通常空气流速约为氢气流速的10倍。流速过小，供氧量不足，响应值低；流速过大，易使火焰不稳，噪声增大。一般情况下空气流速在300~500 mL/min。

④气体纯度。在做常量分析时，载气、氢气和空气纯度在99.9%以上即可。但在做痕量分析时，则要求三种气体纯度相应提高，一般要求99.999%以上，空气中总烃含量应小于

0.1 μL/L。钢瓶气源中的杂质，可能造成 FID 噪声、基线漂移、假峰，以及加快色谱柱流失，缩短柱寿命等。

(2)温度。

FID 为质量敏感型检测器，它对温度变化不敏感。但在用填充柱或毛细管柱做程序升温时要特别注意基线漂移，可用双柱进行补偿，或者用仪器配置的自动补偿装置进行“校准”和“补偿”两步骤。

在 FID 中，由于氢气燃烧，产生大量水蒸气。若检测器温度低于 80 ℃，水蒸气不能以气体状态从检测器排出，冷凝成水，会使高阻值的收集极阻值大幅下降，灵敏度减小，噪声增加。所以，要求 FID 检测器温度必须在 120 ℃以上。

在 FID 中，气化室温度变化时对其性能既无直接影响亦无间接影响，只要能保证试样汽化而不分解就行。

(3)极化电压。

极化电压的大小会直接影响检测器的灵敏度。当极化电压较低时，离子化信号随所采用的极化电压的增加而迅速增大。当电压超过一定值时，增加电压对离子化电流的增大没有明显的影响。正常操作时，所用极化电压一般为 150~300 V。

(4)电极形状和距离。

有机物在氢火焰中的离子化效率很低，因此要求收集极必须具有足够大的表面积，这样可以收集更多的正离子，提高收集效率。收集极的形状多样，有网状、片状、圆筒状等。圆筒状电极的采集效率最高。两极之间距离为 5~7 mm 时，往往可以获得较高的灵敏度。另外，喷嘴内径小，气体流速大有利于组分的电离，从而提高检测灵敏度。圆筒状电极的内径一般为 0.2~0.6 mm。

4.应用

FID 广泛应用于烃类工业、药物、农药、法医化学、食品和环境科学等诸多领域。FID 除用于各种常量样品的常规分析以外，由于其灵敏度高还特别适合做各种样品的痕量分析。

二、数据处理系统和温度控制系统

1.数据处理系统

数据处理系统是气相色谱分析必不可少的一部分，虽然对分离和检测没有直接的贡献，但分离效果的好坏，检测器性能的好坏，都要通过数据处理系统所收集显示的数据反映出来，所以，数据处理系统最基本的功能便是将检测器输出的模拟信号随时间的变化曲线(即色谱图)绘制出来。数据处理系统包括电子电位差计、积分仪、色谱数据处理机、色谱工作站。

2.温度控制系统

在气相色谱测定中，温度的控制是重要指标，它直接影响柱的分离效能、检测器的灵敏度和稳定性。控制温度主要指对色谱柱、气化室、检测器三处的温度进行控制，尤其是对色谱柱的控温精度要求很高。

任务实施

活动 1 阅读与查找质量标准

查找并阅读 GB/T 394.2—2008《酒精通用分析方法》和 GB/T 9722—2006《化学试剂 气相色谱法通则》，拟订实验方案，找出本法适用范围、方法原理、精密度、准确度等内容。将查得的内容填入原始记录表 13-1-1 中。

活动 2 仪器、试剂确认

根据拟订的实验方案，确认仪器、试剂是否符合质量标准的要求，将确认结果填入原始记录表 13-1-1 中。

活动 3 安全防护

查找本项目实验过程中可能存在的安全隐患，并提出防护措施，填表确认。

活动 4 数据记录与处理

表 13-1-1 解读检测方法的原始记录

记录编号			
一、阅读与查找标准			
方法原理			
相关标准			
检出限			
准确度		精密度	

续表

二、标准内容				
适用范围			限值	
定量公式			性状	
样品处理				
操作步骤				
三、仪器确认				
所需仪器				检定有效日期
四、试剂确认				
试剂名称	纯度	库存量		有效期
五、安全防护				
确认人			复核人	

任务评价

表 13-1-2 任务评价表

日期

评价指标	评价要素	等级评定	
		自评	教师评
阅读与查找标准	标准名称 相关标准的完整性 适用范围 检验方法 方法原理 试验条件 检测主要步骤 检出限 准确度 精密度		
仪器确认	仪器种类 仪器规格 仪器精度		
试剂确认	试剂种类 试剂纯度 试剂数量		
安全	设备安全 人身安全		
总成绩			

拓展提高

氢火焰离子化检测器日常维护

一、使用注意事项

(1)尽量采用高纯气源,空气必须经过 5A 分子筛充分地净化。

(2)在最佳的 N_2/H_2 比以及最佳空气流速的条件下使用。

(3)色谱柱必须经过严格的老化处理。

(4)离子室要注意避免外界干扰,保证使它处于屏蔽、干燥和清洁的环境中。

(5)长期使用会使喷嘴堵塞,因而造成火焰不稳、基线不准等故障,所以实际操作过程中应经常对喷嘴进行清洗。

二、氢火焰离子化检测器的清洗

若检测器污染不太严重时,FID 的清洗方法是:将色谱柱取下,用一根管子将进样口与检测器连接起来,然后通载气将检测器恒温箱升至 120 ℃以上,再从进样口注入 20 μL 左右的蒸馏水,接着再用几十微升丙酮或氟利昂溶剂进行清洗(注意:更换色谱柱,必须先切断氢气源)。

当检测器污染比较严重时,必须卸下 FID 进行清洗。具体方法是:先卸下收集极、极化极、喷嘴等。若喷嘴是石英材料制成的,则先将其放在水中进行浸泡至过夜;若喷嘴是不锈钢等材料制成的,则要将喷嘴与电极等一起,先小心用 300~400 号细砂纸磨光,再用适当溶液(如 1:1 甲醇-苯)浸泡,超声波清洗,最后用甲醇清洗后置于烘箱中烘干。注意切勿用卤素类溶剂(如氯仿、二氯甲烷等)浸泡,以免与卸下零件中的聚四氟乙烯材料作用,导致噪声增加。洗净后的各个部件要用镊子取出,勿用手摸。各部件烘干后,在装配时也要小心,否则会再度污染。部件装入仪器后要先通载气 30 min,再点火升高检测室的温度。实际操作过程中,最好先在 120 ℃温度下保持数小时后,再升至工作温度。

任务二　样品检测与数据采集

任务目标

(1)会正确操作气相色谱仪。

(2)会使用色谱工作站,并设置相关参数。

(3)会正确选择内标物。

(4)会正确处理样品。

(5)会操作仪器的程序升温。

(6)能运用内标法对待测样品进行定量分析。

任务分析

1.明晰任务流程

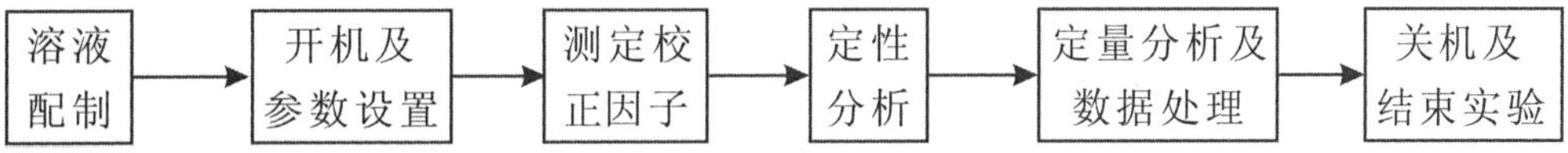

2.任务难点分析

(1)建立调整分析方法。

(2)色谱工作站的熟练操作。

(3)内标法定量分析。

3.任务前准备

(1)《GC1120 型气相色谱仪说明书》《色谱工作站说明书》。

(2)仪器。

①GC1120 型气相色谱仪,检测器为 FID。

②毛细管柱:PEG-20M 交联毛细管柱。

(3)试剂:甲醇、正丁醇、工业酒精。

相关知识

内标法

若试样中所有组分不能全部出峰或只要求测定试样中某个、某几个组分的含量时，可以采用内标法定量。

所谓内标法就是将一定量的标准物(称内标物S)加入一定量的试样中，混合均匀后，在一定操作条件下注入色谱仪，出峰后分别测量组分和内标物S的峰面积(或峰高)，按下式计算组分的含量：

$$w_i=\frac{m_i}{m_{样}}=\frac{m_S}{m_{样}}\cdot\frac{A_i}{A_S}\cdot\frac{f'_i}{f'_S}\times100\% \qquad (式13-1)$$

式中，f'_i、f'_S 分别为组分i和内标物S的质量校正因子；A_i、A_S 分别为组分i和内标物S的峰面积。也可以用峰高代替面积，则

$$w_i=\frac{m_S}{m_{样}}\cdot\frac{f'_{i(h)}\cdot h_i}{f'_{S(h)}\cdot h_S}\times100\% \qquad (式13-2)$$

式中，$f'_{i(h)}$、$f'_{S(h)}$分别为组分i和内标物S的峰高校正因子。

内标法中，常以内标物为基准，即 $f_S'=1.0$，则式13-1可改写为

$$w_i=f'_i\cdot\frac{m_S}{m_{样}}\cdot\frac{A_i}{A_S}\times100\% \qquad (式13-3)$$

式13-2可改为：$w_i=f'_{i(h)}\cdot\frac{m_S}{m_{样}}\cdot\frac{h_i}{h_S}\times100\%$ (式13-4)

1.对内标物的要求

内标法的关键是选择合适的内标物，对于内标物的要求如下。

(1) 内标物应是试样中不存在的纯物质。

(2) 内标物的性质应与待测组分性质相近，以使内标物的色谱峰与待测组分色谱峰靠近并与之完全分离。

(3) 内标物与样品应完全互溶，但不能发生化学反应。

(4) 内标物加入量应接近待测组分含量。

2.内标法的优点

进样量的变化、色谱条件的微小变化对内标法定量结果的影响不大，特别是在样品前处理(如浓缩、萃取、衍生化等)前加入内标物，然后进行前处理时，可部分补偿待测组分在样品前处理时的损失。若要获得很高精度的结果时，可以加入数种内标物，以提高定量分析的精度。

3.内标物的缺点

选择合适的内标物比较困难，内标物的称量要准确，操作复杂。使用内标法定量时要测量待测组分和内标物的两个峰的峰面积(或峰高)，根据误差叠加原理，内标法定量的误差中，由于峰面积测量引起的误差是标准曲线法定量的$\sqrt{2}$倍。但是由于进样量的变化和色谱条件变化引起的误差，内标法比标准曲线法要小得多，所以总的来说，内标法定量比标准曲线法定量的准确度和精密度都要好。

任务实施

活动1 溶液的配制

根据国标GB/T 394.2—2008《酒精通用分析方法》和GB/T 9722—2006《化学试剂 气相色谱法通则》中测定工业酒精中甲醇含量的相关规定，配制相关浓度的各溶液。

1.标准溶液的配制

(1)甲醇(1 g/L)：作标样用。称取甲醇(色谱纯)1 g，用基准乙醇定容至1 L。

(2)正丁醇溶液(1 g/L)：作内标用。称取正丁醇(色谱纯)1 g，用基准乙醇定容至1 L。

2.样品溶液的配制

取少量待测酒精试样于10 mL容量瓶中，准确加入正丁醇溶液0.20 mL，然后用待测试样稀释至标线，混匀后，进样1 μL。

活动2 开机及参数设置

(1)开载气：以高纯氮为载气，流速为0.5~1.0 mL/min，分流比为20:1~100:1，尾吹气约30 mL/min。

(2)温度设置：参考仪器说明书设置温度。

柱温：起始温度为70 ℃，保持3 min，然后以5 ℃/min程序升温至100 ℃。

检测器温度：200 ℃。

进样口温度：200 ℃。

(3)点火：当温度稳定后，调节空气流量为300 mL/min，氢气流量为50 mL/min，点火。

(4)流量调节：点火成功后，将氢气流量调至30 mL/min。

(5)基线调零。当基线平直后，将基线调零。

注意事项

(1)注意实验室通风,实验室应安装气体泄漏报警系统,防止氢气泄漏引起爆炸。

(2)注意检测气路系统的气密性,防止氢气泄漏。

(3)一定注意开机顺序,先开载气,燃气和助燃气在温度稳定后再开。

(4)实验结束后,应先关燃气、助燃气,待氢火焰熄灭,再降温,最后关机。

活动 3 定性分析

(1)根据色谱条件,将色谱仪开启。当基线为一条直线时,可进样检验。

(2)分别吸取甲醇、乙醇、正丁醇标准溶液各 0.5 μL,依次进样,按上述方法重复进样两次,记录保留时间。

(3)通过保留时间定性分析各组分。

活动 4 测定校正因子

吸取甲醇溶液 1.00 mL 于 10 mL 容量瓶中,准确加入正丁醇溶液 0.20 mL,然后用基准乙醇稀释至标线,混匀后进样 1 μL,色谱峰流出顺序依次为甲醇、乙醇、正丁醇(内标)。

记录各组分峰的保留时间、峰面积,计算各组分的相对校正因子。

$$f'_i=\frac{f_i}{f_S}=\frac{m_i\cdot A_S}{m_S\cdot A_i} \qquad (式 13-5)$$

f'_i:组分与内标物的相对校正因子。

m_i:组分 i 的质量。

m_S:内标物的质量。

A_S:内标物的峰面积。

A_i:组分 i 的峰面积。

活动 5 定量分析

(1)取活动 1 中配制的试样溶液 1 μL 进样,根据活动 3 中的定性结果,记录各组分峰面积,根据峰面积之比计算出各组分的含量,平行进样两次。甲醇含量测定的计算公式如下:

$$w_i=f'_i\cdot\frac{m_S}{m_{样}}\cdot\frac{A_i}{A_S} \qquad (式 13-6)$$

式中，m_S、m_i 分别代表内标物正丁醇及试样溶液的质量；f'_i 为正丁醇作标准物时甲醇的相对校正因子。

(2)精密度的计算：在重复性条件下获得的两次独立测定值之差，不得超过平均值的 5%。

活动 6 关机及结束

(1)退出色谱工作站。

(2)关闭氢气发生器、空气压缩机，待氢火焰熄灭。

(3)依次将柱温箱、气化室、检测器温度设置为室温。

(4)等温度降至近于室温时，关闭载气钢瓶总阀门、减压阀及主机载气稳压器阀(顺时针松开)，关闭主机及电脑电源。

(5)清洗进样器，整理实验室，填写仪器使用记录。

活动 7 数据记录与处理

表 13-2-1 工业酒精中甲醇含量测定原始记录

<table>
<tr><td colspan="2">记录编号</td><td colspan="5"></td></tr>
<tr><td colspan="2">样品名称</td><td colspan="2"></td><td colspan="2">样品编号</td><td></td></tr>
<tr><td colspan="2">检测项目</td><td colspan="2"></td><td colspan="2">检验日期</td><td></td></tr>
<tr><td colspan="2">检验依据</td><td colspan="2"></td><td colspan="2">判定依据</td><td></td></tr>
<tr><td colspan="2">温度/℃</td><td colspan="2"></td><td colspan="2">相对湿度/%</td><td></td></tr>
<tr><td colspan="4">检验设备(标准物质)编号</td><td colspan="3"></td></tr>
<tr><td colspan="7">仪器条件：
载气：________ mL/min　　分流比：________
尾吹气：________mL/min　　氢气：________mL/min
空气：________mL/min　　柱温：________℃
进样口温度：________℃　　检测器温度：________℃</td></tr>
<tr><td colspan="7">一、标准溶液配制</td></tr>
<tr><td>组分名</td><td>甲醇</td><td>乙醇</td><td colspan="3">正丁醇(内标)</td><td>其他</td></tr>
<tr><td>浓度/(g/L)</td><td></td><td></td><td></td><td></td><td></td><td></td></tr>
<tr><td>t_R</td><td></td><td></td><td></td><td></td><td></td><td></td></tr>
<tr><td>d_i</td><td></td><td></td><td></td><td></td><td></td><td></td></tr>
<tr><td>A_i</td><td></td><td></td><td></td><td></td><td></td><td></td></tr>
<tr><td>f</td><td></td><td></td><td></td><td></td><td></td><td></td></tr>
</table>

续表

二、样品溶液定性分析						
t_R						其他
组分名					正丁醇(内标)	
三、样品溶液定量分析						
组分名						
保留时间 t_R						
峰面积 A						
各组分含量/(mg/L)						
甲醇含量/(mg/L)						
四、质控样溶液分析						
组分名						
保留时间 t_R						
峰面积 A						
各组分含量/(mg/L)						
检验人			复核人			

任务评价

表 13-2-2 任务评价表

日期

评价指标	评价要素	等级评定	
		自评	教师评
标液配制	计算思路 计算结果		
样品称量	天平使用 称量范围		
开机、关机	检查漏气 气体压力设定正确		
数据测量	条件设置正确 定性正确 分析方法建立 质控样检测 能说出定量依据 能说出归一化法		
结束工作	关气顺序 电源关闭 填写仪器实验记录卡		
学习方法	预习报告书写规范		

续表

评价指标	评价要素	等级评定	
		自评	教师评
工作过程	遵守管理规程 操作过程符合现场管理要求 出勤情况		
思维状态	能发现问题、提出问题、 分析问题、解决问题		
自我反馈	按时按质完成工作任务 掌握专业知识点		
经验和建议			
总成绩			

课后自测

(1)用内标法测定燕麦敌含量。称取 8.12 g 试样,加入内标物正十八烷 1.88 g,测得样品峰面积 A_i=68.00 cm^2,内标物峰面积 A_s=70.00 cm^2,已知燕麦敌对内标物的相对校正因子$f_{i/s}'$=2.40。求燕麦敌的质量分数。

(2)某试样中含有甲酸、乙酸、丙酸、水及苯等物质。称取试样 1.055 g,以环已酮作内标物,称取 0.1907 g 环已酮加到试样中,混匀后,吸取此试液 3 μL 进样,从色谱图上测量出各组分的峰面积如下表所示:

组分	甲酸	乙酸	环乙酮	丙酸
峰面积 A_i	14.8	72.6	133	42.4
相对响应值 S'	0.261	0.562	1.00	0.938

求试样中甲酸、乙酸、丙酸的质量分数。

任务三 撰写检测报告

任务目标

(1)会运用内标法处理数据。

(2)会根据质量标准判断数据的有效性,确定样品是否合格。

(3)会撰写检测报告。

任务分析

1.明晰任务流程

数据处理 → 判定 → 撰写检测报告

2.任务难点分析

(1)正确的数据处理。

(2)检测有效性判断。

3.任务前准备

计算器、检验报告书。

任务实施

活动 1 数据处理

(1)判断获得的原始数据是否符合国标要求,若符合,则运用内标法计算出待测样品的质量分数。

(2)将结果填入表 13-3-1 中。

表 13-3-1 检验报告内页

<table>
<tr><td>抽样地点</td><td colspan="2"></td><td>样品编号</td><td></td></tr>
<tr><td>检测项目</td><td>限值</td><td>检测结果</td><td>本项结论</td><td>备注</td></tr>
<tr><td></td><td></td><td></td><td></td><td></td></tr>
<tr><td colspan="5">以下空白</td></tr>
</table>

活动 2 检测结果判定

(1)若检测结果符合国标要求,则将质量分数记录于表格中。

(2)若检测结果不符合国标要求,进行纠偏处理。

(3)根据检测结果,出具检测报告。

任务评价

表 13-3-2 任务评价表

日期

评价指标	评价要素	等级评定	
		自评	教师评
出峰效果	峰形 出峰数目		
质控判断	质控浓度计算 检测有效性判断		
样品计算	样品质量分数 计算过程 有效数字		
撰写报告	无空项 有效数字符合标准规定		
学习方法	预习报告书写规范		
工作过程	遵守管理规程 操作过程符合现场管理要求 出勤情况		
思维状态	能发现问题、提出问题、 分析问题、解决问题		
自我反馈	按时按质完成工作任务 掌握专业知识点		
经验和建议			
总成绩			

拓展提高

色谱分离的基本原理

色谱分离的基本原理是试样组分通过色谱柱时与填料之间发生相互作用，这种相互作用大小的差异使各组分互相分离而按先后次序从色谱柱后流出。这种在色谱柱内不移动、起分离作用的填料称为固定相。固定相可分为固体固定相、液体固定相两大类,分别对应于气相色谱中的气-固色谱和气-液色谱。

1.气-固色谱

气-固色谱的固定相是固体吸附剂。试样气体由载气携带进入色谱柱，与吸附剂接触时，很快被吸附剂吸附，随着载气不断流过吸附剂，被吸附的组分又从固定相中被洗脱下来，这种现象称为脱附。脱附下来的组分随着载气向前移动时又再次被固定相吸附。这样随着载气的流动，被测组分在吸附剂的表面进行反复的物理吸附-脱附的过程。由于被测组分性质的差异，固定相对它们的吸附能力有所不同。易被吸附的组分，脱附较难，在柱内移动的速度慢，停留时间长；反之，不易被吸附的组分在柱内移动的速度快，停留的时间短。经过一定的时间(一定柱长)后，性质不同的各组分便彼此分离而先后流出色谱柱。

2.气-液色谱

气-液色谱的固定相是涂在载体表面的高沸点有机化合物(固定液)，试样气体由载气携带进入色谱柱，与固定液接触时，气相中各组分就溶解到固定液中。随着载气的不断通入，被溶解的组分又从固定液中挥发出来，挥发出的组分随着载气向前移动时又再次被固定液溶解。随着载气的流动，溶解—挥发的过程反复进行。由于组分性质的差异，固定液对它们的溶解能力有所不同。易被溶解的组分，挥发较难，在柱内移动的速度慢，停留时间长；反之，不易被溶解的组分，挥发快，随载气移动的速度快，因而在柱内停留的时间短。经一定的时间(一定柱长)后，性质不同的组分便彼此分离。

物质在固定相和流动相之间发生的吸附—脱附和溶解—挥发的过程，称为分配过程。显然，分配系数或分配比相同的两个组分，它们的色谱峰重合；分配系数或分配比的值差别越大，则相应的色谱峰距离越远，分离越好。

一般来说，对气-固色谱而言，先出峰的是吸附能力小而脱附能力大的物质；对气-液色谱而言，先出峰的是溶解度小而挥发性强的物质。总的来说，分配系数小的物质先出峰，分配系数大的物质后出峰。

课后自测

(1)对气相色谱柱分离度影响最大的是(　　)。

A. 色谱柱柱温　　B. 载气的流速　　C. 柱子的长度　　D. 填料粒度的大小

(2)气-液色谱柱中，与分离度无关的因素是(　　)。

A. 增加柱长　　B. 改用更灵敏的检测器

C. 调节流速　　D. 改变固定液的化学性质

(3)用气相色谱柱进行分离，当两峰的分离达 98%时，要求分离度至少为(   )。

A. 0.7　　B. 0.85　　C. 1.0　　D. 1.5

(4)衡量色谱柱总分离效能的指标是(   )。

A. 塔板数　　B. 分离度　　C. 分配系数　　D. 相对保留值

(5)固定其他条件，色谱柱的理论塔板高度将随载气线速的增加而(   )。

A. 基本不变　　B. 变大　　C. 减小　　D. 先减小后增大

(6)适合于作气-液色谱的固定液应具备哪些条件？

(7)在一根 3 m 长的色谱柱上，分析某试样时，得到相邻两组分的保留值分别为 13 min、16 min，空气峰的保留时间为 1 min，组分 2 的峰底宽为 1 min。试求①相邻组分的相对保留值 $\gamma_{2,1}$；②用组分 2 计算色谱柱的理论塔板数 n；③若需达到 R=1.5，所需的最短柱长为几米？

参考答案

项目十四 气相色谱法测定藿香正气水中乙醇含量

项目导入

藿香正气水为深棕色的澄清液体(贮存略有沉淀),味辛、苦。由水煮及酒浸制而成,解表化湿,理气和中。用于外感风寒、内伤湿滞或夏伤暑湿所致的感冒,症见头痛昏重、胸膈痞闷、脘腹胀痛、呕吐泄泻,肠胃型感冒见上述症候者。该药品含乙醇(酒精)40%~50%。

乙醇(Ethanol,CH_3CH_2OH)俗称酒精,分子量 46.07,沸点 78.3 ℃。在常温、常压下是一种易燃、易挥发的无色透明液体,它的水溶液具有酒香的气味,微甘。能与氯仿、乙醚、甲醇、丙酮以及其他多数有机溶剂混溶。乙醇的用途很广,可用乙醇制造醋酸、饮料、香精、染料、燃料等。医疗上也常用体积分数为 70%~75%的乙醇作消毒剂等,乙醇在国防工业、医疗卫生、有机合成、食品工业、工农业生产中都有广泛的用途。藿香正气水中乙醇含量用气相色谱法测定。

《中华人民共和国药典(2015 年版)》采用内标法测定,本项目采用外标法测定,以求掌握同一样品不同的测定方法。

解读藿香正气水中乙醇含量测定的国家标准 → 样品检测与数据采集 → 数据处理并撰写检测报告

任务一　解读藿香正气水中乙醇含量测定的国家标准

任务目标

(1)会查找、分析《中华人民共和国药典(2015 年版)》。

(2)会确认所需的仪器和配制所需的试剂。

(3)会规范填写原始记录。

任务分析

1.明晰任务流程

阅读与查找质量标准 → 确定合适检测仪器 → 正确配制所需试剂 → 实验安全评估

2.任务难点分析

查找并解读《中华人民共和国药典(2015 年版)》,拟订实验方案,全面准确评估实验安全。

3.任务前准备

(1)《中华人民共和国药典(2015 年版)》。

(2)仪器。

①气相色谱仪。

②填充柱：直径为 0.18 mm, 0.25 mm 的二乙烯苯–乙基乙烯苯型高分子多孔小球作为载体。

(3)试剂:无水乙醇、正丙醇(C.R)。

任务实施

活动 1　阅读与查找质量标准

查找并阅读《中华人民共和国药典(2015 年版)一部》《中华人民共和国药典(2015 年版)四部》,拟订实验方案,找出本法适用范围、方法原理、精密度、准确度等内容。将查得的内容填入原始记录表14–1–1中。

活动 2 仪器、试剂确认

根据拟订的实验方案，确认仪器、试剂是否符合质量标准的要求，将确认结果填入原始记录表 14–1–1中。

活动 3 安全防护

查找本项目实验过程中可能存在的安全隐患，并提出防护措施，填表确认。

活动 4 数据记录与处理

表 14–1–1 解读检测方法的原始记录

<table>
<tr><td colspan="2">记录编号</td><td colspan="5"></td></tr>
<tr><td colspan="7">一、阅读与查找标准</td></tr>
<tr><td colspan="2">方法原理</td><td colspan="5"></td></tr>
<tr><td colspan="2">相关标准</td><td colspan="5"></td></tr>
<tr><td colspan="2">检出限</td><td colspan="5"></td></tr>
<tr><td colspan="2">准确度</td><td colspan="2"></td><td colspan="2">精密度</td><td></td></tr>
<tr><td colspan="7">二、标准内容</td></tr>
<tr><td colspan="2">适用范围</td><td colspan="2"></td><td colspan="2">限值</td><td></td></tr>
<tr><td colspan="2">定量公式</td><td colspan="2"></td><td colspan="2">性状</td><td></td></tr>
<tr><td colspan="2">样品处理</td><td colspan="5"></td></tr>
<tr><td colspan="2">操作步骤</td><td colspan="5"></td></tr>
<tr><td colspan="7">三、仪器确认</td></tr>
<tr><td colspan="6">所需仪器</td><td>检定有效日期</td></tr>
<tr><td colspan="6"></td><td></td></tr>
<tr><td colspan="7">四、试剂确认</td></tr>
<tr><td>试剂名称</td><td colspan="2">纯度</td><td colspan="2">库存量</td><td colspan="2">有效期</td></tr>
<tr><td></td><td colspan="2"></td><td colspan="2"></td><td colspan="2"></td></tr>
<tr><td></td><td colspan="2"></td><td colspan="2"></td><td colspan="2"></td></tr>
<tr><td></td><td colspan="2"></td><td colspan="2"></td><td colspan="2"></td></tr>
<tr><td colspan="7">五、安全防护</td></tr>
<tr><td colspan="7"></td></tr>
<tr><td colspan="2">确认人</td><td colspan="2"></td><td colspan="2">复核人</td><td></td></tr>
</table>

任务评价

表 14-1-2 任务评价表

日期

评价指标	评价要素	等级评定	
		自评	教师评
阅读与查找标准	标准名称 相关标准的完整性 适用范围 检验方法 方法原理 试验条件 检测主要步骤 检出限 准确度 精密度		
仪器确认	仪器种类 仪器规格 仪器精度		
试剂确认	试剂种类 试剂纯度 试剂数量		
安全	设备安全 人身安全		
总成绩			

任务二 样品检测与数据采集

任务目标

(1)会正确操作气相色谱仪。

(2)会使用色谱工作站,并设置相关参数。

(3)会正确作出标准曲线。

(4)会正确处理样品。

(5)会操作仪器的程序升温。

(6)能运用外标法对待测样品进行定量分析。

任务分析

1.明晰任务流程

溶液的配制 → 开机及参数设置 → 测定校正因子 → 定性分析 → 定量分析及数据处理 → 关机及结束实验

2.任务难点分析

(1)建立调整分析方法。

(2)色谱工作站的熟练操作。

(3)外标法定量分析。

3.任务前准备

(1)《中华人民共和国药典(2015 年版)一部》《中华人民共和国药典(2015 年版)四部》《GC1120 型气相色谱仪说明书》《色谱工作站说明书》。

(2)仪器。

①GC1120 型气相色谱仪,检测器为 FID。

②填充柱:直径为 0.18 mm,0.25 mm 的二乙烯苯–乙基乙烯苯型高分子多孔小球作为载体。

(3)试剂:无水乙醇、正丙醇(C.R)

相关知识

直接比较法

标准曲线法也称外标法或直接比较法,是一种简便、快速的定量方法。与分光光度分析中的标准曲线法相似,首先用待测组分的标准样品绘制标准曲线。具体方法是:用标准样品配制成不同浓度的标准系列,在与待测组分相同的色谱条件下,等体积准确进样,测量各峰的峰面积或峰高,用峰面积或峰高对样品浓度绘制标准曲线,此标准曲线应是通过原点的直线。若标准曲线不通过原点,则说明存在系统误差。标准曲线的斜率即为绝对校正因子。

在测定样品中组分含量时,用与绘制标准曲线完全相同的色谱条件作出色谱图,测量色谱峰面积或峰高, 然后根据峰面积或峰高在标准曲线上直接求出注入色谱柱中样品组分的浓度。

当待测组分含量变化不大,并已知这一组分的大概含量时,也可以不必绘制标准曲线,而用单点校正法,即直接比较法定量。具体方法是:先配制一个和待测组分含量相近的已知浓度的标准溶液,在相同的色谱条件下,分别将待测样品溶液和标准样品溶液等体积进样,作出色谱图,测量待测组分和标准样品的峰面积或峰高,然后由下式直接计算出样品溶液中待测组分的含量,即

$$w_i = \frac{w_S}{A_S} \cdot A_i \qquad (式\ 14-1)$$

$$w_i = \frac{w_S}{h_S} \cdot h_i \qquad (式\ 14-2)$$

试中,w_S 为标准样品溶液质量分数;w_i 为样品溶液中待测组分 i 的质量分数;A_S (h_S)为标准样品的峰面积(峰高);A_i(h_i)为样品中组分的峰面积(峰高)。

显然,当方法存在系统误差时(即标准工作曲线不通过原点),单点校正法的误差比之标准曲线法要大得多。

标准曲线法的优点是:绘制好标准工作曲线后测定工作就变得相当简单,可直接从标准工作曲线上计算出含量,因此特别适合于大量样品的分析。

标准曲线法的缺点是:每次样品分析的色谱条件(检测器的响应性能、柱温、流动相流速及组成、进样量、柱效等)很难完全相同,因此,容易出现较大误差。此外,标准工作曲线绘制时,一般使用待测组分的标准样品(或已知准确含量的样品),而实际样品的组成却千差万别,因此,必将给测量带来一定的误差。

为防止进样量不准造成的误差，也可在样品和标准溶液中再加入一内标液，如丙醇或正丁醇，用乙醇峰面积与内标物峰面积之比来进行计算。当已知酊剂中乙醇含量变化不大时，也可用外标一点法测定，即配一个与酊剂中乙醇含量相近的标准液，用峰面积或峰高之比进行计算。

$$c_{样}=\frac{(A_{样}/A_{内标})_{样品}}{(A_{样}/A_{内标})_{标准}}\cdot c_{标} \qquad (式\ 14\text{-}3)$$

式中，$(A_{样}/A_{内标})_{样品}$为样品色谱图中乙醇峰面积与内标物峰面积之比，$(A_{样}/A_{内标})_{标准}$为标准品色谱图中乙醇峰面积与内标物峰面积之比。

任务实施

活动 1 溶液的配制

根据《中华人民共和国药典(2015 年版)一部》和《中华人民共和国药典(2015 年版)四部》中测定藿香正气水中乙醇含量的相关规定，结合已知浓度样品对照法配制相关浓度的各溶液。

1.标准溶液的配制

精密量取无水乙醇 5.00 mL 及正丙醇 5.00 mL，置于 100 mL 容量瓶中，用水稀释至标线，摇匀。

2.样品溶液的配制

精密量取供试品溶液适量(相当于乙醇约 5 mL)及正内醇 5.00 mL，置于 100 mL 容量瓶中，用水稀释至标线，摇匀。

活动 2 开机及参数设置

(1)开载气：以高纯氮为载气，流速为 30~50 mL/min。

(2)温度设置：参考仪器说明书设置温度。

柱温：120~150 ℃。

检测器温度：220 ℃。

进样口温度：200 ℃。

(3)点火：当温度稳定后，调节空气流量为 300 mL/min，氢气流量为 50 mL/min，点火。

(4)流量调节：点火成功后，将氢气流量调至 30 mL/min。

(5)基线调零：当基线平直后，将基线调零。

注意事项

(1)注意实验室通风,实验室应安装气体泄漏报警系统,防止氢气泄漏引起爆炸。

(2)注意检测气路系统的气密性,防止氢气泄漏。

(3)一定注意开机顺序,先开载气,燃气和助燃气在温度稳定后再开。

(4)实验结束后,应先关燃气、助燃气,待氢火焰熄灭,再降温,最后关机。

活动 3 定性分析

(1)根据色谱条件,将色谱仪开启。当基线为一条直线时,可进样检验。

(2)分别吸取乙醇、正丙醇标准溶液、样品溶液适量,依次进样,按上述方法重复进样两次,记录保留时间。

(3)通过保留时间定性分析各组分。

活动 4 定量分析

取活动 1 中配制的试样溶液适量进样,根据活动 3 中的定性结果,记录各组分峰面积,根据峰面积之比计算出各组分的含量,平行进样两次。乙醇含量测定的计算公式如下:

$$c_i\%_{试样}=\frac{(\frac{A_i}{A_s})_{试样}\times 10}{(\frac{A_i}{A_s})_{标准}}\times 5.00\% \qquad (式 14-4)$$

式中:10 为稀释倍数,5.00%为 $c_i\%_{标准}$的值。

活动 5 关机及结束

(1)退出色谱工作站。

(2)关闭氢气发生器、空气压缩机,待氢火焰熄灭。

(3)依次将柱温箱、气化室、检测器温度设置为室温。

(4)等温度降至近于室温时,关闭载气钢瓶总阀门、减压阀及主机载气稳压器阀(顺时针松开),关闭主机及电脑电源。

(5)清洗进样器,整理实验室,填写仪器使用记录。

活动 6 数据记录与处理

表 14-2-1 藿香正气水中乙醇含量的测定原始记录

记录编号			
样品名称		样品编号	
检验项目		检验日期	
检验依据		判定依据	
温度		相对湿度	
检验设备(标准物质)及编号			

仪器条件:

载气:__________ mL/min　　分流比:__________

尾吹气:__________mL/min　　氢气:__________mL/min

空气:__________mL/min　　柱温:__________℃

进样口温度:__________℃　　检测器温度:__________℃

一、采样及样品处理

采样人姓名		采样地点	
取样量		取样时间	

二、校正因子的测定

4mL		5mL		6mL		校正因子
无水乙醇峰面积	正丙醇峰面积	无水乙醇峰面积	正丙醇峰面积	无水乙醇峰面积	正丙醇峰面积	

三、样品分析

样品测定	平行测定 / 组分名称	保留值/min	峰面积				浓度/(μg/mL)	RSD
			1	2	3	平均		
	无水乙醇							
	正丙醇						–	–

检验人		复核人	

任务评价

表 14-2-2 任务评价表

日期

评价指标	评价要素	等级评定	
		自评	教师评
标液配制	计算思路 计算结果		
样品称量	天平使用 称量范围		
开机、关机	检查漏气 气体压力设定		
数据测量	溶液配制 样品处理 进样操作 定性方法 外标法定量 质控样测定 测量顺序		
结束工作	关气顺序 电源关闭 填写仪器实验记录卡		
学习方法	预习报告书写规范		
工作过程	遵守管理规程 操作过程符合现场管理要求 出勤情况		
思维状态	能发现问题、提出问题、 分析问题、解决问题		
自我反馈	按时按质完成工作任务 掌握专业知识点		
经验和建议			
总成绩			

课后自测

(1)气相色谱分析中，用于定性分析的参数是(　　)。

A.保留值　　B.峰面积　　C.分离度　　D.半峰宽

(2)在气相色谱法中，可用做定量分析的参数是(　　)。

A.保留值　　B.相对保留值　　C.保留指数　　D.峰高或峰面积

(3)如果样品比较复杂，相邻两峰间距离太近或操作条件不易控制稳定，要准确测量保留值有一定困难时，可采用(　　)。

A.相对保留值进行定性　　B.加入已知物以增加峰高的办法进行定性

C.文献保留值数据进行定性　　D.选择性检测器进行定性

(4)在法庭上，涉及审定一个非法的药品，起诉表明该非法药品经气相色谱分析测得的保留时间，在相同条件下，刚好与已知非法药品的保留时间相一致。辩护证明：有几个无毒的化合物与该非法药品具有相同的保留值。你认为用下列哪个检测方法最好？(　　)。

A.利用相对保留值进行定性　　B.用加入已知物以增加峰高的办法

C.利用文献保留指数进行定性　　D.用保留值的双柱法进行定性

(5)试说明保留指数定性的优点。

(6)简述定量校正因子的测定方法。

(7)以甲基硅橡胶为固定液，在 170 ℃柱温时，测得正十六烷的 t_R'=39.4 s，正十七烷的 t_R'=61.2 s，二苯胺的 t_s'=45.4 s，计算二苯胺在此条件下的保留指数。

任务三 撰写检测报告

任务目标

(1)会运用已知浓度样品对照法处理数据。

(2)会根据质量标准判断数据的有效性,确定样品是否合格。

(3)会撰写检测报告。

任务分析

1.明晰任务流程

数据处理 → 判定 → 撰写检测报告

2.任务难点分析

(1)正确的数据处理。

(2)检测有效性判断。

3.任务前准备

计算器、检验报告书。

任务实施

活动 1 数据处理

(1)判断获得的原始数据是否符合国标要求,若符合,则运用外标法计算出待测样品的质量分数。

(2)将结果填入表 14-3-1 中。

表 14-3-1 检验报告内页

抽样地点			样品编号	
检测项目	限值	检测结果	本项结论	备注
以下空白				

活动2 检测结果判定

(1)若检测结果符合国标要求,则将质量分数记录在表格中。

(2)若检测结果不符合国标要求,进行纠偏处理。

(3)根据检测结果,出具检测报告。

任务评价

表14-3-2 任务评价表

日期

评价指标	评价要素	等级评定	
		自评	教师评
回归方程	自变量、因变量的选择 分辨斜率、截距		
样品计算	从回归方程计算浓度 样品质量分数 计算过程 有效数字 加标浓度计算		
回归判断	准确度判断 检验有效性判断		
撰写报告	无空项 有效数字符合标准规定		
学习方法	预习报告书写规范		
工作过程	遵守管理规程 操作过程符合现场管理要求 出勤情况		
思维状态	能发现问题、提出问题、 分析问题、解决问题		
自我反馈	按时按质完成工作任务 掌握专业知识点		
经验和建议			
总成绩			

参考答案

项目十五 气相色谱法标准加入法测定丙酮中微量水

项目导入

当样品较复杂，色谱图上峰很多，没有适当位置插入内标峰时或找不到合适的内标物时，可用标准加入法测定。标准加入法是用样品中已有组分为标准物，在样品液中加入该组分的纯品，通过测定该组分加入前后峰面积的变化来测定该组分的含量。这种方法不需要内标物质，却有内标法的优点，即定量结果不受进样量不准的影响。为了便于理解和掌握，我们选用测定丙酮的国家标准做适当的变化，运用标准加入法测定丙酮中微量水，以此掌握本项目的定量方法。

解读标准加入法测定丙酮中微量水实验方案的国家标准 → 样品检测与数据采集 → 数据处理并撰写检测报告

任务一 解读标准加入法测定丙酮中微量水实验方案的国家标准

任务目标

(1)会查找分析相应检测项目的国家标准。

(2)会确认所需的仪器和配制所需的试剂。

(3)学会用标准加入法测定试样中的待测组分。

(4)会规范填写原始记录。

任务分析

1.明晰任务流程

阅读与查找标准 → 确定合适检测仪器 → 正确配制所需试剂 → 实验安全评估

2.任务难点分析

解读国家标准,拟订实验方案,全面准确评估实验安全。

3.任务前准备

(1)GB/T 686—2008《化学试剂 丙酮》、GB/T 9722—2006《化学试剂 气相色谱法通则》。

(2)仪器。

①气相色谱仪,检测器为 TCD。

②填充柱:GDX-104[0.180~0.154 mm(80~100 目)]或选用 Porapak Q[0.180~0.154 mm(80~100 目)],柱长 2 m,内径 3 mm 的不锈钢管或玻璃管。

(3)试剂:丙酮、纯水。

相关知识

标准加入法

标准加入法实质上是一种特殊的内标法，是在选择不到合适的内标物时，以待测组分的纯物质为内标物，加入待测样品中，然后在相同的色谱条件下，测定加入待测组分纯物质前后待测组分的峰面积(或峰高)，从而计算待测组分在样品中的含量的方法。

1.标准加入法操作方法

首先在一定的色谱条件下作出待分析样品的色谱图，测定其中待测组分的峰面积 A_i(或峰高 h_i)；然后在该样品中准确加入定量待测组分(i)的标样或纯物质(与样品相比，待测组分的浓度增量为 Δw_i)，在完全相同的色谱条件下作出已加入待测组分(i)标样或纯物质后的样品的色谱图。测定这时待测组分(i)的峰面积 A_i(或峰高 h_i,)，此时待测组分的含量为

$$w_i=\frac{\Delta w_i}{\frac{A_i'}{A_i}-1}\times 100\% \qquad (式 15-1)$$

或

$$w_i=\frac{\Delta w_i}{\frac{h_i'}{h_i}-1}\times 100\% \qquad (式 15-2)$$

2.标准加入法的优点

不需要另外的标准物质作内标物，只需待测组分的纯物质，进样量不必十分准确，操作简单。若在样品的预处理之前就加入已知准确量的待测组分，则可以完全补偿待测组分在预处理过程中的损失，是色谱分析中较常用的定量分析方法。

3.标准加入法的缺点

要求加入待测组分前后两次色谱测定的色谱条件完全相同，以保证两次测定时的校正因子完全相等，否则将引起分析测定误差。

任务实施

活动 1　阅读与查找质量标准

查找并阅读 GB/T 686—2008《化学试剂　丙酮》和 GB/T 9722　2006《化学试剂 气相色谱法通则》，将定量方法改为标准加入法，拟订实验方案，找出本法适用范围、方法原理、精密

度、准确度等内容。将查得的内容填入原始记录表 15-1-1 中。

活动 2 仪器、试剂确认

根据拟订的实验方案，确认仪器、试剂是否符合质量标准的要求，将确认结果填入原始记录 15-1-1 中。

活动 4 数据记录与处理

表 15-1-1 解读检测方法的原始记录

<table>
<tr><td>记录编号</td><td colspan="3"></td></tr>
<tr><td colspan="4">一、阅读与查找标准</td></tr>
<tr><td>方法原理</td><td colspan="3"></td></tr>
<tr><td>相关标准</td><td colspan="3"></td></tr>
<tr><td>检出限</td><td colspan="3"></td></tr>
<tr><td>准确度</td><td></td><td>精密度</td><td></td></tr>
<tr><td colspan="4">二、标准内容</td></tr>
<tr><td>适用范围</td><td></td><td>限值</td><td></td></tr>
<tr><td>定量公式</td><td></td><td>性状</td><td></td></tr>
<tr><td>样品处理</td><td colspan="3"></td></tr>
<tr><td>操作步骤</td><td colspan="3"></td></tr>
<tr><td colspan="4">三、仪器确认</td></tr>
<tr><td colspan="3">所需仪器</td><td>检定有效日期</td></tr>
<tr><td colspan="3"></td><td></td></tr>
<tr><td colspan="4">四、试剂确认</td></tr>
<tr><td>试剂名称</td><td>纯度</td><td>库存量</td><td>有效期</td></tr>
<tr><td></td><td></td><td></td><td></td></tr>
<tr><td></td><td></td><td></td><td></td></tr>
<tr><td></td><td></td><td></td><td></td></tr>
<tr><td colspan="4">五、安全防护</td></tr>
<tr><td colspan="4"></td></tr>
<tr><td>确认人</td><td></td><td>复核人</td><td></td></tr>
</table>

任务评价

表 15-1-2 任务评价表

日期

评价指标	评价要素	等级评定	
		自评	教师评
阅读与查找标准	标准名称 相关标准的完整性 适用范围 检验方法 方法原理 试验条件 检测主要步骤 检出限 准确度 精密度		
仪器确认	仪器种类 仪器规格 仪器精度		
试剂确认	试剂种类 试剂纯度 试剂数量		
安全	设备安全 人身安全		
总成绩			

课后自测

(1)选择内标物的条件是什么?

(2)氮肥厂半水煤气中 O_2、N_2、H_2、CH_4、CO、CO_2 的测定。

①测出绝对校正因子 f_{CO_2}。将半水煤气灌装在钢瓶中,保持一定压力。然后用奥氏气体分析仪分析此气体,经多次分析,获得准确结果,可作标准样。用六通阀将标准样注入色谱仪,获得色谱图,测出峰高,即可计算出各组分的绝对校正因子。若已知 $CO_2\%=12\%$,测得 $h=60$ mm,求 f_{CO_2}。

②样品测定。在相同操作条件下,用同一六通阀进样,测得其中 CO_2 的峰高 25 mm,求 CO_2 含量。

(3)用内标法测定乙醇中微量的水分,称取 2.2679 g 乙醇样品,加入 0.0115 g 甲醇,测得 $h_{水}=150$ mm,$h_{甲醇}=174$ mm,已知峰高相对质量校正因子 $f'_{水/甲醇}=0.55$,求水的百分含量。

任务二 样品检测与数据采集

任务目标

(1)会正确操作气相色谱仪。

(2)会使用色谱工作站,并设置相关参数。

(3)会正确处理样品。

(4)能运用标准加入法对待测样品进行定量分析。

任务分析

1.明晰任务流程

溶液的配制 → 开机及参数设置 → 测定校正因子 → 定性分析 → 定量分析及数据处理 → 关机及结束实验

2.任务难点分析

(1)建立调整分析方法。

(2)色谱工作站的熟练操作。

(3)标准加入法定量分析。

3.任务前准备

(1)《GC1120 型气相色谱仪说明书》和《色谱工作站说明书》。

(2)仪器。

①气相色谱仪,检测器为 TCD。

②填充柱:GDX-104[0.180~0.154 mm(80~100 目)]或选用 Porapak Q[0.180~0.154 mm(80~100 目)],柱长 2 m、内径 3 mm 的不锈钢管或玻璃管。

(3)试剂:丙酮、纯水。

任务实施

活动1 溶液的配制

外加水标准溶液的制备：取一个干燥且洁净的10 mL容量瓶，准确称取其质量（称准至0.002 g），然后用注射器加入10~20 μL水，称取（瓶+水）的质量，计算出外加水的质量；再加入6 mL丙酮试样，再次称量，并计算出丙酮样品的质量。

活动2 开机及参数设置

（1）开载气：H_2，40 mL/min。

（2）温度设置：参考仪器说明书设置温度。

柱温：110 ℃。

检测器温度：150 ℃。

进样口温度：170 ℃。

（3）桥电流：当温度稳定后，调节桥电流140 mA。

（4）基线调零：当基线平直后，将基线调零。

（5）进样量：3 μL。

注意事项

（1）注意实验室通风，实验室应安装气体泄漏报警系统，防止氢气泄漏引起爆炸。

（2）注意检测气路系统的气密性，防止氢气泄漏。

（3）一定注意开机顺序，先开载气，燃气和助燃气在温度稳定后再开。

（4）实验结束后，应先关桥电流再降温，最后关机。

活动3 定性分析

（1）根据色谱条件，将色谱仪开启。当基线为一条直线时，可进样检验。

（2）分别吸取丙酮、水0.5 μL，依次进样，按上述方法重复进样两次，记录保留时间。

（3）通过保留时间定性分析各组分。

活动 4 定量分析

1.丙酮试样的分析测定

待基线平直后，用被测丙酮试样抽洗微量注射器后，抽取 3 μL 丙酮试样进样，出峰后，记录水峰峰高，重复进样两次。

2.外加水标样的分析测定

严格控制在同一操作条件下，取 3 μL 外加水标准溶液进样，出峰后，记录水峰峰高。重复进样两次。

活动 5 关机及结束

(1)退出色谱工作站。

(2)关闭桥电流。

(3)依次将柱温箱、气化室、检测器温度设置为室温。

(4)等温度降至近于室温时，关闭载气钢瓶总阀门、减压阀及主机载气稳压器阀(顺时针松开)，关闭主机及电脑电源。

(5)清洗进样器，整理实验室，填写仪器使用记录。

活动 6 数据记录与处理

(1)将样品水峰和外加水标准溶液水峰峰高填写在表 15-2-1，并计算出外加水标样中外加水的质量(m_S)和样品质量(m)。

表 15-2-1 试样及外加水标样水峰峰高记录

项目	$h_水$/mm				m/g
	1	2	3	平均值	
试样					
外加水标样					

(2)按下式计算丙酮中水分的含量：

$$W_{H_2O}=\frac{h_i \cdot m_S}{(h_S-h_i) \cdot m} \qquad (式 15-3)$$

式中，h_i 为被测样品水峰峰高，单位为 mm；h_S 为外加水标准溶液中水峰峰高，单位为 mm；m_S 为外加水质量，单位为 g；$m_样$为样品质量，单位为 g 。

任务评价

表 15-2-2 任务评价表

日期

评价指标	评价要素	等级评定	
		自评	教师评
标液配制	计算思路 计算结果		
样品称量	天平使用 称量范围		
开机、关机	检查漏气 气体压力设定		
数据测量	溶液配制 样品处理 进样操作 定性方法 标准加入法定量 质控样测定 测量顺序		
结束工作	关气顺序 电源关闭 填写仪器实验记录卡		
学习方法	预习报告书写规范		
工作过程	遵守管理规程 操作过程符合现场管理要求 出勤情况		
思维状态	能发现问题、提出问题、 分析问题、解决问题		
自我反馈	按时按质完成工作任务 掌握专业知识点		
经验和建议			
总成绩			

课后自测

(1)标准加入法定量有哪些注意事项?

(2)标准加入法定量适合于何种情况?

任务三 撰写检测报告

任务目标

(1)会运用标准加入法处理数据。

(2)会根据质量标准判断数据的有效性,确定样品是否合格。

(3)会撰写检测报告。

任务分析

1.明晰任务流程

数据处理 → 判定 → 撰写检测报告

2.任务难点分析

(1)正确的数据处理。

(2)检测有效性判断。

3.任务前准备

计算器、检验报告书。

任务实施

活动 1 数据处理

(1)判断获得的原始数据是否符合国标要求,若符合,则运用标准加入法计算出待测样品的质量分数。

(2)将结果填入表 15-3-1 中。

表 15-3-1 检验报告内页

抽样地点			样品编号	
检测项目	限值	检测结果	本项结论	备注
以下空白				

活动 2 检测结果判定

(1)若检测结果符合国标要求,则将质量分数记录在表格中。

(2)若检测结果不符合国标要求,进行纠偏处理。

(3)根据检测结果,出具检测报告。

任务评价

表 15-3-2 任务评价表

日期

评价指标	评价要素	等级评定	
		自评	教师评
出峰效果	峰形 出峰数目		
质控判断	质控浓度计算 检测有效性判断		
样品计算	样品质量分数 计算过程 有效数字		
撰写报告	无空项 有效数字符合标准规定		
学习方法	预习报告书写规范		
工作过程	遵守管理规程 操作过程符合现场管理要求 出勤情况		
思维状态	能发现问题、提出问题、 分析问题、解决问题		
自我反馈	按时按质完成工作任务 掌握专业知识点		
经验和建议			
总成绩			

参考答案

项目十六

高效液相色谱法测定阿莫西林含量

项目导入

高效液相色谱(HPLC)还可称为高压液相色谱、高速液相色谱、高分离度液相色谱或现代液相色谱,与经典液相(柱)色谱法比较,HPLC 能在短分析时间内获得高柱效和高分离能力。

气相色谱是一种良好的分离分析技术,对于具有较低沸点且加热不易分解的样品(占全部有机物约 20%)能实现良好的分离分析。但是,对沸点高、相对分子质量大、受热易分解的有机化合物、生物活性物质以及多种天然产物(约占全部有机物的 80%),又如何分离分析呢?实践证明,以用液体流动相代替气体流动相,则可达到分离分析的目的,对应的色谱分析方法就是液相色谱法。事实上,俄国植物学家 Tswett 在 1906 年为了分离植物色素发明的色谱就是所谓的液相色谱,但柱效极低,直到 20 世纪 60 年代后期,比较成熟的气相色谱理论与技术才被应用于经典液相色谱,经典液相色谱才得到了迅速发展。

阿莫西林(Amoxicillin),又名安莫西林或安默西林,是一种最常用的青霉素类广谱 β-内酰胺类抗生素,为白色或类白色结晶性粉末,在水中微溶,在乙醇中几乎不溶。口服吸收好,进食对吸收影响小。主要用于治疗呼吸道感染、泌尿系统感染、软组织感染等。准确测量药品各组分含量对加强药品的监督管理,健全生物安全监管预警防控体系,提高公共安全治理水平有十分重要的意义。

本项目采用高效液相色谱法测定阿莫西林的含量,包括以下工作任务:

解读阿莫西林含量测定的国家标准 → 安装色谱柱 → 系统适用性试验 → 样品检测 → 撰写检测报告

任务一　解读阿莫西林含量测定的国家标准

任务目标

(1)会查找分析相应检测项目的国家标准。

(2)会确认所需的仪器和配制所需的试剂。

(3)会规范填写原始记录。

任务分析

1.明晰任务流程

阅读与查找质量标准 → 确定合适检测仪器 → 正确配制所需试剂 → 实验安全评估

2.任务难点分析

解读国家标准,拟订实验方案,全面准确评估实验安全。

3.任务前准备

(1)《中华人民共和国药典(2015 年版)二部》《中华人民共和国药典(2015 年版)四部》。

(2)仪器。

①高效液相色谱仪(HPLC)。

②色谱柱:十八烷基硅烷键合硅胶为填充剂(ODS)。

(3)试剂:阿莫西林对照品、阿莫西林、磷酸二氢钾、氢氧化钾、乙腈。

相关知识

高效液相色谱仪

高效液相色谱仪(见图 16-1-1)现在多做成一个个单元组件,然后根据分析要求将所需单元组件组合起来,最基本的组件是高压输液系统、进样器、色谱柱、检测器和工作站(数据处理系统)。此外,还可根据需要配置自动进样系统、预柱、流动相在线脱气装置和自动控制系统等装置。图 16-1-2 是普通配置的带有预柱的 HPLC 结构图。

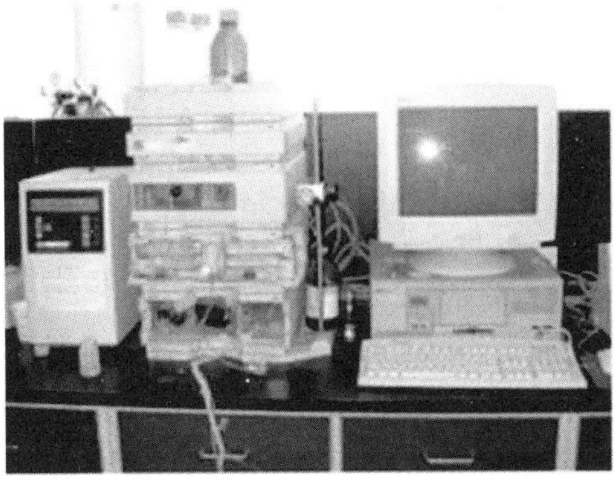

图 16-1-1 HP-1100 液相色谱

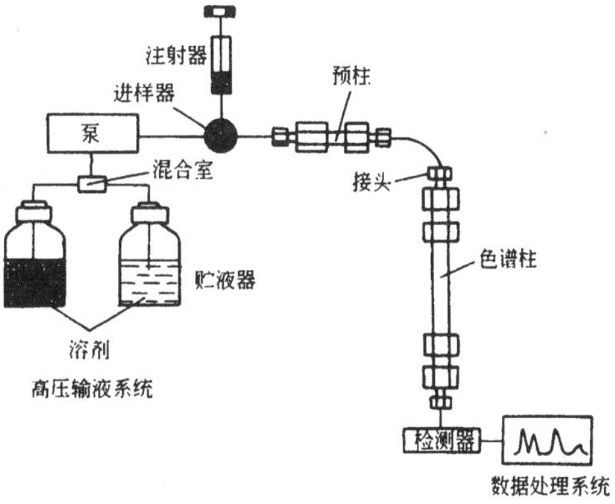

图 16-1-2 带有预柱的 HPLC 结构图

1.工作流程

高压输液泵将贮液器中的流动相以稳定的流速(或压力)输送至分析体系。在色谱柱之前通过进样器将样品导入,流动相将样品依次带入预柱、色谱柱。在色谱柱中各组分被分离,并依次随流动相流至检测器,检测到的信号送至工作站记录、处理和保存。

2.流动相净化装置

(1)流动相的过滤。为了防止不溶物堵塞流路或色谱柱,高效液相色谱的流动相在使用前必须采用特殊的流动相过滤器,用 0.45 μm 以下微孔滤膜进行过滤后方可使用。滤膜可分为有机溶剂专用和水溶剂专用。

(2)流动相的脱气。流动相溶液中往往因溶解有氧气或混入了空气而形成气泡,这会使色谱图上出现尖锐的噪声峰;气泡变大进入流路或色谱柱时会使流动相的流速变慢或不稳定,致使基线起伏。为了避免这类问题的出现,液相色谱实际分析过程中必须先对流动相进行脱气处理。

液相色谱流动相脱气使用较多的方法有超声波振荡脱气、惰性气体鼓泡吹扫脱气以及在线(真空)脱气三种。目前液相色谱实验室广泛使用的是超声波振荡脱气,其方法是将配制好的流动相连同容器一起放入超声波水槽中脱气 10~20 min 即可。该方法操作简便,基本能满足日常分析的要求。

3.高压输液系统

高压输液系统一般包括贮液器、高压输液泵、过滤器、梯度洗脱装置等。

(1)贮液器。贮液器一般由玻璃、不锈钢或特种塑料制成,容量为 0.5~2 L,用来贮存作流动相的各种溶剂。有的贮液器还附有脱气装置,以除去溶解在流动相中的气体,脱气后的流动相液体应密封保存,防止外部气体的重新溶入。

(2)高压输液泵。高压输液泵是高效液相色谱仪的关键部件,其作用是将流动相以稳定的流速或压力输送到色谱分离系统。对高压输液泵的要求是:压力平稳无脉动,流速恒定,流量可调节,泵体材料耐化学腐蚀,死体积小,一般要求有25~40 MPa的压力。

高压输液泵可以分为恒流泵和恒压泵。恒流泵在一定操作条件下可输出恒定体积流量的流动相。目前常用的恒流泵有往复型泵和注射型泵,其特点是泵的内体积小,用于梯度洗脱尤为理想。恒压泵又称气动放大泵,是输出恒定压力的泵,其流量随色谱系统阻力的变化而变化。这类泵的优点是输出无脉动,检测器的噪声低,通过改变气源压力即可改变流速。缺点是流速不够稳定,随溶剂黏度不同而改变。目前高效液相色谱仪一般都配备往复型恒流泵,恒压泵在高效液相色谱仪发展初期使用较多,现在一般只用于色谱柱的制备。

(3)过滤器。高压输液泵的活塞和进样阀阀芯的机械加工精密度非常高,微小的机械杂质进入流动相,就会导致上述部件的损坏;同时机械杂质在柱头的积累,会造成柱压升高,使色谱柱不能正常工作。因此在高压输液泵的进口和它的出口与进样阀之间,必须设置过滤器。

(4)梯度洗脱装置。在液相色谱中常用的梯度洗脱技术是指流动相梯度,即在分离过程中改变流动相的组成(溶剂极性、离子强度、pH等)或改变流动相的浓度。梯度洗脱装置依据梯度装置所能提供的流路个数可分为二元梯度、三元梯度等,依据溶液混合的方式又可分为高压梯度和低压梯度。

高压梯度一般只适用于二元梯度,即用两个高压泵分别按设定比例输送两种不同溶液到混合器,在高压状态下将两种溶液进行混合,然后以一定的流量输出。其优点是:只要通过梯度程序控制器控制每台泵的输出,就能获得任意形式的梯度曲线,而且精度很高,易于实现自动化控制。其主要缺点是必须使用两台高压输液泵,因此价格比较昂贵,故障率相对较高。

低压梯度是将两种或多种溶剂按一定的比例输入泵前的一个比例阀中,混合均匀后以一定的流量输出。其主要优点是只需一个高压输液泵,且成本低廉,使用方便。

梯度洗脱技术可以改进复杂样品的分离,改善峰形,减少拖尾并缩短分析时间,而且还能降低最小检测量和提高分离精度。梯度洗脱对复杂混合物,特别是保留值相差较大的混合物的分离是极为重要的手段。

4.进样装置

进样器是将样品溶液准确送入色谱柱的装置,要求密封性好,死体积小,重复性好,进样引起色谱分离系统的压力和流量波动很小。

液相色谱中常用的进样器是六通阀进样器，它具有耐高压、重复性好和操作方便的特点，其结构如图 16-1-3（a）所示。操作时先将阀柄置于图 16-1-3（a）所示的采样位置(Load)，这时进样口只与定量管接通，处于常压状态。用平头微量注射器(体积应为定量管体积的 4~5 倍)注入样品溶液，样品停留在定量管中，多余的样品溶液从 6 处溢出。将进样器阀柄顺时针转动 60°至图 16-1-3(b)所示的进样位置(Inject)时，流动相与定量管接通，样品被流动相带到色谱柱中进行分离分析。

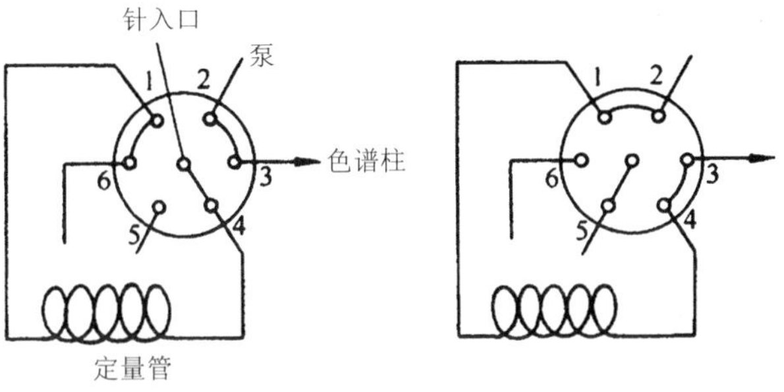

(a)采样位置(Load)　(b)进样位置(Inject)

图 16-1-3 HPLC 六通阀进样器

除六通阀进样器之外，还可以使用自动进样器。它是由计算机自动控制定量阀，按预先编制的注射样品操作程序进行工作。取样、进样、复位、样品管路清洗和样品盘的转动，全部按预定程序自动进行，一次可进行几十个或上百个样品的分析。自动进样器的样品量可连续调节，进样重复性高，适合做大量样品分析。但此装置一次性投资高，目前在国内尚未得到广泛应用。

5.色谱柱

色谱柱是整个色谱仪的心脏，它要耐高压及耐流动相和样品的腐蚀，所以一般都用不锈钢制作。为了获得较高的柱效能，柱管内表面必须光滑、无刻痕裂缝及颗粒物等，因此内壁必须做抛光处理。色谱柱一般为直柱，柱内径一般为 2~5 mm，最常用的是 3.9 mm 和 4.6 mm，柱长一般为 15~50 cm。

为了延长分析柱的寿命，往往在色谱柱的入口端，装有与色谱柱相同固定相的可以经常更换的短柱(5~30 mm 长)，这就是所谓的保护柱，它可以挡住流动相中的细小颗粒，以阻止其堵塞色谱柱。

色谱柱在装填料之前是没有方向性的，但填充完毕的色谱柱是有方向的，即流动相的方向应与柱的填充方向(装柱时填充液的流向)一致。色谱柱的管外都以箭头显著地标示了该柱的使用方向，安装和更换色谱柱时一定要使流动相能按箭头所指方向流动。

高效液相色谱法的装柱是一项技巧性很强的工作，对色谱分离效果影响很大。根据固定相微粒的大小，填充色谱柱的方法有干法和湿法两种。微粒直径大于 20 μm 的可用干法填充，方法与气相色谱柱相同；微粒直径在 10 μm 以下的，只能用湿法装柱，即先将填料配成悬浮液贮于容器中，然后在高压泵的作用下压入色谱柱。

6.检测器

HPLC 检测器是用于连续监测被色谱系统分离后的柱流出物组成和含量变化的装置。其作用是将柱流出物中样品组成和含量的变化转化为可供检测的信号，完成定性、定量分析的任务。

常用的液相色谱检测器有紫外-可见光(UV-Vis)检测器、折光指数检测器(RID)、荧光检测器(FD)和主要用于离子色谱分析的电导检测器(CD)等。

(1)紫外-可见光检测器。紫外-可见光检测器是高效液相色谱中应用最广泛的检测器。在各种检测器中，其使用率占 70%左右，对占物质总数约 80%的有紫外吸收的物质均有响应，既可检测 190~380 nm 范围(紫外光区)的光吸收变化，也可向可见光范围 350~780 nm 延伸。几乎所有的液相色谱装置都配有紫外-可见光检测器。

由朗伯-比尔定律可知，吸光度与吸光系数、溶液浓度和光路长度成直线关系，也就是说对于给定的检测池，在固定波长下，紫外-可见光检测器可输出一个与样品浓度成正比的光吸收信号——吸光度(A)，这就是紫外-可见光检测器的工作原理。

紫外-可见光检测器的基本结构与一般紫外-可见光分光光度计是基本相似的，唯一不同的部件是流通池。一般标准池体积为 5~8 μL，光程长为 5~10 mm，内径小于 1 mm，结构常采用 H 型，如图 16-1-4 所示。

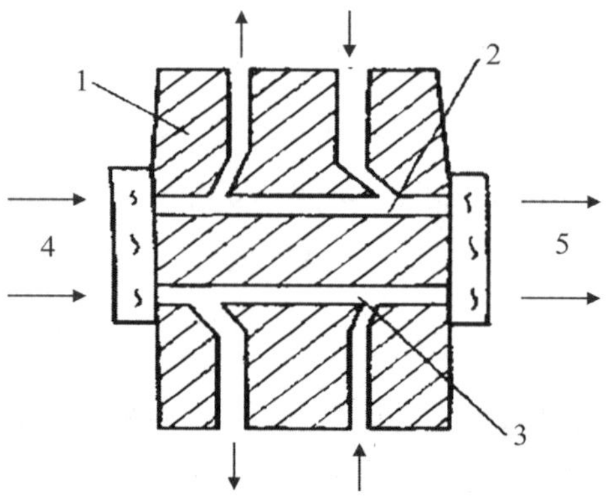

1-流通池；2-测量臂；3-参比臂；
4-入射光；5-出射光

图 16-1-4 紫外检测器流通池图

由于紫外吸收对温度、流动相组成和流速变化不敏感，因此，紫外-可见光检测器可用于梯度洗脱，并且对恒温要求不高。

二极管阵列检测器(PDA)可以在一次色谱操作中同时获得吸光度、时间和待测组分的紫外-可见吸收光谱图在一起的三维谱图，信息量更多，可同时进行定性和定量分析。

(2)折光指数检测器。折光指数检测器(RI),又称示差折光检测器,是一种通用型检测器,它是通过连续监测参比池和测量池中溶液的折射率之差来测定试样浓度的检测器。

溶液的光折射率是溶剂(流动相)和溶质各自的折射率乘以其物质的量浓度之和,溶有样品的流动相和流动相本身之间光折射率之差即表示样品在流动相中的浓度。原则上凡是与流动相光折射率有差别的样品都可用它来测定,其检出限可达 10^{-7} g/mL。

RI 对温度的变化很敏感,使用时温度变化要求保持在±0.001 ℃范围内;RI 对流动相流量的变化也很敏感,要求流动相组成完全恒定,稍有变化都会对测定产生明显的影响,因此一般不宜做梯度洗脱。此外,RI 灵敏度较低,不宜用于痕量分析。

RI 适用于没有紫外吸收的物质,如高分子化合物、糖类、脂肪烷烃等的检测,也适用于流动相紫外吸收本底大,不适于紫外吸收检测的体系。在凝胶色谱中 RI 是必不可少的,尤其是对聚合物,如聚乙烯、聚乙二醇、丁苯橡胶等的分子量分布的测定。此外,RI 在制备色谱中也经常使用。

7.数据处理系统

高效液相色谱的数据处理系统主要有记录仪、色谱数据处理机和色谱工作站,其作用是记录和处理色谱分析的数据。目前使用比较广泛的是色谱数据处理机和色谱工作站。

任务实施

活动 1 阅读与查找质量标准

查找并阅读《中华人民共和国药典(2015 年版)二部》和《中华人民共和国药典(2015 年版)四部》,拟订实验方案,找出本法适用范围、方法原理、精密度、准确度等内容。将查得的内容填入原始记录表 16-1-1 中。

活动 2 仪器确认

根据拟订的实验方案,确认仪器是否符合质量标准的要求,将确认结果填入原始记录表 16-1-1 中。

活动3 数据记录与处理

表16-1-1 解读检测方法原始记录

<table>
<tr><td>记录编号</td><td colspan="3"></td></tr>
<tr><td colspan="4">一、阅读与查找标准</td></tr>
<tr><td>方法原理</td><td colspan="3"></td></tr>
<tr><td>相关标准</td><td colspan="3"></td></tr>
<tr><td>检出限</td><td colspan="3"></td></tr>
<tr><td>准确度</td><td></td><td>精密度</td><td></td></tr>
<tr><td colspan="4">二、标准内容</td></tr>
<tr><td>适用范围</td><td></td><td>限值</td><td></td></tr>
<tr><td>定量公式</td><td></td><td>性状</td><td></td></tr>
<tr><td>样品处理</td><td colspan="3"></td></tr>
<tr><td>操作步骤</td><td colspan="3"></td></tr>
<tr><td colspan="4">三、仪器确认</td></tr>
<tr><td colspan="3">所需仪器</td><td>检定有效日期</td></tr>
<tr><td colspan="3"></td><td></td></tr>
<tr><td colspan="4">四、试剂确认</td></tr>
<tr><td>试剂名称</td><td>纯度</td><td>库存量</td><td>有效期</td></tr>
<tr><td></td><td></td><td></td><td></td></tr>
<tr><td></td><td></td><td></td><td></td></tr>
<tr><td></td><td></td><td></td><td></td></tr>
<tr><td colspan="4">五、安全防护</td></tr>
<tr><td colspan="4"></td></tr>
<tr><td>确认人</td><td></td><td>复核人</td><td></td></tr>
</table>

任务评价

表 16-1-2 任务评价表

日期

评价指标	评价要素	等级评定	
		自评	教师评
阅读与查找标准	标准名称 相关标准的完整性 适用范围 检验方法 方法原理 试验条件 检测主要步骤 检出限 准确度 精密度		
仪器确认	仪器种类 仪器规格 仪器精度		
试剂确认	试剂种类 试剂纯度 试剂数量		
安全	设备安全 人身安全		
总成绩			

课后自测

(1)高效液相色谱仪最基本的组件是(　　　　　)、(　　　　　)、(　　　　　)、(　　　　　)和(　　　　　)。

(2)以液体作流动相的色谱称为液相色谱,广义地讲下列(　　　)都属于液相色谱。

A. 柱色谱　　B. 纸色谱　　C. 薄层色谱　　D. 气相色谱。

(3)简述高效液相色谱法与气相色谱法的异同点。

任务二 安装色谱柱

任务目标

(1)能认识高效液相色谱仪基本结构。

(2)会安装液相色谱柱。

(3)会检漏。

(4)会排气泡。

任务分析

1.明晰任务流程

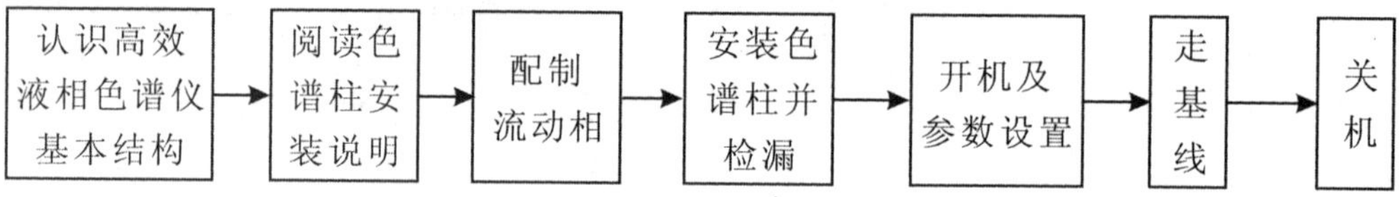

2.任务难点分析

(1)流动相的配制:配制流动相时注意除去微粒并脱气。

(2)色谱柱的安装:安装色谱柱时注意色谱柱的连接并依次排除引入的气泡。

(3)色谱柱的检漏:分段逐一检漏。

3.任务前准备

(1)仪器。

①高效液相色谱仪(HPLC)。

②色谱柱:十八烷基硅烷键合硅胶为填充剂(ODS)。

③工具:扳手、接头。

(3)试剂:阿莫西林对照品、阿莫西林、磷酸二氢钾、氢氧化钾、乙腈。

相关知识

高效液相色谱分析法与气相色谱分析法一样，具有选择性高、分离效率高、灵敏度高、分析速度快的特点，但它恰好能适于分析气相色谱分析法不能分析的高沸点有机化合物、高分子和热稳定性差的化合物以及具有生物活性的物质，弥补了气相色谱分析法的不足。这两种方法的比较如表 16-2-1 所示。

表 16-2-1 高效液相色谱法与气相色谱法的比较

项目＼方法	高效液相色谱法	气相色谱法
进样方式	样品制成溶液	样品需加热汽化或裂解
流动相	1.液体流动相可为离子型、极性、弱极性、非极性溶液；可与被分析样品产生相互作用，并能改善分离的选择性 2.液体流动相动力黏度为 10^{-3} Pa·s，输送流动相压力高达 2~20 MPa	1.气体流动相为惰性气体，不与被分析的样品发生相互作用 2.气体流动相动力黏度为 10^{-5} Pa·s，输送流动相压力仅为 0.1~0.5 MPa
固定相	1.分离机理：可依据吸附、分配、筛析、离子交换、亲和等多种原理进行样品分离，可供选用的固定相种类繁多 2.色谱柱：固定相粒度大小为 5~50 μm；填充柱内径为 2~10 mm，柱长 10~25 cm，柱效为 10^3~10^4；毛细管柱内径为 0.01~0.03 mm，柱长 5~10 m，柱效为 10^4~10^5；柱温为常温	1.分离机理：依据吸附，分配两种原理进行样品分离，可供选用的固定相种类较多 2.色谱柱：固定相粒度大小为 0.1~0.5 mm；填充柱内径为 1~4 mm，柱长为 1~4 m，柱效为 10^2~10^3；毛细管柱内径为 0.1~0.3 mm，柱长 10~100 m，柱效为 10^3~10^4，柱温为常温~300℃
检测器	选择性检测器：UVD，PDAD，FD，ECD 通用型检测器：ELSD，RID	选择性检测器：ECD*，FPD，NPD 通用型检测器：TCD，FID
应用范围	可分析低分子量、低沸点样品；高沸点、中分子、高分子有机化合物(包括非极性、极性)；离子型无机化合物；热不稳定、具有生物活性的生物分子	可分析低分子量、低沸点有机化合物；永久性气体；配合程序升温可分析高沸点有机化合物；配合裂解技术可分析高聚物
扩散系数	溶质在液相的扩散系数(10^{-5} cm²/s)很小，因此在色谱柱以外的死空间应尽量小，以减少柱外效应对分离效果的影响	溶质在气相的扩散系数(0.1 cm²/s)大，柱外效应的影响较小，对毛细管气相色谱应尽量减小柱外效应对分离效果的影响

注：UVD——紫外吸收检测器；PDAD——二极管阵列检测器；FD——荧光检测器；ECD——电化学检测器；RID——折光指数检测器；ELSD-蒸发光散射检测器；TCD——热导检测器；FID——氢火焰离子化检测器；ECD*——电子捕获检测器；FPD——火焰光度检测器；NPD——氮磷检测器

任务实施

活动 1 流动相的配制

1.按比例配制好各相不同的溶液浓度

在使用单泵时，可在配制流动相之前，先将水相中的盐溶液按规定浓度配制好，然后依次与一定比例的有机相混合；在使用多元泵时，可将不同的溶液配制好后，分别存放在不同的贮液器中。

2.除微粒、脱气及贮存

高效液相色谱所用的流动相必须先除去其中的空气，习称脱气，否则很容易在系统内逸出产生气泡，气泡的出现对输液系统的影响已如上所述。气泡还会影响色谱柱的分离效率，影响检测器的灵敏度、基线的稳定性，甚至无法进行检测。此外，溶解在流动相内的氧还可能与样品，甚至固定相或流动相本身发生反应。氧在 260 nm 以下有吸收，还有荧光熄灭作用，在电化学检测中氧的影响更大。有些仪器带有在线脱气装置，在系统内自动脱气。一般则在临用前对流动相进行脱气。常用的脱气法有超声脱气法、通氦脱气法、抽真空脱气法和加热脱气法。超声脱气法是将盛有流动相的容器置于超声水浴内，超声振荡约 15 min，注意容器内的液面不要高出水面太多。通氦脱气法是将溶解度极小的氦气通入流动相内，将空气带出来，这种连续脱气的方法在电化学检测时经常使用，在泵启动前先通入大量氦气脱气，在泵工作期间连续不断通入一细小氦气流，进行在线脱气，防止空气重新溶入流动相。抽真空脱气法是对盛有流动相的密闭容器抽真空，使气体逸出。加热脱气法是让流动相连续地流经加热管以除去气体，此法不适用于升高温度会引起危险的溶剂。有时会联合使用抽真空脱气法和加热脱气法，以得到更好的脱气效果，但是这两种方法都会导致溶剂蒸发，影响流动相中溶剂的组成，应予以重视。

流动相一般贮存于玻璃、不锈钢或氟塑料容器内。贮存容器一定要盖严，防止溶剂蒸发引起流动相组成的变化，也防止氧气或二氧化碳溶入流动相。流动相最好新鲜配制，不要长期贮存。容器也应该经常清洗，除去底部的杂质和可能生长的微生物。

活动 2　色谱柱的安装

1.安装前的准备工作

(1)更换流动相。

在更换色谱柱之前，将经过脱气、除微粒处理的流动相装入贮液器中。

(2)排除色谱柱之前的气泡。

打开旁通阀，打开 Purg 键，通过旁通阀排除流路中泵之前的气泡，关闭旁通阀，继续打开 Purg 键，排除连接色谱柱的接头之前管线中的气泡。

2.色谱柱的安装

(1)拆开柱包装盒,确认色谱柱的类型、尺寸、出厂日期以及柱内贮存的溶剂。

(2)拧下柱两端接头的密封堵头放回包装盒备用。

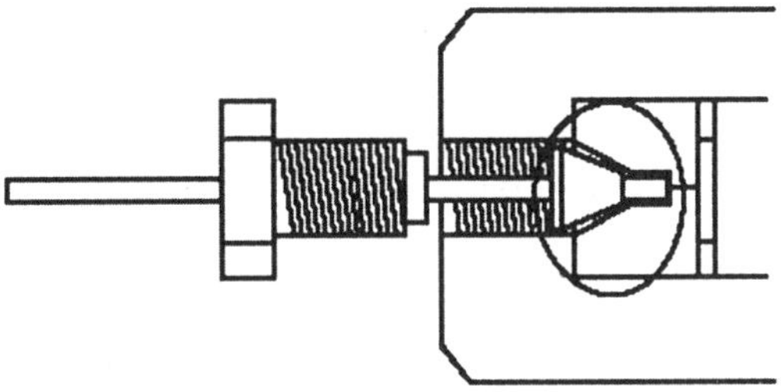

图 16-2-1 色谱柱与入口端连接图

(3)按柱管上标示的流动相流向,将色谱柱的入口端通过连接管与进样阀出口相连接(如条件允许,建议在柱前使用保护柱),将柱的出口与检测器连接。连接管的两端均有空心螺钉及密封用压环。在接管时一定要设法降低柱外死体积。连接管通过空心螺钉、压环后尽量用力插到底,然后顺时针拧紧空心螺钉,直到拧不动为止,再用扳手继续顺时针拧 1/4~1/2 圈,切记不要用力过大。如色谱柱通过流动相加压后有漏液现象,请用扳手继续顺时针拧 1/4 圈,直至不漏液为止。

注意事项

(1)不同公司的色谱柱接头不同。处理不当时,会造成色谱峰展宽(死体积增加),致使柱效下降或渗漏。可使用"通用"型接头(锥箍及螺母)。

(2)拿到一根从未用过的色谱柱时一定要先看其使用说明书。

(3)流动相的流向一定要与色谱柱上标注的箭头方向一致。

活动 3 接头处检漏

接好色谱柱后,用滤纸依次对各接头处进行检漏。如发现漏液,须用扳手继续顺时针拧 1/4 圈,直至不漏液为止或更换接头。

活动 4 数据记录与处理

表 16-2-2 安装色谱柱原始记录

记录编号			
样品名称		样品编号	
检测项目		检验日期	
检验依据		判定依据	
温度		相对湿度	
检验设备(标准物质)编号			

续表

色谱柱安装及检漏			
流动相的配制处理是否正确			
色谱柱的连接是否正确			
压力是否正常			
检漏方法			
结论			
检验人		复核人	

任务评价

表 16-2-3 任务评价表

日期

评价指标	评价要素	等级评定	
		自评	教师评
安装结果	是否正确		
检漏结果	是否有漏液现象		
开机、关机	参数设置、操作顺序		
测试	仪器正常工作、基线平直		
结束工作	电源关闭、工作台整洁、填写仪器实验记录卡		
学习方法	预习报告书写规范		
工作过程	遵守管理规程 操作过程符合现场管理要求 出勤情况		
思维状态	能发现问题、提出问题、分析问题、解决问题		
自我反馈	按时按质完成工作任务 掌握专业知识点		
经验和建议			
总成绩			

拓展提高

色谱柱的使用和维护注意事项

色谱柱的正确使用和维护十分重要，稍有不慎就会降低柱效、缩短使用寿命甚至损坏色谱柱。在色谱操作过程中，需要注意下列问题，以维护色谱柱。

(1)避免压力和温度的急剧变化及任何机械震动。温度的突然变化或者使色谱柱从高处掉下都会影响柱内的填充状况；柱压的突然升高或降低也会冲动柱内填料，因此在调节流速时应该缓慢进行；在阀进样时阀的转动不能过缓（如前所述）。

（2）应逐渐改变溶剂的组成，特别是反相色谱中，不应直接从有机溶剂改变为全部是水，反之亦然。

（3）一般说来色谱柱不能反冲，只有生产者指明该柱可以反冲时，才可以反冲除去留在柱头的杂质。否则反冲会迅速降低柱效。

（4）选择适宜的流动相（尤其是 pH），以避免固定相被破坏。有时可以在进样器前面连接一预柱，分析柱是键合硅胶时，预柱为硅胶，可使流动相在进入分析柱之前预先被硅胶“饱和”，避免分析柱中的硅胶基质被溶解。

（5）避免将基质复杂的样品尤其是生物样品直接注入柱内，需要对样品进行预处理或者在进样器和色谱柱之间连接一保护柱。保护柱一般是填有相似固定相的短柱。保护柱可以而且应该经常更换。

（6）经常用强溶剂冲洗色谱柱，清除保留在柱内的杂质。在进行清洗时，对流路系统中流动相的置换应以相混溶的溶剂逐渐过渡，每种流动相的体积应是柱体积的 20 倍左右，即常规分析需要 50~75 mL。

阳离子交换柱可用稀酸缓冲液冲洗，阴离子交换柱可用稀碱缓冲液冲洗，除去交换性能强的盐，然后用水、甲醇、二氯甲烷（除去吸附在固定相表面的有机物）、甲醇、水依次冲洗。

（7）保存色谱柱时应将柱内充满乙腈或甲醇，柱接头要拧紧，防止溶剂挥发干燥。绝对禁止将缓冲溶液留在柱内静置过夜或更长时间。

（8）色谱柱使用过程中，如果压力升高，一种可能是烧结滤片被堵塞，这时应更换滤片或将其取出进行清洗；一种可能是大分子进入柱内，使柱头被污染；如果柱效降低或色谱峰变形，则可能是柱头出现塌陷，死体积增大。

在后两种情况发生时，小心拧开柱接头，用洁净小钢刀片将柱头填料取出 1~2 mm 高度（把被污染填料取净），再把柱内填料整平。然后用适当溶剂湿润的固定相（与柱内相同）填满色谱柱，压平，再拧紧柱接头。反冲色谱柱（小流速）10~20 min，逐渐调至大流速。这样处理后柱效能得到改善，但是很难恢复到新柱的水平。

柱子失效通常是柱端部分，在色谱柱前装一根与色谱柱相同固定相的短柱（5~30 mm），可以起到保护色谱柱、延长色谱柱寿命的作用。采用保护柱会损失一定的柱效，这是值得的。

通常色谱柱寿命在正确使用时可达 2 年以上。以硅胶为基质的填料，只能在 pH 为 2~9

范围内使用。柱子使用一段时间后,可能有一些吸附作用强的物质保留于柱顶,特别是一些有色物质更易被吸着在柱顶的填料上。新的色谱柱在使用一段时间后柱顶填料可能塌陷,使柱效下降,这时也可补加填料使柱效恢复。

每次工作完后,最好用洗脱能力强的洗脱液冲洗,例如 ODS 柱宜用甲醇冲洗至基线平衡。当采用盐缓冲溶液作流动相时,使用完后应用无盐流动相冲洗。含卤族元素(氟、氯、溴)的化合物可能会腐蚀不锈钢管道,色谱柱不宜长期与之接触。装在 HPLC 仪上的柱子如不经常使用,应每隔 4~5 天开机冲洗 15 min。

课后自测

(1)液相色谱流动相过滤必须使用何种粒径的过滤膜(　　)

A.0.5 μm　　B.0.45 μm　　C.0.6 μm　　D.0.55 μm

(2)液相色谱中通用型检测器是(　　)。

A.紫外吸收检测器　　B.示差折光检测器

C.热导检测器　　D.氢火焰离子化检测器

(3)在高效液相色谱流程中,试样混合物在(　　)中被分离。

A.检测器　　B.记录器　　C.色谱柱　　D.进样器

(4)简述六通阀进样器工作原理。

任务三 系统适用性试验

任务目标

(1)会正确使用高效液相色谱仪。

(2)会正确运用色谱工作站。

(3)会熟练操作微量进样器进样。

(4)会记录实验相关数据,并计算分离度、理论塔板数、精密度等。

任务分析

1.明晰任务流程

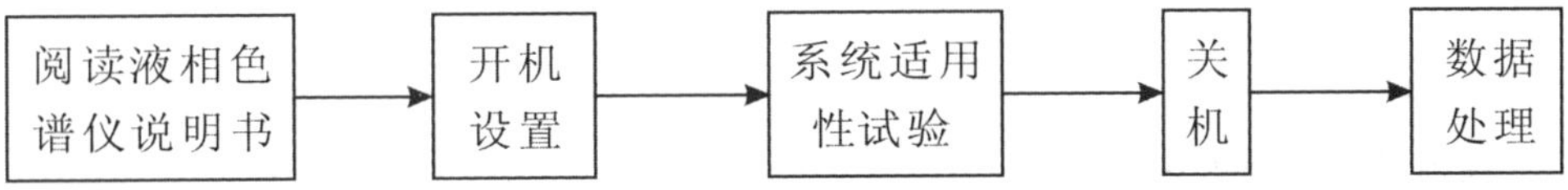

2.任务难点分析

(1)色谱工作站的正确使用。

(2)微量注射器的熟练操作。

3.任务前准备

(1)《赛默飞 U3000 型高效液相色谱仪说明书》《色谱工作站说明书》。

(2)仪器。

①高效液相色谱仪(赛默飞 U3000 型 HPLC)。

②色谱柱:十八烷基硅烷键合硅胶为填充剂(ODS)。

③工具:扳手、接头。

(3)试剂:阿莫西林对照品、阿莫西林、磷酸二氢钾、氢氧化钾、乙腈。

任务实施

活动 1 阅读高效液相色谱仪及色谱工作站说明书

(1)阅读高效液相色谱仪及色谱工作站说明书,填写基本信息。

(2)参照色谱工作站,认识菜单栏、工具栏中各图标的功能和作用,学习利用工作站采集数据及数据处理的方法。

活动 2 高效液相色谱仪开机

1.开机前准备

(1)配制流动相。

以 0.05 mol/L 磷酸二氢钾 (用 2 mol/L 氢氧化钾溶液调节 pH 至 5.0)-乙腈 (体积比 97.5:2.5)溶液为流动相。

(2)流动相的处理。

用 0.45 μm 的微孔滤膜抽滤配制好的流动相,当抽滤完后可继续抽滤几分钟,起到抽滤脱气的作用。

2.高效液相色谱仪开机

(1)更换流动相。

在更换色谱柱之前,将经过脱气、除微粒处理的流动相装入贮液器中。

(2)打开仪器电源开关。

打开仪器各部分的电源开关,仪器将开机自动进行自检。

(3)排除色谱柱之前的气泡。

打开旁通阀,打开 Purg 键,通过旁通阀排除流路中泵之前的气泡,关闭旁通阀,继续打开 Purg 键,排除连接色谱柱的接头之前管线中的气泡之后,关闭 Purg 键,关闭旁通阀。

(4)打开电脑及色谱工作站,设置相应的色谱参数。

流速:1 mL/min。

检测波长:254 nm。

(5)运行仪器,走基线。

活动 3 系统适用性试验

(1)按仪器操作规程开机运行至基线平直。

(2)取阿莫西林系统适用性对照品约 25 mg,置于 50 mL 容量瓶中,用流动相溶解并稀释至标线,摇匀,取 20 μL 注入。高效液相色谱仪记录的色谱图应与标准图谱一致。

活动 4 关机结束实验

1.冲洗色谱柱

测定完毕请用水冲柱 1 h,甲醇冲柱 30 min。如果第二天仍使用,可用水以低流速(0.1~0.3 mL/min)冲洗过夜(注意水要够量),不需用甲醇冲洗。另外需要特别注意的是,对于含碳量高、封尾充分的柱,应先用含 5%~10%甲醇的水冲洗,再用甲醇冲洗。

2.结束工作

(1)关闭检测器。

(2)关闭泵。

(3)退出工作站,关闭电脑及仪器主机。

(4)填写仪器使用记录,做好实验室整理和清洁,并进行安全检查后,方可离开实验室。

注意事项

(1)使用预柱保护分析柱(硅胶在极性流动相/离子性流动相中有一定的溶解度)。

(2)大多数反相色谱柱的 pH 稳定范围是 2~7.5,尽量不超过该色谱柱的 pH 范围。

(3)避免流动相组成及极性的剧烈变化。

(4)流动相使用前必须经脱气和过滤处理。

(5)如果使用极性或离子性的缓冲溶液作流动相,应在实验完毕将柱子冲洗干净,并保存于甲醇或乙腈中。

(6)压力升高是需要更换预柱的信号。

活动 4 数据记录与处理

表 16-3-1 系统适用性原始记录

记录编号			
样品名称		样品编号	
检测项目		检验日期	
检验依据		判定依据	
温度/℃		相对湿度/%	
检验设备(标准物质)编号			
一、阅读仪器及工作站说明书			
仪器型号		生产厂家	
说明书主要内容			
注意事项			
二、各标准物质的保留值			
组分名 / 保留值	阿莫西林对照品	阿莫西林	
t_R/min			
t'_R/min			
结论			
检验人		复核人	

任务评价

表 16-3-2 任务评价表

日期

评价指标	评价要素	等级评定	
		自评	教师评
试剂配制	计算思路 计算结果		
开机、关机	检查漏液、排气 仪器参数设置		
数据测试	保留时间		
学习方法	预习报告书写规范		
工作过程	遵守管理规程 操作过程符合现场管理要求 出勤情况		
思维状态	能发现问题、提出问题、 分析问题、解决问题		
自我反馈	按时按质完成工作任务 掌握专业知识点		
经验和建议			
总成绩			

拓展提高

高效液相色谱的主要类型及选择

以液体作流动相的色谱称为液相色谱。广义地讲,除柱色谱外,薄层色谱(液-固色谱)和纸色谱(液-液色谱)也属于液相色谱。这里只讨论狭义的液相色谱,即柱色谱。柱色谱法按分离机理分类可分为液-固吸附色谱、液-液分配色谱、键合相色谱、凝胶色谱、离子色谱等。

一、液-固吸附色谱

1.分离原理

液-固吸附色谱是基于各组分吸附能力的差异进行混合物的分离,其固定相是固体吸附剂。它们是一些多孔性的极性微粒物质,如氧化铝、硅胶等。当混合物随流动相通过吸附剂时,由于吸附剂对流动相与混合物中各组分的吸附能力不同,故在吸附剂表面,组分分子和流动相分子对吸附剂表面活性中心发生吸附竞争,与吸附剂结构和性质相似的组分易被吸附,呈现了高保留值;反之,与吸附剂结构和性质差异较大的组分不易被吸附,呈现了低保留值。

2.固定相

液-固吸附色谱固定相可分为极性和非极性两大类。极性固定相主要有硅胶(酸性)、氧化镁和硅酸镁分子筛(碱性)等。非极性固定相有高强度多孔微粒活性炭和近来开始使用的5~10 μm的多孔石墨化炭黑,以及高交联度苯乙烯-二乙烯基苯共聚物的单分散多孔微球(5~10 μm)与碳多孔小球等,其中应用最广泛的是极性固定相硅胶。现在主要使用表面多孔型和全多孔型硅胶微粒固定相。其中,表面多孔型硅胶微粒固定相吸附剂出峰快、柱效能高,适用于极性范围较宽的混合样品的分析,缺点是样品容量小。而全多孔型硅胶微粒固定相由于其表面积大、柱效高而成为液-固吸附色谱中使用最广泛的固定相。

实际工作中,应根据分析样品的特点及分析仪器来选择合适的吸附剂,选择时考虑的因素主要有吸附剂的形状、粒度、比表面积等。

3.流动相

在高效液相色谱分析中,除了固定相对样品的分离起主要作用外,合适的流动相(也称作洗脱液)对改善分离效果也会产生重要的辅助效应。

从实用角度考虑,作为流动相的溶剂除具有价廉、易购的特点外,还应满足高效液相色谱分析的下述要求。

(1)选用的溶剂应当与固定相互不相溶,并能保持色谱柱的稳定性。

(2)选用的溶剂应有高纯度,以防所含微量杂质在柱中积累,引起柱性能的改变。

(3)选用的溶剂性能应与所使用的检测器相匹配。如使用紫外吸收检测器,就不能选用在检测波长下有紫外吸收的溶剂;若使用示差折光检测器,就不能使用梯度洗脱。

(4)选用的溶剂应对样品有足够的溶解能力,以提高测定的灵敏度。

(5)选用的溶剂应具有低的黏度和适当低的沸点。使用低黏度溶剂,可减少溶质的传质阻力,有利于提高柱效。

(6)应尽量避免使用具有显著毒性的溶剂,以保证工作人员的安全。

在液-固吸附色谱中,选择流动相的基本原则是极性大的试样用极性较强的流动相,极性小的用低极性流动相。

实际工作中,应根据流动相的洗脱序列,通过实验,选择合适强度的流动相。若样品各组分的分配比 k 值差异比较大,可采用梯度洗脱(即间断或连续地改变流动相的组成或其他操作条件,从而改变其色谱洗脱能力的过程)。

4.应用范围

液-固吸附色谱是以表面吸附性能为依据的,所以它常用于分离极性不同的化合物,但也能分离那些具有相同极性基团,但数量不同的样品。此外,液-固吸附色谱还适于分离异构体,这主要是因为异构体有不同的空间排列方式,因此吸附剂对它们的吸附能力有所不同,从而实现分离。

二、液-液分配色谱

1.分离原理

在液-液分配色谱中,一个液相作为流动相,另一个液相(即固定液)则分散在很细的惰性载体或硅胶上作为固定相。作为固定相的液相与流动相互不相溶,它们之间有一个界面。固定液对被分离组分是一种很好的溶剂。当被分析样品进入色谱柱后,各组分按照它们各自的分配系数,很快地在两相间达到分配平衡。与气液色谱一样,这种分配平衡的总结果导致各组分迁移速度的不同,从而实现了分离。很明显,分配色谱法的基本原理与液液萃取相同,都是依据分配定律。依据固定相和流动相的相对极性的不同,分配色谱法可分为:正相分配色谱法——固定相的极性大于流动相的极性;反相分配色谱法——固定相的极性小于流动相的极性。

在正相分配色谱法中，固定相载体上涂布的是极性固定液，流动相是非极性溶剂。它可用来分离极性较强的水溶性样品，洗脱顺序与液-固吸附色谱法在极性吸附剂上的洗脱结果相似，即非极性组分先洗脱出来，极性组分后洗脱出来。

在反相分配色谱法中，固定相载体上涂布极性较弱或非极性的固定液，而用极性较强的溶剂作流动相。它可用来分离脂溶性样品，其洗脱顺序与正相液液色谱相反，即极性组分先被洗脱，非极性组分后被洗脱。

2.固定相

液-液分配色谱固定相由两部分组成，一部分是惰性载体，另一部分是涂布在惰性载体上的固定液。在液-液分配色谱法中常用的固定液如表 16-3-3 所示。

表 16-3-3 液-液分配色谱法使用的固定液

正相分配色谱法的固定液		反相分配色谱法的固定液
β,β′-氧二丙腈	乙二醇	甲基硅酮
1,2,3-三(2-氰乙氧基)丙烷	乙二胺	氰丙基硅酮
聚乙二醇 400,600	二甲基亚砜	聚烯烃
甘油，丙二醇	硝基甲烷	正庚烷
冰乙酸	二甲基甲酰胺	

在分配色谱中使用的惰性载体(也叫担体)，主要是一些固体吸附剂，如全多孔球形或无定形微粒硅胶、全多孔氧化铝等。

液-液分配色谱中固定液的涂布方法与气液色谱中基本一致。

机械涂布固定液后制成的液-液色谱柱，在实际使用过程中由于大量流动相通过色谱柱会溶解固定液而造成固定液的流失，并导致保留值减小，柱选择性下降。实际工作中，一般采用如下几种方法来防止固定液的流失。

(1)应尽量选择对固定液仅有较低溶解度的溶剂作为流动相。

(2)流动相进入色谱柱前，应预先用固定液饱和，这种被固定液饱和的流动相再流经色谱柱时就不会再溶解固定液了。

(3)使流动相保持低流速经过固定相，并保持色谱柱温度恒定。

(4)若溶解样品的溶剂对固定液有较大的溶解度，应避免过大的进样量。

3.流动相

在液-液分配色谱中，除一般要求外，还要求流动相尽可能不与固定液互溶。

在正相分配色谱中，使用的流动相类似于液-固吸附色谱中使用极性吸附剂时应用的流动相,此时流动相主体为己烷、庚烷,可加入小于20%的极性改性剂,如1-氯丁烷、异丙醚、二氯甲烷、四氢呋喃、氯仿、乙酸乙酯、乙醇、乙腈等。

在反相分配色谱中,使用的流动相类似于液-固吸附色谱中使用非极性吸附剂时应用的流动相。此时流动相的主体为水,可加入一定量的改性剂,如二甲基亚砜、乙二醇、乙腈、甲醇、丙酮、二氧六环、乙醇、四氢呋喃、异丙醇等。

4.应用范围

液-液分配色谱法既能分离极性化合物,又能分离非极性化合物,如烷烃、烯烃、芳烃、稠环、甾族等物质。由于不同极性键合固定相的出现,分离的选择性可得到很好的控制。

三、键合相色谱

采用化学键合相的液相色谱法称为键合相色谱。由于键合固定相非常稳定,在使用中不易流失,且键合到载体表面的官能团可以是各种极性的,因此,它适用于各种样品的分离分析。目前键合固定相色谱法已逐渐取代分配色谱法,获得了日益广泛的应用,在高效液相色谱法中占有极其重要的地位。

根据键合固定相与流动相相对极性的强弱,可将键合相色谱法分为正相键合相色谱法和反相键合相色谱法。在正相键合相色谱法中,键合固定相的极性大于流动相的极性,适用于分离脂溶性或水溶性的极性与强极性化合物。在反相键合相色谱法中,键合固定相的极性小于流动相的极性,适用于分离非极性、极性或离子型化合物,其应用范围比正相键合相色谱法广泛得多。据统计,在高效液相色谱法中,70%~80%的分析任务是由反相键合相色谱法来完成的。

1.分离原理

键合相色谱中的固定相特性和分离机理与分配色谱法都存有差异,所以一般不宜将化学键合相色谱法统称为液-液分配色谱法。

(1)正相键合相色谱的分离原理。正相键合相色谱使用的是极性键合固定相[以极性有机基团如胺基(—NH_2)、腈基(—CN)、醚基(—O—)等键合在硅胶表面制成的],溶质在此类固定相上的分离机理类似分配色谱。

(2)反相键合相色谱的分离原理。反相键合相色谱使用的是极性较小的键合固定相(以极性较小的有机基团如苯基、烷基等键合在硅胶表面制成),其分离机理可用疏溶剂作用理论来解释。这种理论认为:键合在硅胶表面的非极性或弱极性基团具有较强的疏水特性,当用极性溶剂为流动相来分离含有极性官能团的有机化合物时，一方面，分子中的非极性部分与疏水基团产生缔合作用，使它保留在固定相中；另一方面，被分离物的极性部分受到极性流动相的作用，促使它离开固定相，并减小其保留作用（如图 16-3-1 所示）。显然，键合固定相对每一种溶质分子缔合和解缔能力的差异，决定了溶质分子在色谱分离过程中的保留值。由于不同溶质分子这种能力的差异是不一致的，所以流出色谱柱的速度也是不一致的，从而使得各种不同组分得到分离。

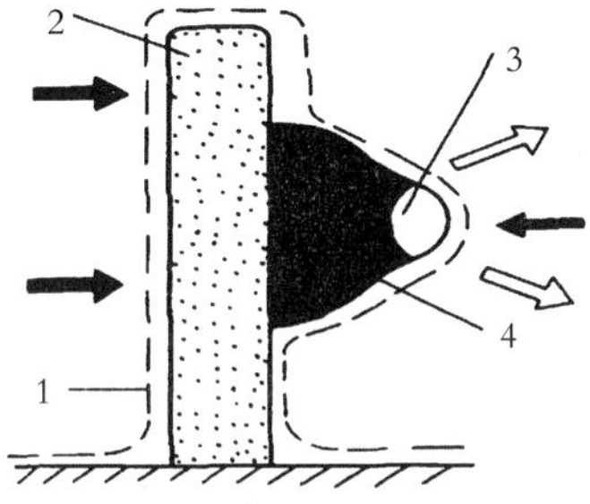

➡表示缔合物的形成；⇨表示缔合物的解缔

1-溶剂膜;2-非极性烷基键合相;3-溶质分子的极性官能团部分;4-溶质分子的非极性部分

图 16-3-1 反相键合相色谱中固定相表面上溶质分子与烷基键合相之间的缔合作用

2.固定相

化学键合固定相广泛使用全多孔或薄壳型微粒硅胶作为基体，这是由于硅胶具有机械强度好、表面硅羟基反应活性高、表面积和孔结构易控制的特点。

化学键合固定相按极性大小可分为非极性、弱极性、极性化学键合固定相三种。非极性烷基键合相是目前应用最广泛的柱填料，尤其是 C_{18} 反相键合相（简称 ODS），在反相液相色谱中发挥着重要作用，它可完成高效液相色谱分析任务的 70%~80%。

3.流动相

在键合相色谱中使用的流动相类似于液-固吸附色谱、液-液分配色谱中的流动相。

（1）正相键合相色谱的流动相。正相键合相色谱中，采用和正相液-液分配色谱相似的流动相，流动相的主体成分为己烷（或庚烷）。为改善分离的选择性，常加入的优选溶剂为质子接受体乙醚或甲基叔丁基醚；质子给予体氯仿；偶极溶剂二氯甲烷等。

（2）反相键合相色谱的流动相。反相键合相色谱中，采用和反相液-液分配色谱相似的流动相，流动相的主体成分为水。为改善分离的选择性，常加入的优选溶剂为质子接受体甲醇，质子给予体乙腈和偶极溶剂四氢呋喃等。

实际使用中，一般采用甲醇–水体系已能满足多数样品的分离要求。由于甲醇的毒性比乙腈小 5 倍，且价格便宜 6~7 倍，因此，反相键合相色谱中应用最广泛的流动相是甲醇。

除上述三种流动相外，反相键合相色谱中也经常采用乙醇、丙醇及二氯甲烷等作为流动相，其洗脱强度的强弱顺序依次为：

水(最弱)<甲醇<乙腈<乙醇<四氢呋喃<丙醇<二氯甲烷(最强)

虽然实际上采用适当比例的二元混合溶剂就可以适应不同类型的样品分析，但有时为了获得最佳分离，也可以采用三元甚至四元混合溶剂作流动相。

4.应用范围

(1)正相键合相色谱法的应用。正相键合相色谱法多用于分离各类极性物质如染料、炸药、甾体激素、多巴胺、氨基酸和药物等。

(2)反相键合相色谱法的应用。反相键合相色谱系统由于操作简单，稳定性与重复性好，已成为一种通用型液相色谱分析方法。极性、非极性；水溶性、油溶性；离子性、非离子性；小分子、大分子；具有官能团差别或分子量差别的同系物，均可采用反相液相色谱技术实现分离。

四、凝胶色谱法

凝胶色谱法又称分子排阻色谱法，它是按分子尺寸大小顺序进行分离的一种色谱方法。凝胶色谱法的固定相凝胶是一种多孔性的聚合材料，有一定的形状和稳定性。当被分离的混合物随流动相通过凝胶色谱柱时，尺寸大的组分不发生渗透作用，沿凝胶颗粒间孔隙随流动相流动，流程短，流动速度快，先流出色谱柱。尺寸小的组分则渗入凝胶颗粒内，流程长，流动速度慢，后流出色谱柱。

根据所用流动相的不同，凝胶色谱法可分为两类，即用水溶剂作流动相的凝胶过滤色谱法(GFC)与用有机溶剂如四氢呋喃作流动相的凝胶渗透色谱法(GPC)。

凝胶色谱法主要用来分析高分子物质的相对分子质量分布，以此来鉴定高分子聚合物。由于聚合物的相对分子量及其分布与其性能有着密切的关系，因此凝胶色谱的结果可用于研究聚合机理，选择聚合工艺及条件，并考察聚合材料在加工和使用过程中相对分子质量的变化等。在未知物的剖析中，凝胶色谱作为一个预分离手段，再配合其他分离方法，能有效地解决各种复杂的分离问题。

课后自测

(1)高效液相色谱分析实验用水,需使用(　　)。

A.一级水　　B.二级水　　C.自来水　　D.三级水

(2)在 HPLC 中,ODS(　　)。

A.为正相键合相色谱的固定相　　B.是非极性固定相

C.是硅胶键合辛烷基得到的固定相　　D.是高分子多孔微球

(3)一般评价烷基键合相色谱柱时所用流动相为(　　)。

A.甲醇-水(83:17)　　B.甲醇(57:43)

C.正庚烷-异丙醇(93:7)　　D.水-乙腈(98.5:1.5)

(4)简述高效液相色谱法对流动相的要求。

任务四 样品检测

任务目标

(1)会正确操作高效液相色谱仪。

(2)会使用色谱工作站,并设置相关参数。

(3)会对分析样品进行定性、定量分析。

(4)能运用外标法对待测样品进行定量分析。

任务分析

1.明晰任务流程

溶液的配制 → 开机及参数设置 → 测定校正因子 → 定性分析 → 定量分析及数据处理 → 关机及结束实验

2.任务难点分析

(1)建立调整分析方法。

(2)色谱工作站的熟练操作。

(3)外标法定量分析。

3.任务前准备

(1)《中华人民共和国药典(2015 年版)二部》《中华人民共和国药典(2015 年版)四部》。

(2)仪器。

①高效液相色谱仪(HPLC)。

②色谱柱:十八烷基硅烷键合硅胶为填充剂(ODS)。

(3)试剂:阿莫西林对照品、阿莫西林、磷酸二氢钾、氢氧化钾、乙腈。

相关知识

定量方法

高效液相色谱的定量方法与气相色谱定量方法类似，主要有归一化法、外标法和内标法,简述如下。

1.归一化法

归一化法要求所有组分都能分离并有响应,其基本方法与气相色谱中的归一化法类似。由于高效液相色谱所用检测器多为选择性检测器,对很多组分没有响应,因此高效液相色谱较少使用归一化法。

2.外标法

外标法是以待测组分纯品配制标准试样，和待测试样同时做色谱分析来进行比较而定量的,也称标准曲线法和直接比较法。具体方法可参阅气相色谱的外标法。

3.内标法

内标法是比较精确的一种定量方法。它是将已知量的参比物(称内标物)加到已知量的试样中,那么试样中参比物的浓度为已知;在进行色谱测定之后,待测组分峰面积和参比物峰面积之比应该等于待测组分的质量与参比物质量之比,求出待测组分的质量,进而求出待测组分的含量。具体方法可参阅气相色谱的内标法。

任务实施

活动 1 溶液的配制

1.流动相配制及处理

以 0.05 mol/L 磷酸二氢钾溶液(用 2 mol/L 氢氧化钾溶液调节 pH 至 5.0)−乙腈(体积比 97.5:2.5)为流动相。用 0.45 μm 的微孔滤膜抽滤配制好的流动相,当抽滤完后可继续抽滤几分钟,起到抽滤脱气的作用。

2. 供试品溶液和对照品溶液

取阿莫西林约 25 mg,精密称定,置于 50 mL 容量瓶中,加流动相溶解并稀释至标线,摇匀,作为供试品溶液,供试品溶液配制两份;另取阿莫西林对照品适量,同法配制两份,使对照品溶液浓度与供试品溶液浓度相近。

活动 2 高效液相色谱仪开机

1.更换流动相

在更换色谱柱之前,将经过脱气、除微粒处理的流动相装入贮液器中。

2.打开仪器电源开关

打开仪器各部分的电源开关,仪器将开机自动进行自检。

3.排除色谱柱之前的气泡

打开旁通阀,打开 Purg 键,通过旁通阀排除流路中泵之前的气泡,关闭旁通阀,继续打开 Purg 键,排除连接色谱柱的接头之前管线中的气泡之后,关闭 Purg 键,关闭旁通阀。

4.打开电脑及色谱工作站,设置相应的色谱参数

流速:1 mL/min。

检测波长:254 nm。

5.运行仪器,走基线

活动 3 定性分析

(1)根据色谱条件,将色谱仪开启。当基线为一条直线时,可进样检验。

(2)分别精密量取 20 μL 配制好的对照品溶液和供试品溶液,注入液相色谱仪,依次进样,按上述方法重复进样两次,记录保留时间。

(3)通过保留时间定性分析各组分。

活动 4 定量分析

待基线平直后,分别精密量取 20 μL 配制好的阿莫西林对照品溶液和供试品溶液注入液相色谱仪,依次进样,按上述方法重复进样两次,记录峰面积。

活动 5 关机及结束

(1)冲洗色谱柱。

(2)关闭检测器、泵,退出色谱工作站。

(3)关闭仪器主机及电脑电源。

(4)清洗进样器,整理实验室,填写仪器使用记录。

活动 6 数据记录与处理

(1)将供试品溶液和对照品溶液峰面积填写在表 16-4-1,并计算出供试品质量百分数。

表 16-4-1 原始记录表

项目	A			w(%)				
	1	2	平均值	相对于对照品 1		相对于对照品 2		平均值
对照品 1								
对照品 2								
供试品 1								
供试品 2								

(2)按下式计算阿莫西林质量百分数:

$$w(\%)=\frac{A_i \cdot p_s}{A_s \cdot p_i}\times 100\% \qquad (式\ 16-1)$$

式中,A_i 为供试品溶液峰面积;A_s 为对照品溶液峰面积;p_i 为供试品溶液浓度,单位为 mg/mL;p_s 为对照品溶液浓度,单位为 mg/mL。

任务评价

表 16-4-2 任务评价表

日期

评价指标	评价要素	等级评定	
		自评	教师评
标液配制	计算思路 计算结果		
样品称量	天平使用 称量范围		
开机、关机	检查漏液 流速、测定波长设定正确		
数据测量	条件设置正确 定性正确 分析方法建立 质控样检测 能说出定量依据		
结束工作	关机顺序 电源关闭 填写仪器实验记录卡		
学习方法	预习报告书写规范		
工作过程	遵守管理规程 操作过程符合现场管理要求 出勤情况		

续表

评价指标	评价要素	等级评定	
		自评	教师评
自我反馈	按时按质完成工作任务 掌握专业知识点		
经验和建议			
总成绩			

任务五 撰写检测报告

任务目标

(1)会运用外标法处理数据。

(2)会根据质量标准判断数据的有效性,确定样品是否合格。

(3)会撰写检测报告。

任务分析

1.明断任务流程

数据处理 → 判定 → 撰写检测报告

2.任务难点分析

(1)正确的数据处理。

(2)检测有效性判断。

3.任务前准备

计算器、检验报告书。

任务实施

活动 1 数据处理

(1)判断获得的原始数据,是否符合《中华人民共和国药典(2015 年版)》要求。若符合,则运用外标法计算出待测样品的质量分数。

(2)将结果填入表 16-5-1 中。

表 16-5-1 检验报告内页

抽样地点			样品编号	
检测项目	限值	检测结果	本项结论	备注
以下空白空白				

活动 2 检测结果判定

(1)若检测结果符合《中华人民共和国药典(2015 年版)》要求,则记录质量分数。

(2)若检测结果不符合要求,进行纠偏处理。

(3)根据检测结果,出具检测报告。

任务评价

表 16-5-2 任务评价表

日期

评价指标	评价要素	等级评定	
		自评	教师评
出峰效果	峰形 出峰数目		
质控判断	质控浓度计算 检测有效性判断		
样品计算	样品质量分数 计算过程 有效数字		
撰写报告	无空项 有效数字符合标准规定		
学习方法	预习报告书写规范		
工作过程	遵守管理规程 操作过程符合现场管理要求 出勤情况		
思维状态	能发现问题、提出问题、 分析问题、解决问题		
自我反馈	按时按质完成工作任务 掌握专业知识点		
经验和建议			
总成绩			

课后自测

(1)开口毛细管色谱柱在使用一段时间后柱效下降(分离能力降低、色谱峰扩张变形),可能的原因是(　　)。

A.色谱柱进样端固定液流失　　B.色谱柱内固定液分布不均匀

C.色谱柱内固定液性能改变　　D.流失的固定液污染了检测器

(2)高效液相色谱测定法有(　　)。

A.正相液液色谱　　B.反相液液色谱　　C.反相离子对色谱法

D.正相离子对色谱法　　E.离子抑制色谱法

(3)在正相液相色谱和反相液相色谱中,流动相的主体分别为(　　)。

A.水　　B.甲醇　　C.己烷　　D.四氢呋喃

(4)液–固吸附色谱中,流动相选择应满足以哪些下要求?(　　)

A.流动相不影响样品检测　　B.样品不能溶解在流动相中

C.优先选择黏度小的流动相　　D.流动相不得与样品和吸附剂反应

(5)在反向键合相色谱法中,流动相可选用(　　)。

A.三氯甲烷　　B.二氯甲烷　　C.甲醇　　D.乙醇

(6)分离下列物质,宜用何种高效液相色谱方法?

①CH_3CH_2OH 和 $CH_3CH_2CH_2OH$

②C_4H_9COOH 和 $C_5H_{11}COOH$

③高相对分子质量的葡糖苷

参考答案

参考文献

REFERENCE

[1] 陈兴利，赵美丽.仪器分析技术[M].北京：化学工业出版社，2016

[2] 国家药典委员会.中华人民共和国药典(2015 年版)[M].北京：中国医药科技出版社，2015.

[3] 马广慈.药物分析方法与应用[M].北京：科学出版社，2000.

[4] 李发美.医药高效液相色谱技术[M].北京:人民卫生出版社，1999.